2

物理テキストシリーズ

解析力学

大貫義郎著

岩波書店

まえがき

この本は，大学の2年後半および3年前半に在学する物理学志望の学生を対象にして行なった講義のノートをもとにし，これに若干の項目を追加してまとめたものである．いわば，大学に入って微積分の扱い方や力学の初歩を学んだ人たちが，これからいよいよ現代の物理学の領域に踏みこもうとする際に，これが1つの橋渡しにもなることを期待して行なった講義であるが，本書をまとめるにあたっては，それと同時にもうすこし広い範囲の人びとにも親しんでもらえることを念頭において執筆した．

よく知られているように，力学の基本法則はニュートンによって確立された．地上の物体の運動も，また長らく神々の支配のもとにあると思われてきた天体の運行も，同じ法則のもとに統御され得ることが示されたのである．その体系的な叙述は，ちょうど300年前の1687年に出版された．いわゆる『プリンキピア』，正確には『自然哲学の数学的諸原理(*Philosophiae Naturalis Principia Mathematica*)』と名づける大著であって，物理学史上不朽の傑作とみなされている．

ニュートンは刻々と変化する物体の運動を正確に扱うための手段として，流率法という一種の極限算法およびその逆演算法を発見した．現在われわれが用いている微分法・積分法の端緒である．その発見は1660年代の中ごろから70年代のはじめにかけてのことらしいが，奇妙なことには，この有力な新数学が『プリンキピア』の中であらわに使用された形跡がない．むしろ，ここで最大限に利用されている手法は，運動に関連した図形の幾何学的な諸性質とそのような図形に基づく極限移行の推論である．その理由については，すでに種々の議論がなされているが，それはともかくとして，当時の微積分学はまだ揺籃の時代にあり，その発展が次の世代に託されていたことも事実である．微積分法はニュートンよりやや遅れてライプニッツによっても独立に発見され，その弟子のベルヌーイ兄弟，また彼らの影響を受けたといわれるオイラーなどを経て，17 世紀の終りから 18 世紀にかけ，主としてヨーロッパ大陸において，急速な発展をみる．それとともに，これを用いてニュートン力学の内容もまた徐々に整備・深化されていった．そうして，古典的なスタイルを脱して解析力学という新しい形に向かうことになる．

解析力学という名称は，『プリンキピア』より約 100 年あとの 1788 年に刊行されたラグランジュの労作『解析的力学(*Méchanique Analytique*, 5 巻)』に始まるらしい．ただし，ここでの解析的という意味は，「幾何学や作図などの推論にはよらずに，一定の手続きに基づく代数的な演算だけを要求する」というようなことであった．その点，解析幾何学での解析という言葉に似ている．しかし，その発展の経過を見るならば，むしろ無限小解析，つまり微分積分学を主な手段とした，という意味にとる方がふさわしい．事実このような数学の助けを借りて，解析力学は個々の問題の特殊性を離れ，普遍的な論理によって体系化された壮大な理論へと成長することになる．もちろん，19 世紀においても，その実際上の応用は，天体力学をはじめとする力学上の複雑な問題であった．解析力学がこれらの扱いに威力を発揮したことは言うまでもない．しかし，そこにはすでに別の可能性が秘められていたのである．

およそすぐれた理論には，その理論の構築者の意図とは関係なく，それが独自の展開を見せるということがしばしば起こる．ニュートン以来 200 年以上の長い歳月の中で多くの天才たちの手によって熟成され，極めて普遍的なスタイルをとるにいたった解析力学もまた，古典論の枠を越えて，自然記述の本質に触れるような一般性のある性格を具備するようになっていった．事実，20世紀に入ると，物理学は相対性理論と量子力学の出現という2つの大きな革命を経験するが，これらの理論が形成され定式化されるなかで，解析力学の考え方や手法が不可欠の役割を演じてきているのを見逃すわけにはいかない．それればかりではなく，解析力学は物理学の理論的記述の典型の1つともなって，今日においても理論の展開に大きな有効性をもちつづけているのである．

しかし，本書の範囲内においては，そのような新しい物理学の領域にまで足をのばすことはできない．むしろそれは個々の専門書にゆずることにし，ここでは，解析力学そのもののもつ面白さを読者に伝えると同時に，この本が現代の物理学へ進むための準備ともなることを配慮し，しかも全体としてはそれらを手頃な分量にまとめるということを目標とした．このような考えのもとに筆をとったが，その意図は果してどこまで実現できたであろうか．必要と思われる基本事項は一応この1冊におさめた積りでいるが，筆者の気のつかぬところで，ことによると大事なことが落ちていないとも限らない．読者諸賢の御批判をまち，不足の点があれば，後日適当な機会に補うことを得て，この本がすこしでも良いものになることを希っている．

解析力学には，大きく分けて2つの面がある．1つは一般化座標を変数とするラグランジュ形式，もう1つは正準変数を用いてかかれたハミルトン形式である．これらはそれぞれすぐれた点をもっており，特に一方だけを優先させることはできない．本書においては，主として第7章までをラグランジュ形式，残りをハミルトン形式の議論にあてであるが，さらに各章間の関連を具体的に図示するならば，それはここに掲げた図のようになろうかと思う．ここで，横線の流れはいわば解析力学の幹になる部分，またこれに付随すると思

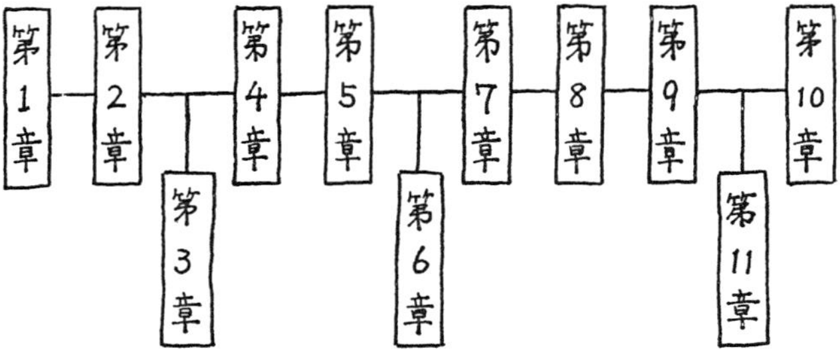

われる項目は縦線でつないである．したがって，解析力学的な議論になじみの薄い読者は，全体の流れを把握するために，まず横線に沿って読むのがよいであろう．その際，縦線でつないだ章の結果を用いた話はとばして読んでいただきたい．

最後の第11章は，ハミルトン形式の比較的新しい発展の例として特につけ加えた．この理論は1950年代にディラックによって始められ，集団運動や相対性理論あるいは重力理論などの量子論的な扱いにおいて，最近では広く用いられている．しかし，この理論のまとまった解説はまだあまりないようである．ここでは，そのような応用を学ぶための準備をかねて，一般論をやや詳しく述べることを試みた．

各章の終りには演習問題をつけた．本文の理解を深める上での効果を期待してのことである．参考までにその解答は巻末にのせてあるが，読者にはこれにとらわれることなく，自分に合ったスタイルで自由に解法を工夫していただきたいと思う．それを通して，よりすぐれた方法や理解のしかたに到達できることが期待されるからである．

本書に用いられた図は，ひとつの試みとして，すべて筆者がかいた．製図の専門家の手を経れば，もっとましな図ができることは当然だが，それはきれい過ぎてかえって冷たい感じがなくもない．上手ではないが，そのための時間と費用をかけなくても，むしろこれで十分ではないかという気がしたのである．事実，講義の際に黒板にかく図など，これと同程度ないしはそれ以下であっても，こと足りており，かえってこの方が親しみがありはしないかとも考えた．

筆者としては，この本を自習書や講義の参考書としてばかりではなく，ゼミなどの討論の材料としても大いに利用してもらえればと思っている．いわば半ば消耗品として使ってもらえることが，本書に対する希望であって，そのための格好の話題を解析力学はいろいろと提供してくれるはずである．

本書の執筆の依頼を受けてから，今日までにかなりの時間がたってしまった．いくぶん多忙ということもあったが，ひとえにこれは筆者の日頃の怠惰のためである．その間，原稿の完成を忍耐づよく待っていただき，また出版にいたるまで種々お世話をいただいた岩波書店編集部の片山宏海さんに厚く感謝する次第である．

1987年1月

大 貫 義 郎

目　　次

1　座標系

1-1　はじめに

解析力学の出発点は，ニュートン(I. Newton, 1643-1727)の運動の法則である．われわれはまずこれを N 個の質点からなる系にあてはめて考えることにしよう．もちろん，質点というのは理想化された概念である．質点に大きさがないということは，実際には，問題としている物理的な情況の中で，その大きさが十分よい近似で無視できるということに過ぎない．しかし，このような理想化は，議論に見通しをつけたり，あるいは運動の本質を探る上で，物理ではしばしば有効な役割を果たす．その意味で本書では，特に質点の振舞に重点を置いて話を進めることにしよう．そして大きさのある物体たとえば剛体は，これを質点の集りとみなして扱うことにする．

ニュートンの法則によれば，運動を記述するための基本的な座標系として**慣性系**(inertia system)，つまり他の物体から十分に離れたとき質点の運動が常に等速度運動として観測されるような座標系が存在する．N 個の質点に1から N までの番号をつけ，与えられた慣性系における第 a 番目の質点の時刻 t での位置のベクトルを $\boldsymbol{r}_a(t)$ または簡単に $\boldsymbol{r}_a$ とかこう．このときニュートンの運動方程式

$$m_a\ddot{\boldsymbol{r}}_a = \boldsymbol{F}_a \qquad (a=1,2,\cdots,N) \tag{1.1}$$

が成立する．ここで m_a は第 a 番目の質点の質量，$\boldsymbol{F}_a$ はこの質点に

作用する時刻 t での外力を表わすベクトルであり，また位置ベクトル $\boldsymbol{r}$ の上の2つの点は，$\boldsymbol{r}$ に時間微分が2度ほどこされたことを表わす．(すなわち $\ddot{\boldsymbol{r}}=d^2\boldsymbol{r}/dt^2$.)

ベクトルを成分に分けて考えれば，(1.1)は $3N$ 個の微分方程式である．解析力学の目標の1つは，連立微分方程式(1.1)を個々の場合に応じていかに上手に扱い，またそこから必要な結果をどのようにして引き出し得るかを学ぶことにある．しかし数学的に厳密な閉じた形で答が求まるのは，実はごく限られている．実際上はほとんどの場合，何らかの近似法に頼って問題を処理するか，またはコンピュータを用いるなどの数値解析によって答を探さざるを得ない．

もちろん具体的な結論に到達するためには，それは必要な作業に違いないが，解析力学においてこれに劣らず大切なことは，個々のケースにとらわれない普遍的な概念を(1.1)から抽出し，その論理的な内容を考察することにある．実際，論理性と普遍性，あるいは形式の一般性といった方がよいかも知れないが，これらは解析力学における大きな柱であるといってもいい過ぎではない．

そしてまた，この柱の根ざす基盤は，現代物理学の基盤に連なるものでもあった．この点こそ，解析力学の考え方や手法が，単に古典力学の枠内に止まらず，いくぶん姿を変えた形で量子力学や統計力学あるいは相対論などの諸分野で重要な役割を演じてきた理由である．その意味で，解析力学は主として18～19世紀に発展した学問ではあるが，その現在的意義は決して失われてはいないのである．

1-2 座標系の変換

以下では特別な断りがないかぎり，座標系としては右手系を用いることにしよう．この系では，x, y, z 軸は図1.1(a)のように設定される．(これに対して左手系では，座標軸の命名は図1.1(b)のようになる.) 座標の原点を起点とし，x 軸，y 軸，z 軸方向を向いた長

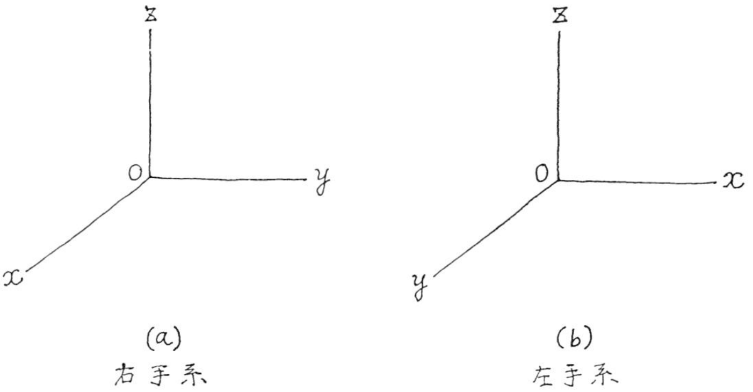

図1.1 右手系と左手系

さ1のベクトルをそれぞれ$\boldsymbol{e}_1, \boldsymbol{e}_2, \boldsymbol{e}_3$とかくとき，右手系では

$$\boldsymbol{e}_i \cdot \boldsymbol{e}_j = \delta_{ij}, \qquad \boldsymbol{e}_i \times \boldsymbol{e}_j = \sum_k \epsilon_{ijk} \boldsymbol{e}_k \tag{1.2}$$ *)

が成り立つ．ここでδ_{ij}は**クロネッカー**(L. Kronecker, 1823-1891)**のデルタ記号**で，$i=j$ならば1，$i \neq j$ならば0を意味する．またϵ_{ijk}は**レヴィ＝チヴィタ**(T. Levi-Civita, 1873-1941)**の記号**とよばれ，次のように定義される．

(i) ϵ_{ijk}の任意の2個の添字を入れかえると，マイナス符号がつく．例えば$\epsilon_{ijk} = -\epsilon_{jik} = -\epsilon_{kji} = -\epsilon_{ikj}$.

(ii) $\epsilon_{123} = 1$.

すなわち，2個の添字が同じ値をとればϵ_{ijk}は0，そして$\epsilon_{ijk} \neq 0$はi, j, kがすべて異なるときに限られ，$\epsilon_{123} = \epsilon_{231} = \epsilon_{312} = -\epsilon_{132} = -\epsilon_{213} = -\epsilon_{321} = 1$である．

(1.2)の第2式と$\boldsymbol{e}_k$とのスカラー積をつくると，ϵ_{ijk}はまた

$$\epsilon_{ijk} = (\boldsymbol{e}_i \times \boldsymbol{e}_j) \cdot \boldsymbol{e}_k \tag{1.3}$$

---

*) 2つのベクトル$\boldsymbol{A}, \boldsymbol{B}$のスカラー積(内積)を$\boldsymbol{A} \cdot \boldsymbol{B}$，ベクトル積(外積)を$\boldsymbol{A} \times \boldsymbol{B}$とかく．

とかくこともできる*). レヴィ＝チヴィタの記号は行列式とも関係が深い. 実際, i 行 j 列の成分が a_{ij} $(i, j=1, 2, 3)$ の3行3列の行列式を $\det(a_{ij})$ とかくと

$$\det(a_{ij}) = \sum_{i,j,k} \epsilon_{ijk} a_{1i} a_{2j} a_{3k} \tag{1.4}$$

である.

さて, 座標系が1つ与えられると, それを基準にとって任意のベクトルは, 成分をもって表わすことができる. すなわちベクトル $\boldsymbol{A}$ の x, y, z 成分をそれぞれ A_1, A_2, A_3 とかくことにすると

$$\boldsymbol{A} = \sum_j A_j \boldsymbol{e}_j, \qquad A_j = \boldsymbol{A}\cdot\boldsymbol{e}_j \tag{1.5}$$

しかし, 基準として採用可能な慣性系はただ1つではない. たとえば慣性系Iからみて静止しているような座標系I′もまた慣性系である. ベクトルの測定とはその成分を測定することを意味するが, 成分は座標系に依存して決まる量であるから, ベクトルで表わされる同一の対象をIに立って観測したときと, I′から観測したときの結果が, 同じ値を与えるということは一般にあり得ない. したがって, I′の表現による観測結果をIの観測者が眺めて, それが正当であるかどうかを自分の観測結果と比較して判断できるためには, IとI′の相対的な関係だけを用いてつくられた, 翻訳のルールが両者の間に存在し, 一方の結果が他方の結果にいつでも読みかえられるようになっていなければならない. IからI′へのこのような翻訳を, IからI′への**座標系の変換**(transformation of coordinate system)とよぶ. われわれはこの種の変換を2つの場合に別けて考えることにしよう.

---

*) 左手系では, $\boldsymbol{e}_i \times \boldsymbol{e}_j = -\sum_k \epsilon_{ijk} \boldsymbol{e}_k$, $\epsilon_{ijk} = -(\boldsymbol{e}_i \times \boldsymbol{e}_j)\cdot\boldsymbol{e}_k$.

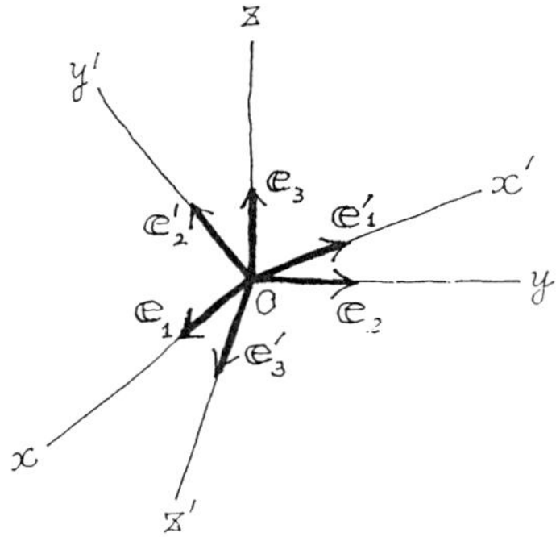

図 1.2 座標の回転

(1) 回 転

I と I′ の座標の原点が同一点のとき，I と I′ は**回転**(rotation)で結ばれているという．I, I′ それぞれの 3 個の座標軸方向の単位ベクトルを，$\boldsymbol{e}_1, \boldsymbol{e}_2, \boldsymbol{e}_3$，および $\boldsymbol{e}_1', \boldsymbol{e}_2', \boldsymbol{e}_3'$ とすれば(図 1.2)，これらは共に(1.2)に従い，両者の関係は(1.5)の $\boldsymbol{A}$ を $\boldsymbol{e}_i'$ とおくことによって，

$$\boldsymbol{e}_i' = \sum_j R_{ij}\boldsymbol{e}_j \tag{1.6}$$

で与えられる．ただし

$$R_{ij} = \boldsymbol{e}_i' \cdot \boldsymbol{e}_j \tag{1.7}$$

$\boldsymbol{e}_i$ と $\boldsymbol{e}_j'$ のなす角を ϕ_{ij} とすれば，R_{ij} は $\cos\phi_{ij}$ となって，I と I′ の相対的な関係はこれによって特徴づけられている．R_{ij} のみたす式は次のようにして与えられる．(1.6)と $\boldsymbol{e}_k'$ のスカラー積をつくると，(1.7)と $\boldsymbol{e}_k' \cdot \boldsymbol{e}_i' = \delta_{ik}$ より

$$\sum_j R_{ij}R_{kj} = \delta_{ik} \tag{1.8}$$

また(1.6)より

$$\begin{aligned}(\boldsymbol{e}_1' \times \boldsymbol{e}_2') \cdot \boldsymbol{e}_3' &= \sum_{i,j,k} R_{1i}R_{2j}R_{3k}(\boldsymbol{e}_i \times \boldsymbol{e}_j) \cdot \boldsymbol{e}_k \\ &= \sum_{i,j,k} \epsilon_{ijk}R_{1i}R_{2j}R_{3k} = \det(R_{ij})\end{aligned}$$

ここで(1.3), (1.4)を用いた．上式左辺は，I′が右手系であることから1，したがって

$$\det(R_{ij}) = 1 \tag{1.9}$$

を得る．$\boldsymbol{e}_i$ と $\boldsymbol{e}_i'$ のそれぞれに(1.2)の第1式，第2式を用いた結果が(1.8), (1.9)であって，R_{ij} に対する条件としてはこれ以外のものは存在しない．したがって逆に，(1.8), (1.9)をみたす(実数の)R_{ij} が与えられれば，(1.6)を通して右手系の $\boldsymbol{e}_i$ から別の右手系の $\boldsymbol{e}_i'$ を導くことができる．

I, I′のそれぞれからみたベクトル $\boldsymbol{A}$ の成分は(1.5)より

$$A_i = \boldsymbol{A}\cdot\boldsymbol{e}_i, \qquad A_i' = \boldsymbol{A}\cdot\boldsymbol{e}_i' \tag{1.10}$$

である．これに(1.6)を用いれば，ベクトルの変換式

$$A_i' = \sum_j R_{ij} A_j \tag{1.11}$$

が導かれる．

(1.8), (1.9)を満足する実数の R_{ij} を第 i 行第 j 列の成分とするような3行3列の行列を**回転の行列**(rotation matrix)という．いま，回転の行列 R によって座標系 $\{\boldsymbol{e}_1, \boldsymbol{e}_2, \boldsymbol{e}_3\}$ が $\{\boldsymbol{e}_1', \boldsymbol{e}_2', \boldsymbol{e}_3'\}$ に移り，$\{\boldsymbol{e}_1', \boldsymbol{e}_2', \boldsymbol{e}_3'\}$ はさらに R' によって $\{\boldsymbol{e}_1'', \boldsymbol{e}_2'', \boldsymbol{e}_3''\}$ に変換されたとしよう．すなわち

$$R_{ij} = \boldsymbol{e}_i'\cdot\boldsymbol{e}_j, \qquad R_{ij}' = \boldsymbol{e}_i''\cdot\boldsymbol{e}_j' \tag{1.12}$$

とする．$\boldsymbol{e}_i'' = \sum_k R_{ik}'\boldsymbol{e}_k'$ と $\boldsymbol{e}_j$ のスカラー積をつくると

$$R_{ij}'' \equiv \boldsymbol{e}_i''\cdot\boldsymbol{e}_j = \sum_k R_{ik}' R_{kj} \tag{1.13}$$

したがって，行列を用いて

$$R'' = R'R \tag{1.14}$$

とかくことができる．その定義からわかるように，R'' は $\{\boldsymbol{e}_1, \boldsymbol{e}_2, \boldsymbol{e}_3\} \to \{\boldsymbol{e}_1'', \boldsymbol{e}_2'', \boldsymbol{e}_3''\}$ を与える回転の行列であって，(1.14)は次のようになる．

$$\{\boldsymbol{e}_1, \boldsymbol{e}_2, \boldsymbol{e}_3\} \xrightarrow{R} \{\boldsymbol{e}_1', \boldsymbol{e}_2', \boldsymbol{e}_3'\} \xrightarrow{R'} \{\boldsymbol{e}_1'', \boldsymbol{e}_2'', \boldsymbol{e}_3''\} \quad (1.15)$$
$$\underbrace{\qquad\qquad\qquad\qquad\qquad\qquad}_{R''}$$

このとき回転R''は回転RとR'の積であるといい，このようにして，われわれは次々と回転の積をつくっていくことができる．ここで各回転の行列の足は，その回転によって結ばれる2つの座標系の，それぞれの座標軸の方向を規定する単位ベクトルの添字によって与えられることに注意しよう．つまり，(1.15)では$R_{ij}=\boldsymbol{e}_i'\cdot\boldsymbol{e}_j$, $R_{ij}'=\boldsymbol{e}_i''\cdot\boldsymbol{e}_j'$, $R_{ij}''=\boldsymbol{e}_i''\cdot\boldsymbol{e}_j$であって，たとえば$R_{ij}'=\boldsymbol{e}_i'\cdot\boldsymbol{e}_j$ではないのである．

回転の行列の一般的な表現はあとで論ずることにして，簡単な場合だけを述べておこう．たとえばz軸のまわりの角θの回転(図1.3)の行列$R^{(3)}(\theta)$は，(1.7)を用いて求めれば

$$R^{(3)}(\theta)=\begin{pmatrix} \cos\theta & \sin\theta & 0 \\ -\sin\theta & \cos\theta & 0 \\ 0 & 0 & 1 \end{pmatrix} \qquad (1.16)$$

となる．同様にして，x軸，y軸それぞれのまわりの角θの回転に対しては対応する行列はそれぞれ

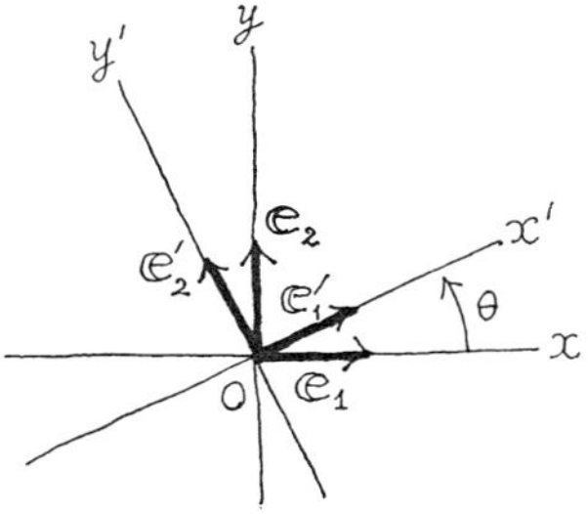

図1.3　z軸のまわりの座標軸の回転

$$R^{(1)}(\theta)=\begin{pmatrix} 1 & 0 & 0 \\ 0 & \cos\theta & \sin\theta \\ 0 & -\sin\theta & \cos\theta \end{pmatrix}, \quad R^{(2)}(\theta)=\begin{pmatrix} \cos\theta & 0 & -\sin\theta \\ 0 & 1 & 0 \\ \sin\theta & 0 & \cos\theta \end{pmatrix} \tag{1.17}$$

となることがわかる.

(2) 平行移動

I, I′ 系の x 軸同士, y 軸同士, z 軸同士を平行に保ったまま原点の位置だけが異なるとき, I と I′ は**平行移動**(translation)で結ばれているという(図 1.4). I からみて, I′ の原点 O′ の位置を示すベクトルを $\boldsymbol{a}$, また点 P の I, I′ それぞれにおける位置のベクトルを $\boldsymbol{r}, \boldsymbol{r}'$ とすれば, その成分に対して

$$r_j' = r_j - a_j \qquad (j=1,2,3) \tag{1.18}$$

となる. (1.11) は回転 R_{ij} が与えられれば, 任意のベクトルの成分に対して成り立つ式であるが, (1.18) は位置のベクトルに関する式であることに注意しよう. 例えば速度ベクトルに関しては, (1.18) を時間で微分すると $\dot{r}_j'=\dot{r}_j$ となって, 異なった形の関係を得る. しかし力学では, すべての物理量は, $\boldsymbol{r}$ およびその何階かの時間微分を使って表わされるから, (1.18) を基本の変換として用いれば,

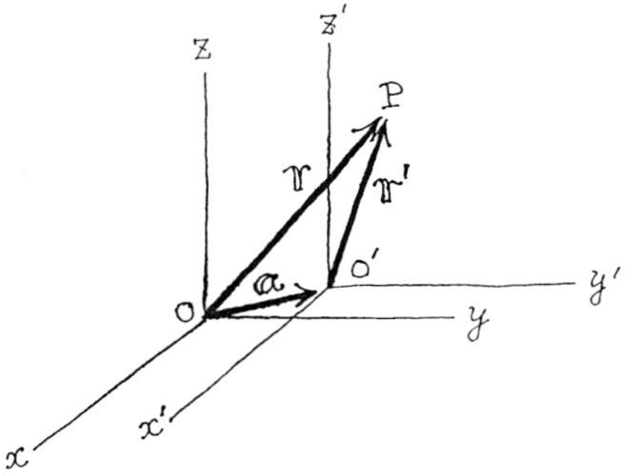

図 1.4 座標軸の平行移動

われわれは任意の物理量に対して平行移動のもとでの変換の形をかき下すことができる.

相対速度がゼロの2つの慣性系I, I′があるとき, 平行移動と回転を組み合わせれば, つねに一方から他方への変換を行なうことができる. 実際, まずIを平行移動して, その原点がI′の原点と一致するような系$\bar{\mathrm{I}}$に変換し, つぎに$\bar{\mathrm{I}}$を回転してI′に移行することができるからである. この意味で(1), (2)は基本的な変換であって, これらはそれぞれ回転の行列Rと, ベクトル$\boldsymbol{a}$によって規定される. 与えられた質点系の記述が(1)または(2)の変換に対してどのような応答を示すかは, 系の特徴を知る上で重要である. これについては, 後に論ずるであろう.

I, I′をともに慣性系としたとき, もちろんその相対速度がゼロであるという必要は全くない. 一般に, I′をIからみるとき, 各座標軸を一定の向きに保ったままその座標原点のみが定速度$\boldsymbol{v}_0$で運動しているような場合も許されるからである. このとき, I, I′は, 前記の(2)で$\boldsymbol{a}=\boldsymbol{a}_0+\boldsymbol{v}_0 t$とおいた変換に, (1)の回転を組み合わせることによって, 相互に結ばれることがわかる. このような変換を, $\boldsymbol{a}_0=0$のときは, **ガリレー**(G. Galilei, 1564-1642)**変換**, $\boldsymbol{a}_0\neq 0$に対しては, **非斉次ガリレー変換**(inhomogeneous Galilei transformation)とよぶ.

演 習 問 題

1.1 R_{ij} $(i, j=1, 2, 3)$が(1.8), (1.9)をみたすとき, $\sum_i R_{ij}R_{ik}=\delta_{jk}$, および$\sum_{i,j,k}\epsilon_{ijk}R_{il}R_{jm}R_{kn}=\epsilon_{lmn}$を導け. これを用いて, $A_i'=\sum_j R_{ij}A_j$, $B_i'=\sum_j R_{ij}B_j$とすれば, $\sum_i A_i'B_i'=\sum_i A_iB_i$および$\sum_{j,k}\epsilon_{ijk}A_j'B_k'=\sum_{j,k,l}R_{ij}\epsilon_{jkl}A_kB_l$が成り立つことを示せ.

1.2 任意のベクトル$\boldsymbol{A}=(A_1, A_2, A_3)$に対し$A_i\epsilon_{jkl}-A_j\epsilon_{kli}+A_k\epsilon_{lij}-A_l\epsilon_{ijk}=0$であることを示せ.

1.3 $n_1{}^2+n_2{}^2+n_3{}^2=1$ として

$$\left(\cos\frac{\beta}{2}+i\sum_j(\sigma_j n_j)\sin\frac{\beta}{2}\right)\begin{pmatrix} x_3 & x_1-ix_2 \\ x_1+ix_2 & -x_3 \end{pmatrix}\left(\cos\frac{\beta}{2}-i\sum_j(\sigma_j n_j)\sin\frac{\beta}{2}\right)$$
$$=\begin{pmatrix} x_3' & x_1'-ix_2' \\ x_1'+ix_2' & -x_3' \end{pmatrix}$$

によって与えられる x_i' と x_j の関係を $x_i'=\sum_j \alpha_{ij}x_j$ とかくとき，第 i 行第 j 列の成分が α_{ij} の行列は，回転の行列であることを示せ．ただし σ_j $(j=1,2,3)$ は下に与えられる 2 行 2 列の行列である．

$$\sigma_1=\begin{pmatrix} 0 & 1 \\ 1 & 0 \end{pmatrix},\qquad \sigma_2=\begin{pmatrix} 0 & -i \\ i & 0 \end{pmatrix},\qquad \sigma_3=\begin{pmatrix} 1 & 0 \\ 0 & -1 \end{pmatrix}$$

2 運動方程式

2-1 一般化座標と束縛条件

座標系が与えられれば，各質点の運動は質点の位置ベクトルの成分を変数として記述されるが，扱う対象によってはむしろ位置ベクトルの成分の適当な関数を変数にとった方が好都合なことがある．よく知られているように中心力のもとでの運動は，直交座標 x, y, z よりも極座標を用いた方がよい．特に，質点の座標に，条件式が課せられていて，少ない独立変数で系を記述するような場合には，一般に直交座標以外の変数のとり方を考える必要がある．

例えば1個の質点が半径 a の球面上に束縛されていて，座標が条件式 $x^2+y^2+z^2=a^2$ に従うときは，しばしば $x=a\sin\theta\cos\varphi$，$y=a\sin\theta\sin\varphi$，$z=a\cos\theta$ として，独立変数 θ, φ が用いられる．

以上の議論を一般化して，N 個の質点の位置のベクトル $\boldsymbol{r}_a$ $(a=1, 2, \cdots, N)$ が，$h\,(<3N)$ 個の独立な条件式

$$f_l(\boldsymbol{r}_1, \boldsymbol{r}_2, \cdots, \boldsymbol{r}_N, t)=0 \qquad (l=1, 2, \cdots, h) \tag{2.1}$$

に従う場合を考察しよう．一般には条件式が $\boldsymbol{r}_a$ のほかに時間 t にも陽に依存することもあるので，ここではこのようにかいた．ただし，以下の議論では $h=0$，つまり条件式が全く課せられない場合も含めることができる．(2.1) の結果，系を記述するために必要な独立変数の数は $3N-h$ になる．もちろん，独立変数のとり方は一意

的ではないが，それを適当に選んで $q_1, q_2, \cdots, q_n$ とかくことにする．ここで $n=3N-h$ である*)．このとき(2.1)をみたす $\boldsymbol{r}_a$ はこれらの関数として表わされ

$$\boldsymbol{r}_a = \boldsymbol{r}_a(q_1, q_2, \cdots, q_n, t) \tag{2.2}$$

とかくことができる．このような $q_1, q_2, \cdots, q_n$ は，系を記述する上で通常の座標概念を一般化したものであって，**一般化座標**(generalized coordinates)とよばれている．

$q_1, q_2, \cdots, q_n$ の値が与えられれば，系がどんな配位(configuration)にあるかが指定されるので，これらを座標とするような n 次元空間は，**配位空間**(configuration space)とよばれる．一般化座標が時間の関数として表わされれば，系の運動はそれによって決定されるわけで，言い換えれば，配位空間の中の1点が，時間的にどのような道をたどってどのような速度で動くかが，運動の完全な記述を与えることになる．配位空間の中のこのような運動の道筋をトラジェクトリ(trajectory)という．

力学ではいくつかの質点の座標に対し様々な条件を課して議論を行なう場合が多い．条件は系の運動に制限を加えるので，一般化座標に対するものをも含め，このような条件をすべて**束縛条件**(constraint)とよぶことにする．

(2.1)を一般化座標の場合にも当てはまるように拡張すれば

$$f_l(q_1, q_2, \cdots, q_n, t) = 0 \qquad (l=1, 2, \cdots, h<n) \tag{2.3}$$

となる．このように座標 $q_1, q_2, \cdots, q_n$ に対してまとまった形の式として等号をもって束縛条件が完全にかかれるとき，これを**ホロノームな束縛条件**(holonomic constraint)，またこのような条件に従う系を**ホロノーム系**(holonomic system)という．ホロノームという名称はヘルツ(H. R. Hertz, 1857-1894)が，彼の主著『力学原理』(*Die Prinzipien der Mechanik*, 1894)において，はじめて用いた．

---

*) 独立変数の数 n はこの系の**自由度**(degree of freedom)とよばれる．

(2.3) の左辺が t を陽に含まないときは，座標に課せられた条件が時間的に固定しているという意味で，このような束縛を特に**スクレロノーマス**(scleronomous，または scleronomic)，t を陽に含んでいるならば，時間とともに式の形が流動的に変化するという意味で，このときの束縛を**レオノーマス**(rheonomous，または rheonomic)*) という．

座標についての束縛条件を，(2.3) の形にかくことのできない場合，このような系はすべて**非ホロノーム系**(non-holonomic system) とよばれる．下にその例をあげておこう．

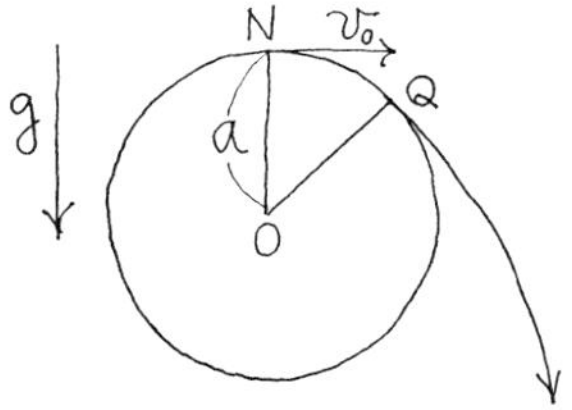

図 2.1

一様な重力のもとで固定された滑らかな球面(半径 a)を考えよう．$t=0$ において，質点が北極点 N を球面に沿って大きさ v_0 の速度で通過したとする．v_0 があまり大きくなければ，質点はある点 Q まで球面上を滑っていき，そこからは球面を離れて落下するであろう．Q の位置は v_0 によって変わるので，N から Q に至るまでの球面上への質点の束縛を，(2.3) のような形に表わすことはできない．実際，球の中心を座標の原点にとり，質点の位置の座標を x, y, z とすれば，この場合は

$$x^2+y^2+z^2 \geqq a^2 \qquad (2.4)$$

なる束縛条件のもとで，与えられた初期条件を用いての議論になっているのである．(2.4) は不等号を含んでいるから，もはやホロノ

*) scleronom, rheonom の用語はボルツマン(L. Boltzmann, 1844-1906)にはじまるという．

ームな束縛条件ではない．同様に，半径 a の球殻内に閉じこめられた気体の場合も，各分子の座標には $x^2+y^2+z^2\leqq a^2$ なる条件が課せられるので，これもやはり非ホロノーム系である．

非ホロノームのもう1つの例は，束縛条件が微分形

$$\sum_{r=1}^{n} A_r{}^{(l)}(q, t)dq_r+B^{(l)}(q, t)dt = 0 \qquad (l=1, 2, \cdots, h) \quad (2.5)$$

であって，しかもこれが積分不可能，つまりこの式を積分することによって(2.3)の形にかきかえることができない場合である．簡単な具体例としては，次のものがある*)(図2.2)．半径 a の円板が板面を鉛直に保ったまま，水平な x-y 面上を滑ることなく運動する場合を考える．円板の配位は，水平面との接点Pの座標 (x, y)，円板の回転角 ϕ，およびPを通り板面に垂直な直線が y 軸とつくる角 θ によって決まるが，滑らずに運動するという条件のために，これらの変数の振舞は全く任意ではあり得ない．円板の中心Oの速度の大きさは $a\dot{\phi}$ であって，その x, y 成分は，図からわかるように，$a\dot{\phi}\cos\theta$，$-a\dot{\phi}\sin\theta$ である．したがってそれぞれを $\dot{x}, \dot{y}$ とおけば，直ちに束縛条件

$$\left.\begin{aligned} dx-a\cos\theta\cdot d\phi &= 0 \\ dy+a\sin\theta\cdot d\phi &= 0 \end{aligned}\right\} \qquad (2.6)$$

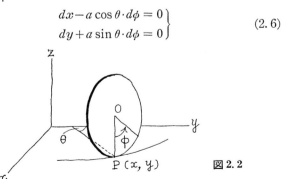

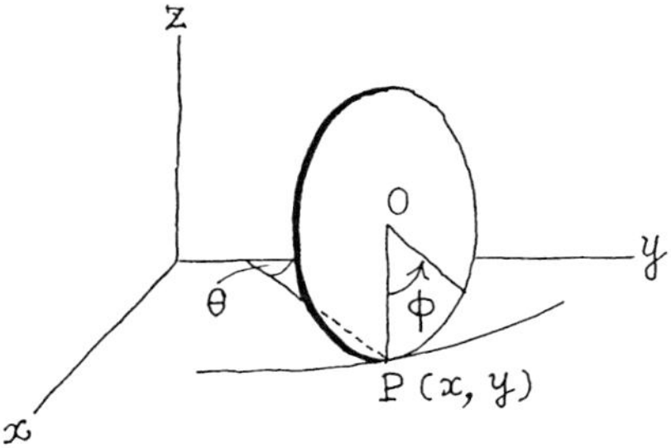

図 2.2

*) 例えば巻末参考文献[3]．

が導かれる．しかし，これを積分して$f_1(x, y, \theta, \phi)=f_2(x, y, \theta, \phi)=0$というホロノームな条件式に変形することはできない．

実際もし，それが可能であれば，両式の全微分$\partial f_l/\partial x\cdot dx+\partial f_l/\partial y\cdot dy+\partial f_l/\partial\theta\cdot d\theta+\partial f_l/\partial\phi\cdot d\phi=0$ $(l=1, 2)$をつくり，(2.6)と比較すれば，(2.6)には$d\theta$をもつ項がないから$\partial f_l/\partial\theta=0$とならなければならない．この結果は，直観的には次のように理解される．図2.2からわかるように，x, y, ϕのそれぞれの値を一定に保ったまま，PO軸のまわりに円板を回転させれば，板面の向きは勝手に変えられる．このときθはx, y, ϕの値に拘束されることなしに任意の値をとることができるわけだから，もし$f_l=0(l=1, 2)$が成り立つとすれば，f_lはθを含むことができず，それらのθに関する偏微分は0となるわけである．

しかし，θを含まぬこのようなf_1, f_2からは$\sin\theta$，$\cos\theta$を用いて表わされた(2.6)を導けないことは明らかである．すなわち(2.6)は積分不可能，したがって系はホロノームではない．

非ホロノーム系では，束縛条件の形が(2.3)以外のものというだけであるから，その内容も多様であって，これに対する統一的な扱いは存在しない．しかし多くはホロノーム系の議論を基礎にとり，各場合に応じた工夫を若干これに加えることによって扱うことが可能となる．ただし，これについては後に触れることにし，われわれは当面の問題として最も基本的な系であるホロノーム系の考察を進めることにする．

2-2 滑らかな束縛

束縛条件(2.1)に従うN個の質点系を考えよう．この場合，系を記述するための独立変数は一般化座標$q_1, q_2, \cdots, q_n$であって，質点の位置$\boldsymbol{r}_a$ $(a=1, 2, \cdots, N)$は(2.2)のようにかくことができる．束縛条件がないときには運動方程式は(1.1)で与えられる．しかし束縛条件が課せられると，$\boldsymbol{r}_a$ がこれに従わねばならぬということから，(1.1) で記述される運動は変更を受けることになるが，そうなるためには (1.1) の右辺にさらに別の力 $\boldsymbol{C}_a$ が加わっていなければならない．すなわち，運動方程式として次式が要求される．

$$m_a\ddot{\boldsymbol{r}}_a = \boldsymbol{F}_a + \boldsymbol{C}_a \qquad (a=1, 2, \cdots, N) \tag{2.7}$$

ここで $\boldsymbol{C}_a$ は**束縛力** (force of constraint) とよばれる．

(2.2) と (2.7) から $q_1, q_2, \cdots, q_n$ を求めるためには，$\boldsymbol{C}_a$ のみたすべき式が与えられなければならない．そこで，各質点について無限小の変位 $\boldsymbol{r}_a \to \boldsymbol{r}_a + \delta\boldsymbol{r}_a$ を考えよう．ただしこの変位は，第 a 番目の質点を $\boldsymbol{r}_a$ から $\boldsymbol{r}_a + \delta\boldsymbol{r}_a$ まで実際に動かしてみせるというものではない．現実の変位ならそのための微小時間 Δt が必要であるが，ここでの変位は $\Delta t = 0$, つまり $\boldsymbol{r}_a$ は変化するがその間時間は止まったままという非現実的な，いわば頭の中でのみ考えられる変位である．われわれはこれを**仮想変位** (virtual displacement) とよぼう．この仮想変位を通して，束縛力によってなされる仕事は $\sum_{a=1}^{N} \boldsymbol{C}_a \cdot \delta\boldsymbol{r}_a$ となる．変位が仮想的であるということから，この仕事は系の運動の状況とは無関係な純粋に束縛力だけに関した仕事だといえる．もちろんここで $\delta\boldsymbol{r}_a\,(a=1, 2, \cdots, N)$ は，束縛条件があるから勝手にとることはできない．任意に動かせるのは n 個の独立変数 $q_r\,(r=1, 2, \cdots, n)$ であって，それらの無限小の仮想変位 $q_r \to q_r + \delta q_r$ の結果として，(2.2) を媒介とし $\delta\boldsymbol{r}_a$ が与えられたとみるべきである．したがって

$$\begin{aligned}\delta\boldsymbol{r}_a &= \boldsymbol{r}_a(q_1+\delta q_1, q_2+\delta q_2, \cdots, q_n+\delta q_n, t) - \boldsymbol{r}_a(q_1, q_2, \cdots, q_n, t) \\ &= \sum_{r=1}^{n} \frac{\partial \boldsymbol{r}_a}{\partial q_r} \delta q_r \end{aligned} \tag{2.8}$$

となって，上記の束縛力による仕事は

$$\sum_{r=1}^{n} \left(\sum_{a=1}^{N} \boldsymbol{C}_a \cdot \frac{\partial \boldsymbol{r}_a}{\partial q_r} \right) \delta q_r \tag{2.9}$$

とかくことができる．ここでわれわれは，この仕事が δq_r の如何に

関せず0，つまり純粋に束縛力のみを通じて，系のエネルギーが外部に放出されたり，逆に系にエネルギーが外から注入されたりすることはないものと考えよう．このような束縛は**滑らか**(smooth)であるといい，このとき(2.9)から

$$\sum_{a=1}^{N} \boldsymbol{C}_a \cdot \frac{\partial \boldsymbol{r}_a}{\partial q_r} = 0 \qquad (r=1, 2, \cdots, n) \tag{2.10}$$

が導かれる．未知数は $\boldsymbol{C}_a\,(a=1,2,\cdots,N)$ の各成分と $q_r\,(r=1,2,\cdots,n)$ で $3N+n$ 個であるが，いまや方程式の数も(2.7)と(2.10)でやはり $3N+n$ 個となって，未知数の数と方程式の数が一致し，問題の完全な扱いが可能となった．もし束縛が滑らかでなければ，束縛力の中に，外界との間でエネルギーのやりとりに寄与する部分が含まれている．このとき問題が扱えるためには，この力がどのようなものかが別の規則によって与えられる必要がある．例えば摩擦力についての法則などはその例であるが，本書ではこの種の問題にはほとんど立ち入らない．むしろ，より基本的な滑らかな束縛の場合を中心に話を進めることにする．

(2.7)と $\partial \boldsymbol{r}_a/\partial q_r$ のスカラー積をつくり a について和をとると，(2.10)によって束縛力 $\boldsymbol{C}_a$ が消去され，n 個の方程式

$$\sum_{a=1}^{N} m_a \ddot{\boldsymbol{r}}_a \cdot \frac{\partial \boldsymbol{r}_a}{\partial q_r} = \sum_{a=1}^{N} \boldsymbol{F}_a \cdot \frac{\partial \boldsymbol{r}_a}{\partial q_r} \qquad (r=1, 2, \cdots, n) \tag{2.11}$$

を得る．$\boldsymbol{r}_a$ が(2.2)でかかれていることに着目してこれを解けば，$q_1, q_2, \cdots, q_n$ が時間の関数として与えられるわけだが，この方程式をもっと見やすい形にかきかえることを考えよう．

(2.11)の左辺は

$$\sum_{a=1}^{N} m_a \ddot{\boldsymbol{r}}_a \cdot \frac{\partial \boldsymbol{r}_a}{\partial q_r} = \sum_{a=1}^{N} m_a \left\{ \frac{d}{dt}\left(\dot{\boldsymbol{r}}_a \cdot \frac{\partial \boldsymbol{r}_a}{\partial q_r} \right) - \dot{\boldsymbol{r}}_a \cdot \frac{d}{dt}\left(\frac{\partial \boldsymbol{r}_a}{\partial q_r} \right) \right\} \tag{2.12}$$

とかくことができるが，ここで

$$\frac{\partial \boldsymbol{r}_a}{\partial q_r} = \frac{\partial \dot{\boldsymbol{r}}_a}{\partial \dot{q}_r}, \qquad \frac{d}{dt}\left(\frac{\partial \boldsymbol{r}_a}{\partial q_r}\right) = \frac{\partial \dot{\boldsymbol{r}}_a}{\partial q_r} \tag{2.13}$$

なる関係が成り立つことに注目しよう．その証明は下の通りである．

まず，(2.2) より

$$\dot{\boldsymbol{r}}_a = \sum_{s=1}^{n} \frac{\partial \boldsymbol{r}_a}{\partial q_s}\dot{q}_s + \frac{\partial \boldsymbol{r}_a}{\partial t} \tag{2.14}$$

であるから，両辺を $\dot{q}_r$ で微分すれば直ちに(2.13)の第1式が得られる．次に(2.14)を q_r で微分すると

$$\frac{\partial \dot{\boldsymbol{r}}_a}{\partial q_r} = \sum_{s=1}^{n} \frac{\partial^2 \boldsymbol{r}_a}{\partial q_s \partial q_r}\dot{q}_s + \frac{\partial^2 \boldsymbol{r}_a}{\partial t \partial q_r} \tag{2.15}$$

この右辺は $\dfrac{d}{dt}(\partial \boldsymbol{r}_a/\partial q_r)$ に他ならないことは容易にわかる．したがって(2.13)の第2式は導かれた．

(2.13)を(2.12)の右辺に代入すると

$$\begin{aligned}(2.12) &= \sum_{a=1}^{N} m_a\left\{\frac{d}{dt}\left(\dot{\boldsymbol{r}}_a\cdot\frac{\partial \dot{\boldsymbol{r}}_a}{\partial \dot{q}_r}\right) - \dot{\boldsymbol{r}}_a\cdot\frac{\partial \dot{\boldsymbol{r}}_a}{\partial q_r}\right\} \\ &= \sum_{a=1}^{N} \frac{m_a}{2}\left\{\frac{d}{dt}\frac{\partial}{\partial \dot{q}_r}(\dot{\boldsymbol{r}}_a{}^2) - \frac{\partial}{\partial q_r}(\dot{\boldsymbol{r}}_a{}^2)\right\} \\ &= \frac{d}{dt}\frac{\partial T}{\partial \dot{q}_r} - \frac{\partial T}{\partial q_r} \qquad (2.16)^{*)}\end{aligned}$$

ここで T は**運動のエネルギー**(kinetic energy)

$$T = \sum_{a=1}^{N} \frac{m_a}{2}\dot{\boldsymbol{r}}_a{}^2 \tag{2.17}$$

である．したがって

$$\mathcal{F}_r \equiv \sum_{a=1}^{N} \boldsymbol{F}_a\cdot\frac{\partial \boldsymbol{r}_a}{\partial q_r} \tag{2.18}$$

とおけば，運動方程式(2.11)は

$$\frac{d}{dt}\frac{\partial T}{\partial \dot{q}_r} - \frac{\partial T}{\partial q_r} = \mathcal{F}_r \qquad (r=1, 2, \cdots, n) \tag{2.19}$$

---

*) 同一ベクトルの自分自身とのスカラー積，例えば $\boldsymbol{A}\cdot\boldsymbol{A}$ は単に $\boldsymbol{A}^2$ とかく．

となる．これを**ラグランジュ**(J. L. Lagrange, 1736-1813)**の方程式**という．

任意の微小な仮想変位 $q_r \to q_r + \delta q_r$ に伴う $\boldsymbol{r}_a$ の変化 $\delta \boldsymbol{r}_a$ は(2.8)によって与えられるので，(2.18)より

$$\sum_{r=1}^{n} \mathcal{F}_r \delta q_r = \sum_{a=1}^{N} \boldsymbol{F}_a \cdot \delta \boldsymbol{r}_a \tag{2.20}$$

これは仮想変位のもとでの仕事を表わす．このように $\mathcal{F}_r$ は，一般化座標の変化 δq_r との積で仕事を与えるので，**一般化力**(generalized force)とよばれている．

2-3　オイラー・ラグランジュの方程式

一般化力 $\mathcal{F}_r$ が一般化座標の関数としてかかれている場合を考えよう．ただし t に陽に依存していてもよい．すなわち $\mathcal{F}_r = \mathcal{F}_r(q_1, q_2, \cdots, q_n, t)$ とする．配位空間内の座標 $(q_1, q_2, \cdots, q_n)$ の点 P から座標 $(\bar{q}_1, \bar{q}_2, \cdots, \bar{q}_n)$ の点 $\bar{\mathrm{P}}$ まで，与えられた道筋に沿ってなされる仕事は，(2.20)によれば積分路としてこの道筋を用いたときの線積分 $\sum_{r=1}^{n} \int_{\mathrm{P}}^{\bar{\mathrm{P}}} \mathcal{F}_r dq_r$ によって与えられる．もちろん積分の値は，一般に始点 P および終点 $\bar{\mathrm{P}}$ の座標，それに積分路の形に依存するが，特に任意の P, $\bar{\mathrm{P}}$ に対して，その積分値が両端の座標には依存しても，積分路の形に全く無関係の場合には，このときの $\mathcal{F}_r$ を**保存力**(conservative force)とよぶ．したがって保存力のもとでの仕事は，積分路を任意にとって

$$W(q, \bar{q}, t) = \sum_{r=1}^{n} \int_{\mathrm{P}}^{\bar{\mathrm{P}}} \mathcal{F}_r dq_r \tag{2.21}$$

とかくことができる．ただし $W(q, \bar{q}, t)$ は $W(q_1, q_2, \cdots, q_n, \bar{q}_1, \bar{q}_2, \cdots, \bar{q}_n, t)$ の略記で，以下でもしばしばこのような記法を用いることにする．注意すべきことは，(2.21)の仕事は仮想変位の積み重ねによってなされるもので，その間時間 t は固定されたままである．した

がって，$\mathcal{F}_r$ が t を陽に含むときは，W もまた陽に t に依存する．P から $\bar{\mathrm{P}}$ に至る途中で，その座標が $(a_1, a_2, \cdots, a_n)$ であるような定点 A を通る積分路を考えよう．このとき(2.21)によれば，$W(q, \bar{q}, t) = W(a, \bar{q}, t) + W(q, a, t)$ かつ $W(a, \bar{q}, t) = -W(\bar{q}, a, t)$ であるから，$V(q, t)$ を

$$V(q, t) \equiv -\sum_r \int_{\mathrm{A}}^{\mathrm{P}} \mathcal{F}_r dq_r \tag{2.22}$$

で定義すると，

$$W(q, \bar{q}, t) = V(q, t) - V(\bar{q}, t) \tag{2.23}$$

とかくことができる．$V(q, t)$ は**ポテンシャル・エネルギー**(potential energy)あるいは単に**ポテンシャル**とよばれる．(2.22)によれば，保存力 $\mathcal{F}_r$ は，ポテンシャルを用いて

$$\mathcal{F}_r = -\frac{\partial V(q, t)}{\partial q_r} \tag{2.24}$$

のように表わされる*)．

外力 $\boldsymbol{F}_a$ が $\boldsymbol{r}_1, \boldsymbol{r}_2, \cdots, \boldsymbol{r}_N$ の関数でかつ保存力の場合も，同様の議論によって

$$F_{a,i} = -\frac{\partial}{\partial r_{a,i}} V(\boldsymbol{r}_1, \boldsymbol{r}_2, \cdots, \boldsymbol{r}_N, t) \tag{2.25}$$

となるようなポテンシャル $V(\boldsymbol{r}_1, \boldsymbol{r}_2, \cdots, \boldsymbol{r}_N, t)$ が存在しなければならない．ただし $F_{a,i}, r_{a,i}$ はそれぞれベクトル $\boldsymbol{F}_a, \boldsymbol{r}_a$ の第 i 成分である．ここで V の中の $\boldsymbol{r}_a$ を(2.2)で与えられた，$q_r\,(r=1, 2, \cdots, n)$ の関数とみなすことにしよう．このとき(2.25)，(2.18)により

$$\begin{aligned} \frac{\partial}{\partial q_r} V(\boldsymbol{r}_1, \boldsymbol{r}_2, \cdots, \boldsymbol{r}_N, t) &= \sum_{i=1,2,3} \sum_{a=1}^{N} \frac{\partial V(\boldsymbol{r}_1, \boldsymbol{r}_2, \cdots, \boldsymbol{r}_N, t)}{\partial r_{a,i}} \frac{\partial r_{a,i}}{\partial q_r} \\ &= -\sum_{a=1}^{N} \boldsymbol{F}_a \cdot \frac{\partial \boldsymbol{r}_a}{\partial q_r} = -\mathcal{F}_r \end{aligned} \tag{2.26}$$

---

*) それゆえ，$\mathcal{F}_r$ が保存力であれば $\partial \mathcal{F}_r / \partial q_s = \partial \mathcal{F}_s / \partial q_r$ がなりたつ．逆にこの式が成立すれば，ある条件のもとで，$\mathcal{F}_r$ は保存力であるといえる(巻末付録参照)．

となる．これを(2.24)と比較すれば，この場合 $V(q,t)$ として $V(\boldsymbol{r}_1,\boldsymbol{r}_2,\cdots,\boldsymbol{r}_N,t)$ を用いてよいことが分かるであろう．

われわれは，運動のエネルギー T とポテンシャル・エネルギー V の差を

$$L = T - V \tag{2.27}$$

とかこう．L は，T, V の定義から明らかなように，一般化座標 $q_1, q_2, \cdots, q_n$ およびその時間微分 $\dot{q}_1, \dot{q}_2, \cdots, \dot{q}_n$ の関数であるが，時間 t を陽に含むこともある．したがって，一般には $L=L(q,\dot{q},t)$ とかくことにするが，t を陽に含まぬことが明確であれば $L=L(q,\dot{q})$ とかく．(2.27)で定義された L は**ラグランジュ関数**(Lagrange function)または**ラグランジアン**(Lagrangian)とよばれる．

(2.24)を用いると，ラグランジュの方程式(2.19)は次のように表わされる．

$$\frac{d}{dt}\frac{\partial L}{\partial \dot{q}_r}-\frac{\partial L}{\partial q_r} = 0 \qquad (r=1,2,\cdots,n) \tag{2.28}$$

これもまたラグランジュの方程式とよばれているが，しかし，**オイラー**(L. Euler, 1707–1783)**・ラグランジュの方程式**という名称もあり，本書では(2.19)と区別するために，むしろ後者のよび方を用いることにする．

(2.24)を一般化して，$\mathcal{F}_r$ が q_s の他に $\dot{q}_s$ の関数である場合，

$$\mathcal{F}_r = \frac{d}{dt}\frac{\partial V(q,\dot{q})}{\partial \dot{q}_r}-\frac{\partial V(q,\dot{q})}{\partial q_r} \tag{2.29}$$

とかくことができるならば，この V を(2.27)に用いたときの L は，やはりオイラー・ラグランジュの方程式に従うことがわかる．(2.29)の $V(q,\dot{q})$ は $\dot{q}_s$ を変数として含むので，**速度依存ポテンシャル**(velocity-dependent potential)または**一般化ポテンシャル**(generalized potential)とよばれている．

このようにして運動のエネルギー T，および一般化力 $\mathcal{F}_r$ または

ポテンシャル V を，一般化座標でかきかえておけば，それを変数とした運動方程式が(2.19)または(2.28)によって与えられる．もちろん，一般化座標としてどんなものを用いるべきかは，個々の場合に応じて好都合なものを選ぶよう工夫をしなければならない．

以下，一般化座標によるかきかえの簡単な例をあげておこう．

例 1 極座標でかかれた運動のエネルギー

質量 m の質点の座標を x, y, z とすれば，運動のエネルギーは $T=\frac{m}{2}(\dot{x}^2+\dot{y}^2+\dot{z}^2)$．一方，一般化座標として極座標 r, θ, φ をとり，(2.2)に対応して x, y, z をこれを用いて表わすと $x=r\sin\theta\cos\varphi$, $y=r\sin\theta\sin\varphi$, $z=r\cos\theta$．したがって両辺に時間微分をほどこして

$$\left.\begin{aligned}\dot{x}&=\dot{r}\sin\theta\cos\varphi+\dot{\theta}r\cos\theta\cos\varphi-\dot{\varphi}r\sin\theta\sin\varphi\\ \dot{y}&=\dot{r}\sin\theta\sin\varphi+\dot{\theta}r\cos\theta\sin\varphi+\dot{\varphi}r\sin\theta\cos\varphi\\ \dot{z}&=\dot{r}\cos\theta-\dot{\theta}r\sin\theta\end{aligned}\right\} \quad (2.30)$$

ゆえに

$$T=\frac{m}{2}(\dot{x}^2+\dot{y}^2+\dot{z}^2)=\frac{m}{2}(\dot{r}^2+r^2\dot{\theta}^2+r^2\sin^2\theta\cdot\dot{\varphi}^2) \quad (2.31)$$

例 2 2 重振り子

O を固定点とし，一様な重力加速度 g のもとで，2 個の質点 P(質量 m)および P′(質量 m')が，OP($=l$)，PP′($=l'$)を一定に保ったまま鉛直面(xy 面)内で滑らかな運動をするとき，この系を**2 重振り子**(double pendulum)という(図 2.3)．

x 軸を重力加速度の方向にとり，P, P′ の座標をそれぞれ (x, y), (x', y') とすれば，束縛条件は

$$x^2+y^2=l^2, \qquad (x'-x)^2+(y'-y)^2=l'^2 \quad (2.32)$$

ここで一般化座標として x 軸と OP, PP′ がつくる角 φ, φ' をとろう．すなわち

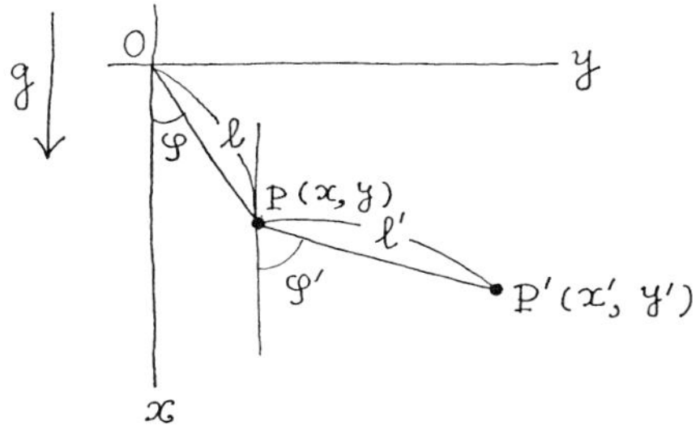

図 2.3　2重振り子

$$\left.\begin{aligned} x &= l\cos\varphi, \quad y = l\sin\varphi \\ x' &= l\cos\varphi + l'\cos\varphi', \quad y' = l\sin\varphi + l'\sin\varphi' \end{aligned}\right\} \tag{2.33}$$

これを時間微分して

$$\left.\begin{aligned} \dot{x} &= -l\dot{\varphi}\sin\varphi, \quad \dot{y} = l\dot{\varphi}\cos\varphi \\ \dot{x}' &= -l\dot{\varphi}\sin\varphi - l'\dot{\varphi}'\sin\varphi', \quad \dot{y}' = l\dot{\varphi}\cos\varphi + l'\dot{\varphi}'\cos\varphi' \end{aligned}\right\} \tag{2.34}$$

したがって

$$\begin{aligned} T &= \frac{m}{2}(\dot{x}^2+\dot{y}^2) + \frac{m'}{2}(\dot{x}'^2+\dot{y}'^2) \\ &= \frac{m+m'}{2}l^2\dot{\varphi}^2 + m'll'\cos(\varphi-\varphi')\dot{\varphi}\dot{\varphi}' + \frac{m'}{2}l'^2\dot{\varphi}'^2 \end{aligned} \tag{2.35}$$

$$V = -mgx - m'gx' = -g\{(m+m')l\cos\varphi + m'l'\cos\varphi'\} \tag{2.36}$$

例 3　等角速度の回転座標

与えられた慣性系の z 軸のまわりに，一様な角速度 ω で回転している座標系を考えよう．2つの座標系の z 軸は共通とし，時刻 $t=0$ では両者の x 軸は一致していたとする．時刻 t において慣性系，回転系それぞれからみた質点 P(質量 m) の座標を (x, y, z), (x', y', z') とすれば

$$\left.\begin{aligned} x &= x'\cos\omega t - y'\sin\omega t \\ y &= x'\sin\omega t + y'\cos\omega t \\ z &= z' \end{aligned}\right\} \tag{2.37}$$

したがって

$$\left.\begin{aligned} \dot{x} &= \dot{x}'\cos\omega t - \dot{y}'\sin\omega t - x'\omega\sin\omega t - y'\omega\cos\omega t \\ \dot{y} &= \dot{x}'\sin\omega t + \dot{y}'\cos\omega t + x'\omega\cos\omega t - y'\omega\sin\omega t \\ \dot{z} &= \dot{z}' \end{aligned}\right\} \tag{2.38}$$

となり

$$\begin{aligned} T &= \frac{m}{2}(\dot{x}^2+\dot{y}^2+\dot{z}^2) \\ &= \frac{m}{2}(\dot{x}'^2+\dot{y}'^2+\dot{z}'^2) - m\omega(\dot{x}'y'-\dot{y}'x') + \frac{m}{2}\omega^2(x'^2+y'^2) \end{aligned} \tag{2.39}$$

を得る．簡単のために外力は作用していないとし，x', y', z' を変数として，ラグランジュの方程式をたてると

$$\left.\begin{aligned} \frac{d}{dt}\frac{\partial T}{\partial \dot{x}'} - \frac{\partial T}{\partial x'} &= m\ddot{x}' - 2m\omega\dot{y}' - m\omega^2 x' = 0 \\ \frac{d}{dt}\frac{\partial T}{\partial \dot{y}'} - \frac{\partial T}{\partial y'} &= m\ddot{y}' + 2m\omega\dot{x}' - m\omega^2 y' = 0 \\ \frac{d}{dt}\frac{\partial T}{\partial \dot{z}'} - \frac{\partial T}{\partial z'} &= m\ddot{z}' = 0 \end{aligned}\right\} \tag{2.40}$$

それゆえ，回転している座標系に立って質点Pを見ると，それはあたかも x, y, z 成分が $(2m\omega\dot{y}', -2m\omega\dot{x}', 0)$ および $(m\omega^2 x', m\omega^2 y', 0)$ であるような2種類の力を受けて運動しているように見える．このような見掛けの力の出現は，回転している系が慣性系でないことによるもので，前者は**コリオリ**(G. G. Coriolis, 1792-1843)**の力**，後者は**遠心力**(centrifugal force)とよばれる．

遠心力は日常しばしば経験するところであるが，コリオリの力は

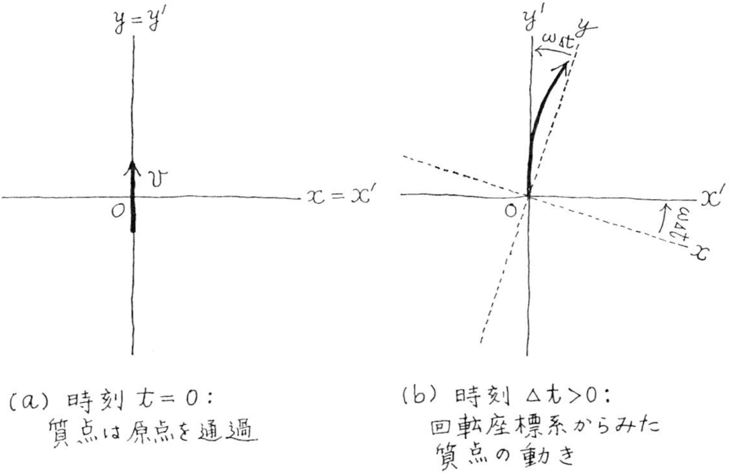

図 2.4 コリオリの力

直観的には例えば次のようなものとして理解されよう．いま時刻 $t=0$ で慣性系と回転系の座標軸が重なるとし，ちょうどこの時刻に y 軸に沿って質点が速度 v で原点を通過したとしよう(図 2.4(a))．このときには，回転系からみても質点は原点にあって y' 方向に速度 v をもつ．ところが，わずかに時間が経った時刻 $\Delta t(>0)$ においては，外力の作用がないので，慣性系ではもちろん質点は y 軸に沿って等速運動をしているものの，回転系から見れば，y' 軸から x' 方向に離れてゆく運動が見受けられる(図 2.4(b))．つまり回転系に立つ観測者からは，質点があたかも x' 方向への力を原点で受けて，その軌道が曲げられたかのように見えるわけである．原点では遠心力は働かないから，これは別の見掛けの力である．これが上述のコリオリの力に他ならない．

例 4 サイクロイド振り子

質量 m の質点が，ポテンシャル $V=-mgy$(g は重力加速度)のも

とでサイクロイド曲線

$$\left.\begin{aligned} x &= a(\varphi+\sin\varphi) \\ y &= a(1+\cos\varphi) \end{aligned}\right\} \tag{2.41}$$

の上に滑らかに束縛されて往復運動するとき，この系を**サイクロイド振り子**(cycloidal pendulum)という．上式より $\dot{x}=a\dot{\varphi}(1+\cos\varphi)$, $\dot{y}=-a\dot{\varphi}\sin\varphi$ であるから

$$\left.\begin{aligned} T &= \frac{m}{2}(\dot{x}^2+\dot{y}^2) = ma^2(1+\cos\varphi)\dot{\varphi}^2 = 2ma^2\left(\dot{\varphi}\cos\frac{\varphi}{2}\right)^2 \\ V &= -mgy = -2mag\cos^2\frac{\varphi}{2} \end{aligned}\right\} \tag{2.42}$$

ここで $q=4a\sin(\varphi/2)$ とおけば

$$T = \frac{m}{2}\dot{q}^2, \qquad V = \frac{mg}{8a}q^2-2mag \tag{2.43}$$

を得る．それゆえ $L=(m/2)\dot{q}^2-(mg/8a)q^2+2mag$ となって，オイラー・ラグランジュの方程式は

$$\ddot{q} = -\frac{g}{4a}q \tag{2.44}$$

これは，もちろん $|q|\leqq 4a$ という制限はあるが，その範囲内で振幅の大小に関係なく周期が一定値 $2\pi\sqrt{4a/g}$ となる振動である．

［注］ 上記の系をサイクロイド振り子とよぶのは次の理由による．図2.5のように y 軸を鉛直方向にとり，$x=a(\varphi-\sin\varphi)$, $y=-a(1+\cos\varphi)$ で表わされるサイクロイド形の壁(図の斜線部分)をつくる．このサイクロイドは，半径 a の円が x' 軸上を滑ることなく転がるときに描く，円周上の点の軌跡であって，O′ からサイクロイドの最下点 A または B までの弧の長さは $4a$ であることが知られている．いま O′ に長さ $4a$ の糸を吊し，先端 P に質量 m の質点をつけて図のように自由に振動させるとき，質点は図の点線上を運動

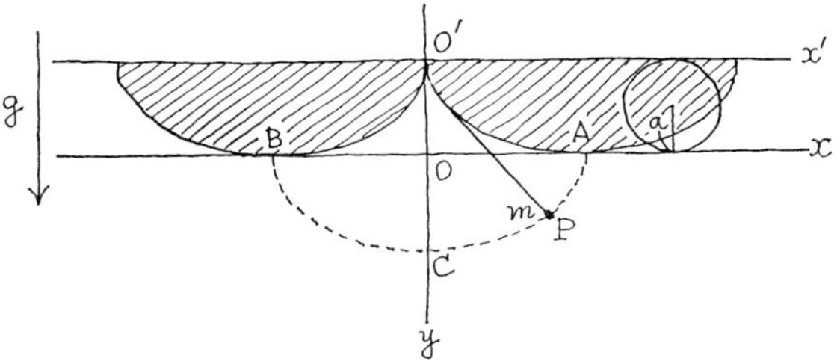

図 2.5 サイクロイド振り子

するが，この点線は壁のサイクロイドと同形で(2.41)で与えられることが示されている．つまりこのような振り子によって前記の運動が実現することがわかる．サイクロイド振り子が，振幅の大きさに関係なく等周期運動を行なうことは，1673年にホイヘンス(C. Huygens, 1629–1695)によって発見された．

演 習 問 題

2.1 ラグランジアンに $dW(q_1, q_2, \cdots, q_n, t)/dt$ なる項をつけ加えても，運動方程式は変わらぬことを示せ．

2.2 ラグランジアンを

$$L(x, \dot{x}, t) = e^{\gamma t/m}\left(\frac{m}{2}\dot{x}^2+mgx\right)$$

としたときの，運動方程式を求めよ．

2.3 一様な重力の中を質量 m の質点が曲面 $z=f(x, y)$ 上に滑らかに束縛されて運動するとき，系のラグランジアン $L(x, y, \dot{x}, \dot{y})$ はどうなるか．ただし，z 軸は重力加速度の向きとちょうど反対の方向を向いているものとする．

2.4 滑らかな円錐面上を質量 m の質点が，中心軸に垂直で外に向かう大きさ $m\mu/r^3$ ($\mu>0$) の斥力を受けて運動するものとする．このときのラグランジアンを求めよ．ただし r は質点から中心軸までの距離である．

2.5 サイクロイド振り子における変数 $q=4a\sin(\varphi/2)$ は，図 2.5 で P が

C, A 間にあれば正，C, B 間にあれば負であって，その絶対値 $|q|$ は点線のサイクロイドにおける弧長 CP に等しいことを示せ.

3　剛体の運動学

力学では，系に作用する力の詳細には立ち入らずに，運動だけを数学的に記述するとき，これを**運動学**(kinematics)とよんでいる．この章の目的は，剛体の運動について解析力学の立場からの入門的解説を試みることにあるが，そのために話を限定して，剛体の運動学を中心に議論を進めることにしよう．いうまでもないことだが，剛体とは有限の拡がりをもち，剛体内の任意の2点間の距離は外力が加えられても常に不変に保たれるという理想化された物体をいう．

3-1　オイラーの角

与えられた剛体が空間にどんな具合に位置づけられているかという，いわゆる剛体の配位を決めるために，剛体内に任意に点$\bar{\mathrm{O}}$をとり，これを原点とするような座標系を剛体に固定して設定することにしよう．いわばこれは剛体とともに運動する座標系で，**物体固定系**(body-fixed frame)とよばれ，すぐあとにみるように剛体の向きはこの座標軸の向きによって指定される．

$\bar{\mathrm{O}}$を起点として物体固定系のx, y, z軸それぞれの方向にとった単位ベクトルを$\bar{\boldsymbol{e}}_1, \bar{\boldsymbol{e}}_2, \bar{\boldsymbol{e}}_3$とかこう．剛体内の点を任意に1つ選んで$\bar{\mathrm{O}}$からそれに至るベクトルを$\bar{\boldsymbol{r}}$，物体固定系でみたその成分を$\bar{r}_1, \bar{r}_2, \bar{r}_3$とかくことにすれば

$$\bar{\boldsymbol{r}} = \sum_{i=1}^{3} \bar{r}_i \bar{\boldsymbol{e}}_i, \qquad \bar{r}_i = \bar{\boldsymbol{r}} \cdot \bar{\boldsymbol{e}}_i \tag{3.1}$$

となるが，このとき各 $\bar{r}_i$ は剛体の運動状態に関係なく一定値をとる．実際，長さの次元をもつ適当な定数 l を用いて，$2\bar{r}_i l = \bar{\boldsymbol{r}}^2 - (\bar{\boldsymbol{r}} - l\bar{\boldsymbol{e}}_i)^2 + l^2$ とかいたとき，右辺の $\bar{\boldsymbol{r}}^2$ は $\bar{\mathrm{O}}$ と A 間の距離の 2 乗，$(\bar{\boldsymbol{r}} - l\bar{\boldsymbol{e}}_i)^2$ は A から $l\bar{\boldsymbol{e}}_i$ の先端までの距離の 2 乗であって，剛体の定義からこれらはともに一定値をとるからである．したがって，剛体の各点に対応して $\bar{r}_i\,(i=1,2,3)$ を考えれば，それらのとる値の範囲は剛体の形のみによって決まり，剛体の向きとは無関係である．それゆえ (3.1) により，剛体の向きは剛体に固定された $\bar{\boldsymbol{e}}_i\,(i=1,2,3)$ の向きによって決定されることになる．

剛体の運動を記述するための変数としては，$\bar{\mathrm{O}}$ の位置を指定するものと，$\bar{\mathrm{O}}$ のまわりでの剛体の向きを指定するものが必要である．ところで，$\bar{\mathrm{O}}$ の位置の指定には，空間に固定された慣性系(以下では**静止系**(rest frame)とよぶ)における座標を用いればよい．もちろんこれが束縛条件に従うこともあり得るが，そのときはこれまでの質点の場合と同様に一般化座標を導入して扱えばよいはずである．

他方，剛体の向きは上の議論から，剛体固定系の向きつまり静止系からみたときの $\bar{\boldsymbol{e}}_i\,(i=1,2,3)$ の向きを指定するような変数で記述されねばならない．しかもこれだけを取りだして考察する場合，静止系からみて $\bar{\mathrm{O}}$ がどこにあろうとそれは本質的ではない．そこで以下の議論では，$\bar{\mathrm{O}}$ と静止系の原点とを同一視する．

さて，座標軸の向きが $\boldsymbol{e}_1, \boldsymbol{e}_2, \boldsymbol{e}_3$ であるような静止系を基準にして，$\bar{\boldsymbol{e}}_1, \bar{\boldsymbol{e}}_2, \bar{\boldsymbol{e}}_3$ の向きを指定するのに必要十分なパラメータの数は何個になるかを考えてみよう．まず，$\bar{\boldsymbol{e}}_3$ の向きを決めるのに 2 個のパラメータが要ることは，点の方向を示すのに極座標で 2 個の角が使われることからも，明らかであろう．$\bar{\boldsymbol{e}}_3$ が与えられると，座標原点を通りこれと直交する面(これを $\bar{x}$-$\bar{y}$ 面とよぼう)が同時に決まる．こ

のとき $\boldsymbol{e}_3\times\bar{\boldsymbol{e}}_3/|\boldsymbol{e}_3\times\bar{\boldsymbol{e}}_3|$ は $\bar{\boldsymbol{e}}_1, \bar{\boldsymbol{e}}_2$ とともに $\bar{x}$-$\bar{y}$ 面上にある．したがって前者と後二者のうちの一方がつくる角を与えれば，右手系ということで残りの1つも決まるから，結局，計3個のパラメータを用いて $\bar{\boldsymbol{e}}_1, \bar{\boldsymbol{e}}_2, \bar{\boldsymbol{e}}_3$ の指定が完結することになる．

パラメータとしては，通常**オイラーの角**(Eulerian angle)とよばれる3個の角 θ, ϕ, ψ が使われている．ただしオイラーの角という名称で定義の異なる2通りのものが，同じ記号で使用されており，その区別を明確にしておかないとつまらぬことで混乱する．そこでまず2通りの定義を(i), (ii)として述べることにしよう*⁾.

(i)　図3.1(i)のように，$\bar{\boldsymbol{e}}_3$ を指定するのに通常の極座標の角 θ, ϕ を用い，$\boldsymbol{e}_3\times\bar{\boldsymbol{e}}_3/|\boldsymbol{e}_3\times\bar{\boldsymbol{e}}_3|$ と $\bar{\boldsymbol{e}}_2$ のつくる角を ψ とする．

(ii)　$\boldsymbol{e}_3$ と $\bar{\boldsymbol{e}}_3$ のなす角を θ，$\boldsymbol{e}_3\times\bar{\boldsymbol{e}}_3/|\boldsymbol{e}_3\times\bar{\boldsymbol{e}}_3|$ と $\boldsymbol{e}_1$ のなす角を ϕ とする．この θ, ϕ によって $\bar{\boldsymbol{e}}_3$ の方向が決まる．$\boldsymbol{e}_3\times\bar{\boldsymbol{e}}_3/|\boldsymbol{e}_3\times\bar{\boldsymbol{e}}_3|$ と $\bar{\boldsymbol{e}}_1$ のつくる角を ψ とする(図3.1(ii))．

1-2節によれば，$\{\bar{\boldsymbol{e}}_1, \bar{\boldsymbol{e}}_2, \bar{\boldsymbol{e}}_3\}$ と $\{\boldsymbol{e}_1, \boldsymbol{e}_2, \boldsymbol{e}_3\}$ を結ぶ回転の行列が，前者の方向づけを具体的に与えることになる．われわれは，以下の(1), (2), (3)の回転を逐次行なうことによって，これを求めよう．(i)の場合は次のようになる(図3.1(i)参照)．(1) $\boldsymbol{e}_3$ 軸のまわりの角 ϕ の回転 $\{\boldsymbol{e}_1, \boldsymbol{e}_2, \boldsymbol{e}_3\}\to\{\bar{\boldsymbol{e}}_1', \bar{\boldsymbol{e}}_2', \boldsymbol{e}_3\}$ を行ない，次に，(2) $\bar{\boldsymbol{e}}_2'$ 軸のまわりの角 θ の回転 $\{\bar{\boldsymbol{e}}_1', \bar{\boldsymbol{e}}_2', \boldsymbol{e}_3\}\to\{\bar{\boldsymbol{e}}_1'', \bar{\boldsymbol{e}}_2', \bar{\boldsymbol{e}}_3\}$，そして最後に，(3) $\bar{\boldsymbol{e}}_3$ 軸のまわりの角 ψ の回転 $\{\bar{\boldsymbol{e}}_1'', \bar{\boldsymbol{e}}_2', \bar{\boldsymbol{e}}_3\}\to\{\bar{\boldsymbol{e}}_1, \bar{\boldsymbol{e}}_2, \bar{\boldsymbol{e}}_3\}$ を行なえば，$\{\boldsymbol{e}_1, \boldsymbol{e}_2, \boldsymbol{e}_3\}\to\{\bar{\boldsymbol{e}}_1, \bar{\boldsymbol{e}}_2, \bar{\boldsymbol{e}}_3\}$ が得られることがわかる．それゆえ，求める回転の行列 $R(\phi, \theta, \psi)$ は(1), (2), (3)のそれぞれに対応した回転の行列の積，すなわち1-2節の記号を使えば $R^{(3)}(\psi)R^{(2)}(\theta)R^{(3)}(\phi)$ で与えられる．(1.16), (1.17)を用いてこれを計算すると

---

*)　(i)はイギリス系の書物およびわが国で多く用いられており，(ii)は主としてヨーロッパ大陸，ソビエトにみうけられる．なおアメリカでは，(i)を使用するもの，(ii)を使用するもの等書物によって様々のようである．

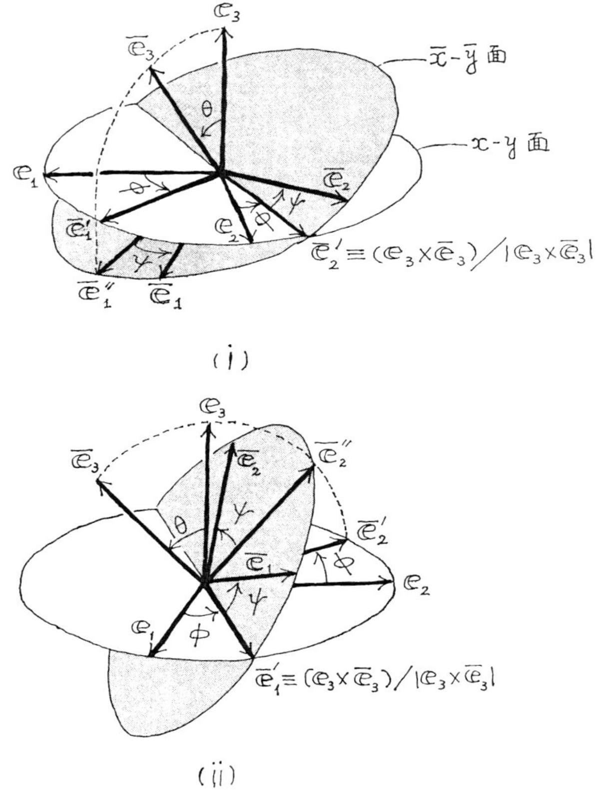

図 3.1　オイラーの角の２通りの定義

$$
\begin{aligned}
R(\phi,\theta,\psi) &= R^{(3)}(\psi)R^{(2)}(\theta)R^{(3)}(\phi)\\
&= \begin{pmatrix}
\cos\phi\cos\theta\cos\psi - \sin\phi\sin\psi & \sin\phi\cos\theta\cos\psi + \cos\phi\sin\psi & -\sin\theta\cos\psi\\
-\cos\phi\cos\theta\sin\psi - \sin\phi\cos\psi & -\sin\phi\cos\theta\sin\psi + \cos\phi\cos\psi & \sin\theta\sin\psi\\
\cos\phi\sin\theta & \sin\phi\sin\theta & \cos\theta
\end{pmatrix}
\end{aligned}
\tag{3.2}
$$

となる．(1.6)によれば$\{\bar{\boldsymbol{e}}_1, \bar{\boldsymbol{e}}_2, \bar{\boldsymbol{e}}_3\}$は

$$\bar{\boldsymbol{e}}_i = \sum_j R_{ij}(\phi, \theta, \psi)\boldsymbol{e}_j \tag{3.3}$$

とかくことができる．

本書においては，オイラーの角として定義(i)を用いることにする．すなわち，一般の回転の行列として(3.2)を使用する．

ついでながら，定義(ii)による回転の行列の作り方を述べておこう(図3.1(ii)参照)．それには次の回転を順次行なえばよい．(1) $\boldsymbol{e}_3$軸のまわりの角ϕの回転$\{\boldsymbol{e}_1, \boldsymbol{e}_2, \boldsymbol{e}_3\}\to\{\bar{\boldsymbol{e}}_1', \bar{\boldsymbol{e}}_2', \boldsymbol{e}_3\}$．(2) $\bar{\boldsymbol{e}}_1'$軸のまわりの角θの回転$\{\bar{\boldsymbol{e}}_1', \bar{\boldsymbol{e}}_2', \boldsymbol{e}_3\}\to\{\bar{\boldsymbol{e}}_1', \bar{\boldsymbol{e}}_2'', \bar{\boldsymbol{e}}_3\}$．(3) $\bar{\boldsymbol{e}}_3$軸のまわりの角ψの回転$\{\bar{\boldsymbol{e}}_1', \bar{\boldsymbol{e}}_2'', \bar{\boldsymbol{e}}_3\}\to\{\bar{\boldsymbol{e}}_1, \bar{\boldsymbol{e}}_2, \bar{\boldsymbol{e}}_3\}$．

(i)の定義によるオイラーの角を用いてかかれた式に，下の変換をほどこせば，(ii)のオイラーの角で表わされた対応する式が導かれる(演習問題3.1参照)．

$$\phi \to \phi - \frac{\pi}{2}, \qquad \psi \to \psi + \frac{\pi}{2} \tag{3.4}$$

3-2 オイラーの速度公式

前節の議論の結果，定点$\bar{\mathrm{O}}$のまわりの剛体の運動には，一般化座標として3個のオイラーの角を採用すればよいことがわかった．しかしさらに立ち入った検討をするために，以下ではすこし異なった面からの考察を行なうことにする．それは1点を固定した剛体における任意の点の速度の表式に関する議論であるが，その準備としてまず次の補助定理を証明しておこう．

「$\bar{\mathrm{O}}$を固定点としてそのまわりに自由に動くことのできる剛体がある．このような剛体の2つの異なる向きに対し，$\bar{\mathrm{O}}$を通る適当な軸を1つ考えれば，その軸のまわりの回転によって剛体の向きを一方から他方へと完全に移行させることができる．」

［証明］ 1点が固定された剛体の向きを指定するには，剛体固定系の $\bar{\boldsymbol{e}}_1, \bar{\boldsymbol{e}}_2$ を指定すればよい．そこで $\bar{\mathrm{O}}$ を中心とする半径1の球を考え，球面上における $\bar{\boldsymbol{e}}_1, \bar{\boldsymbol{e}}_2$ の先端をそれぞれ P, Q とすれば，剛体の向きはこのような2点の組によって指定されることになる．われわれは剛体の2つの向きに対応して，2点の組 P, Q および P′, Q′ を導入しよう．すなわち

$$|\mathrm{PQ}| = |\mathrm{P'Q'}| \ (=\pi/2) \tag{3.5}$$ *)

さてわれわれは，適当に選んだ軸のまわりの回転で

$$\mathrm{P} \to \mathrm{P'}, \qquad \mathrm{Q} \to \mathrm{Q'} \tag{3.6}$$

となることを示せばよい．まず $\mathrm{P}=\mathrm{P'}$，$\mathrm{Q}\neq\mathrm{Q'}$ のときは，$\bar{\mathrm{O}}$, P を結ぶ直線を軸として回転すれば，(3.5)により(3.6)がみたされることは直ちにわかる．同様にして $\mathrm{P}\neq\mathrm{P'}$，$\mathrm{Q}=\mathrm{Q'}$ のときは，$\bar{\mathrm{O}}$, Q を結ぶ直線が回転の軸となる．それゆえ，以下では $\mathrm{P}\neq\mathrm{P'}$，$\mathrm{Q}\neq\mathrm{Q'}$ とする．球面上で PP′，QQ′ それぞれの垂直2等分線を引き，(a) それらが交点をもつ場合，(b) 完全に重なってしまう場合，の2つに問題を分けて考えることにしよう．

(a)の場合(図3.2(a))，2本の垂直2等分線の交点(の1つ)をSとすれば，$|\mathrm{SP}|=|\mathrm{SP'}|$ および $|\mathrm{SQ}|=|\mathrm{SQ'}|$ がなりたつ．これと(3.5)により $\triangle\mathrm{SPQ}\equiv\triangle\mathrm{SP'Q'}$，したがって

$$\angle\mathrm{PSQ} = \angle\mathrm{P'SQ'} \tag{3.7}$$

となる．Sからみて Q, Q′ がそれぞれ SP，SP′ の同じ側，つまりともにそれぞれの右側または左側にあれば，(3.7)より $\angle\mathrm{PSP'}=\angle\mathrm{QSQ'}$，ゆえに $\bar{\mathrm{O}}$, S を結ぶ直線を軸として $\mathrm{P}\to\mathrm{P'}$ の回転を行なえば $\mathrm{Q}\to\mathrm{Q'}$ となって(3.6)が実現する．他方，Q, Q′ がともに $\angle\mathrm{PSP'}$ の内側かまたは角 $\angle\mathrm{PSP'}$ をはさんでともに外側にあるような場合は，(a)ではなく実は(b)に含まれる．実際，この場合 PP′ の中点を

*) この証明では，球面上の2点 A, B に対して AB とかくときは A, B を結ぶ大円弧(短い方)を指す．また $|\mathrm{AB}|$ は弧 AB の長さを表わす．

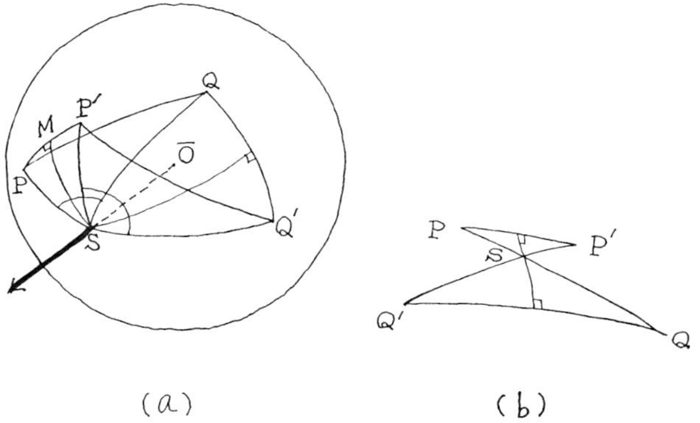

図 3.2

M とすれば，定義より ∠PSM＝∠P′SM，ゆえに(3.7)から ∠QSM＝∠Q′SM となって，MS は同時に PP′, QQ′ 双方の垂直 2 等分線となる．これは(b)にほかならない．すなわち上の議論で(a)の場合は尽されていることが分かる．

次に(b)を考えよう(図 3.2(b))．P, P′ および Q, Q′ は，共有する垂直 2 等分線を軸として，ともに対称の位置にあるので，PQ，P′Q′ (またはその延長)と垂直 2 等分線は 1 点で交わる．その交点を S とすれば，$|SP|=|SP'|$，$|SQ|=|SQ'|$，よって $\bar{O}$, S を結ぶ直線を軸として回転を行なえば，(3.6)が導かれる．(証明終り)

(3.6)を実現するための回転の軸に矢印で“向き”をつけ，軸のまわりの回転が矢印方向に進む右ねじになるようにする．これを**回転軸**(axis of rotation)という．このようにして，1 点が固定された剛体の任意の回転の結果は，適当な回転軸のまわりの回転によって与えられることがわかった．

回転軸のまわりの角 β の回転で，剛体内の点 A が A′ に移ったとする．$\bar{O}$ を起点として A, A′ に至るベクトルをそれぞれ $\bar{\boldsymbol{r}}, \bar{\boldsymbol{r}}'$，また回転軸方向の単位ベクトルを $\boldsymbol{n}$ とし，$\bar{\boldsymbol{r}}'$ を $\boldsymbol{n}, \bar{\boldsymbol{r}}, \beta$ で表わすことを試

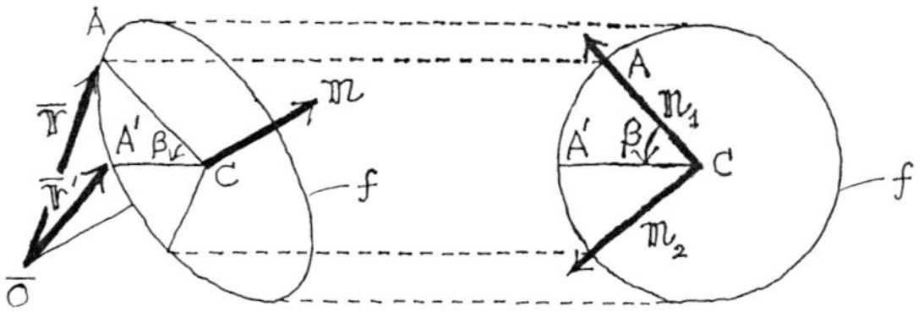

図 3.3

みよう．A から回転軸に下した垂線の足を C とすれば，A, A′ は，C 点で回転軸と直交する平面 f 上にあって，$\angle \mathrm{ACA'}=\beta$ かつ $|\overrightarrow{\mathrm{CA}}|=|\overrightarrow{\mathrm{CA'}}|$ である(図 3.3)．さて，$\overrightarrow{\bar{\mathrm{O}}\mathrm{C}}=(\boldsymbol{n}\cdot\bar{\boldsymbol{r}})\boldsymbol{n}$，したがって $\overrightarrow{\mathrm{CA}}=\overrightarrow{\bar{\mathrm{O}}\mathrm{A}}-\overrightarrow{\bar{\mathrm{O}}\mathrm{C}}=\bar{\boldsymbol{r}}-(\boldsymbol{n}\cdot\bar{\boldsymbol{r}})\boldsymbol{n}$ となるから，$\overrightarrow{\mathrm{CA}}$ 方向の単位ベクトルを $\boldsymbol{n}_1$，また f 上において $\boldsymbol{n}_1$ と直交する単位ベクトルを $\boldsymbol{n}_2$ とすれば，それらは

$$\left.\begin{aligned}\boldsymbol{n}_1 &= \{\bar{\boldsymbol{r}}-(\boldsymbol{n}\cdot\bar{\boldsymbol{r}})\boldsymbol{n}\}/|\overrightarrow{\mathrm{CA}}|\\ \boldsymbol{n}_2 &= \boldsymbol{n}\times\boldsymbol{n}_1 = \boldsymbol{n}\times\bar{\boldsymbol{r}}/|\overrightarrow{\mathrm{CA}}|\end{aligned}\right\} \tag{3.8}$$

で与えられる．$\overrightarrow{\mathrm{CA'}}$ をこれらを用いて表わすと，

$$\begin{aligned}\overrightarrow{\mathrm{CA'}} &= |\overrightarrow{\mathrm{CA}}|(\cos\beta\cdot\boldsymbol{n}_1+\sin\beta\cdot\boldsymbol{n}_2)\\ &= \cos\beta\cdot\{\bar{\boldsymbol{r}}-(\boldsymbol{n}\cdot\bar{\boldsymbol{r}})\boldsymbol{n}\}+\sin\beta\cdot(\boldsymbol{n}\times\bar{\boldsymbol{r}})\end{aligned} \tag{3.9}$$

よって，$\bar{\boldsymbol{r}}'=\overrightarrow{\bar{\mathrm{O}}\mathrm{C}}+\overrightarrow{\mathrm{CA'}}$ であるから

$$\bar{\boldsymbol{r}}' = \bar{\boldsymbol{r}}-(1-\cos\beta)\{\bar{\boldsymbol{r}}-(\boldsymbol{n}\cdot\bar{\boldsymbol{r}})\boldsymbol{n}\}+\sin\beta\cdot(\boldsymbol{n}\times\bar{\boldsymbol{r}}) \tag{3.10}$$

を得る．いま β を微小量とみなして $\beta=\varDelta\beta$ とかき，(3.10)の右辺を $\varDelta\beta$ のベキに展開してその 2 次以上を無視すれば

$$\bar{\boldsymbol{r}}'-\bar{\boldsymbol{r}} = \varDelta\beta(\boldsymbol{n}\times\bar{\boldsymbol{r}}) \tag{3.11}$$

となる．

2 個の単位ベクトル $\boldsymbol{n}', \boldsymbol{n}''$ を考え，$\boldsymbol{n}'$ のまわりに微小角 $\varDelta\beta'$ の回転を行ない，次に $\boldsymbol{n}''$ のまわりに微小角 $\varDelta\beta''$ の回転を行なった結果，ベクトル $\bar{\boldsymbol{r}}$ が $\bar{\boldsymbol{r}}''$ に変化したとすれば，(3.11)をくり返し用いることによって

$$\bar{\boldsymbol{r}}''-\bar{\boldsymbol{r}} = (\varDelta\beta'\boldsymbol{n}'+\varDelta\beta''\boldsymbol{n}'')\times\bar{\boldsymbol{r}} \tag{3.12}$$

を得る．ここで $\varDelta\beta', \varDelta\beta''$ の 1 次の項までをとった．この限りでは，

上記の2つの微小回転の順序を入れ替えても(3.12)は変わらない．そして(3.12)によれば，この2つの回転の結果は，

$$\varDelta\beta \boldsymbol{n} = \varDelta\beta' \boldsymbol{n}' + \varDelta\beta'' \boldsymbol{n}'' \tag{3.13}$$

で定義される $\boldsymbol{n}(=(\varDelta\beta'\boldsymbol{n}'+\varDelta\beta''\boldsymbol{n}'')/|\varDelta\beta'\boldsymbol{n}'+\varDelta\beta''\boldsymbol{n}''|)$ のまわりの角度 $\varDelta\beta(=|\varDelta\beta'\boldsymbol{n}'+\varDelta\beta''\boldsymbol{n}''|)$ の回転に等しい．すなわち，微小回転は，(3.13)の形で，ベクトルの合成則をみたすことがわかる．有限の回転角に対してはこのような規則は成り立たない．

1点が固定された剛体の運動で，時刻 t と $t+\varDelta t$ の間に $\boldsymbol{n}$ のまわりに角 $\varDelta\beta$ の回転が行なわれたとき，ベクトル

$$\boldsymbol{\omega} = \lim_{\varDelta t \to 0} \frac{\varDelta\beta}{\varDelta t} \boldsymbol{n} \tag{3.14}$$

を時刻 t における剛体の**角速度**(angular velocity)という．また上記の時間間隔 $\varDelta t$ の間に $\bar{\boldsymbol{r}}$ が $\bar{\boldsymbol{r}}'$ に変わったとすれば，(3.11)より

$$\dot{\bar{\boldsymbol{r}}} = \boldsymbol{\omega} \times \bar{\boldsymbol{r}} \tag{3.15}$$

また $\lim_{\varDelta t \to 0} \varDelta\beta'/\varDelta t \cdot \boldsymbol{n}' = \boldsymbol{\omega}'$，$\lim_{\varDelta t \to 0} \varDelta\beta''/\varDelta t \cdot \boldsymbol{n}'' = \boldsymbol{\omega}''$ とすると，(3.13)より角速度の合成則

$$\boldsymbol{\omega} = \boldsymbol{\omega}' + \boldsymbol{\omega}'' \tag{3.16}$$

が導かれる．

静止系からみて $\bar{\mathrm{O}}$ が運動している場合は，この座標系において剛体上の点Aおよび $\bar{\mathrm{O}}$ の位置を指定するベクトルをそれぞれ $\boldsymbol{r}, \boldsymbol{R}$ とするとき

$$\boldsymbol{r} = \bar{\boldsymbol{r}} + \boldsymbol{R} \tag{3.17}$$

であるから，これを時間微分して

$$\dot{\boldsymbol{r}} = \boldsymbol{\omega} \times \bar{\boldsymbol{r}} + \dot{\boldsymbol{R}} \tag{3.18}$$

を得る．(3.15), (3.18)は**オイラーの公式**とよばれる．

3-3 運動のエネルギー

剛体を微小部分に分割して，その各部分を質点とみなし，第 a 番

目の質点の質量を m_a，$\bar{\mathrm{O}}$ からみたこの質点の位置のベクトルを $\bar{\boldsymbol{r}}_a$ とする．また，物体固定系でみたときのベクトルの各成分は一般にバーをつけて表わすことにする．例えばベクトル $\boldsymbol{A}$ に対しては

$$\boldsymbol{A} = \sum_j A_j \boldsymbol{e}_j = \sum_j \bar{A}_j \bar{\boldsymbol{e}}_j \tag{3.19}$$

である．ただし $\bar{\boldsymbol{r}}_a$ は $\bar{\boldsymbol{r}}_a = \sum_j \bar{r}_{a,j} \bar{\boldsymbol{e}}_j$ としてのみ用い，その静止系での成分は用いないことにする．もちろん(3.19)の A_j と $\bar{A}_j$ は，(3.3)の結果，(3.19)からわかるように $\bar{A}_i = \sum_j R_{ij}(\phi, \theta, \psi) A_j$ なる関係で結ばれている．

まず1点 $\bar{\mathrm{O}}$ が固定している場合を考えよう．系の全角運動量 $\boldsymbol{l}$ は $\sum_a m_a(\bar{\boldsymbol{r}}_a \times \dot{\bar{\boldsymbol{r}}}_a)$ であるから，(3.15)を用いると

$$\begin{aligned} \boldsymbol{l} &= \sum_a m_a \{\bar{\boldsymbol{r}}_a \times (\boldsymbol{\omega} \times \bar{\boldsymbol{r}}_a)\} \\ &= (\sum_a m_a \bar{\boldsymbol{r}}_a{}^2)\boldsymbol{\omega} - \sum_a m_a(\bar{\boldsymbol{r}}_a \cdot \boldsymbol{\omega})\bar{\boldsymbol{r}}_a \end{aligned} \tag{3.20}$$

それゆえ

$$\bar{I}_{ij} \equiv \sum_a m_a(\delta_{ij} \bar{\boldsymbol{r}}_a{}^2 - \bar{r}_{a,i} \bar{r}_{a,j}) \tag{3.21}$$

とすれば，$\boldsymbol{l}$ の物体固定系での成分 $\bar{l}_i$ は

$$\bar{l}_i = \sum_j \bar{I}_{ij} \bar{\omega}_j \tag{3.22}$$

とかくことができる．また運動のエネルギー $T = \sum_a m_a \dot{\mathbf{r}}^2/2$ も(3.15)を使ってかきかえると

$$\begin{aligned} T &= \frac{1}{2} \sum_a m_a(\boldsymbol{\omega} \times \bar{\boldsymbol{r}}_a)^2 \\ &= \frac{1}{2} \sum_a m_a \{\boldsymbol{\omega}^2 \bar{\boldsymbol{r}}_a{}^2 - (\boldsymbol{\omega} \cdot \bar{\boldsymbol{r}}_a)^2\} = \frac{1}{2} \sum_{i,j} \bar{I}_{ij} \bar{\omega}_i \bar{\omega}_j \end{aligned} \tag{3.23}$$

となる．(3.21)で与えられる $\bar{I}_{ij}\,(i, j = 1, 2, 3)$ は**慣性テンソル**(inertia tensor)とよばれ，剛体の運動状態とは無関係に定義される量で

ある．剛体の $\bar{\boldsymbol{r}}$ 点における密度を $\rho(\bar{\boldsymbol{r}})$，微小体積を dV とすれば，$\bar{I}_{ij}$ はまた

$$\bar{I}_{ij}=\int_V\rho(\bar{\boldsymbol{r}})(\delta_{ij}\bar{\boldsymbol{r}}^2-\bar{r}_i\bar{r}_j)dV \tag{3.24}$$

とかくことができる．ここで V は剛体の広がりの範囲を示す．

$\boldsymbol{\omega}$ が一定のときは，$\boldsymbol{\omega}$ 方向の単位ベクトルを $\boldsymbol{n}$ とすれば

$$\begin{aligned}I&\equiv\int_V\rho(\bar{\boldsymbol{r}})\{\bar{\boldsymbol{r}}^2-(\boldsymbol{n}\cdot\bar{\boldsymbol{r}})^2\}dV\\&=\int_V\rho(\bar{\boldsymbol{r}})\bar{r}_\perp{}^2dV\end{aligned} \tag{3.25}$$

として，運動のエネルギーを $T=I\boldsymbol{\omega}^2/2$ とかくことができる．ただし $\bar{r}_\perp$ は，ベクトル $\bar{\boldsymbol{r}}$ の先端から $\boldsymbol{n}$ 軸に下した垂線の長さを表わす．I は **$\boldsymbol{n}$ のまわりの慣性モーメント** (moment of inertia about $\boldsymbol{n}$) とよばれる．

一般の場合でも物体固定系の座標軸の向きを適当に設定することによって運動のエネルギーの表式を簡単化することができる．それをみるために回転のマトリックス $\bar{R}$ によって $\bar{\boldsymbol{e}}_i$ と結ばれる物体固定系の新しい座標軸 $\bar{\boldsymbol{e}}_i'$ を導入しよう．すなわち $\bar{\boldsymbol{e}}_i'=\sum_j\bar{R}_{ij}\bar{\boldsymbol{e}}_j$ である．ここで新座標系での $\bar{\boldsymbol{r}},\boldsymbol{\omega}$ の成分をそれぞれ $\bar{r}_i'(=\sum_j\bar{R}_{ij}\bar{r}_j)$，$\bar{\omega}_i'(=\sum_j\bar{R}_{ij}\bar{\omega}_j)$ とすれば

$$\begin{aligned}\bar{I}_{ij}'&\equiv\int_{\bar{V}}\rho(\bar{\boldsymbol{r}})(\delta_{ij}\bar{\boldsymbol{r}}^2-\bar{r}_i'\bar{r}_j')d\bar{V}'\\&=\sum_{k,l}\bar{R}_{ik}\bar{R}_{jl}\bar{I}_{kl}\end{aligned} \tag{3.26}$$

を用いて，

$$T=\frac{1}{2}\sum_{i,j}\bar{I}_{ij}'\bar{\omega}_i'\bar{\omega}_j' \tag{3.27}$$

とかくことができる．ところで，2次形式の主軸変換に関する議論

によれば，次のことが成り立つことが知られている．

「適当な $\bar{R}$ を用いれば，(3.26)の $\bar{I}_{ij}{}'$ をつねに

$$\bar{I}_{ij}{}' = \delta_{ij} I^{(i)} \tag{3.28}$$

なる形にすることができる．ここで $I^{(i)}\,(i=1,2,3)$ は3次方程式 $\det(\bar{R}_{ij}-\delta_{ij}x)=0$ の3個の実根として与えられる．」

このように慣性テンソルが(3.28)の形をとるときの $\bar{\boldsymbol{e}}_i{}'(i=1,2,3)$ によって指定される3個の座標軸を**慣性主軸**(principal axes of inertia)という．以下では，必要なときには断わることにして慣性主軸に関係した量でもいちいちダッシュをつけないことにする．

以上の結果として，$\bar{\boldsymbol{e}}_i$ を慣性主軸の方向にとるならば，角運動量の慣性主軸方向の成分 $\bar{l}_i$ および運動のエネルギー T は次式で表わされる．

$$\left.\begin{aligned} \bar{l}_i &= I^{(i)}\bar{\omega}_i \\ T &= \frac{1}{2}(I^{(1)}\bar{\omega}_1{}^2 + I^{(2)}\bar{\omega}_2{}^2 + I^{(3)}\bar{\omega}_3{}^2) \end{aligned}\right\} \tag{3.29}$$

$I^{(1)}, I^{(2)}, I^{(3)}$ は**主慣性モーメント**(principal moment of inertia)とよばれ，慣性主軸のまわりの慣性モーメントになっている．

$\bar{I}_{ij}$ が与えられたとき，これから慣性主軸を見出すには，一般には，線形代数でよく知られた対称行列の対角化に関するやや面倒な手続きが必要であるが，簡単な形の剛体に対しては，$i \neq j$ ならば $I_{ij} = -\int_V \rho(\boldsymbol{r}^2)\bar{r}_i\bar{r}_j dV = 0$ という条件に着目して，慣性主軸の方向を直接推定できる場合も少なくない．

前節でみてきたように，1点が固定された剛体に対しては，一般化座標としてオイラーの角 θ, ϕ, ψ を用いることができる．運動のエネルギーを，これらの変数およびその時間微分を用いてかき表わすためには，まず $\bar{\omega}_i$ をオイラーの角を使って表現する必要がある．ところで角速度 $\boldsymbol{\omega}$ は，時間 Δt の間に $\boldsymbol{\omega}$ 方向の単位ベクトル $\boldsymbol{n}$ のまわりを角 $\Delta\beta$ だけ回転したときの $\boldsymbol{\omega} = \lim_{\Delta t \to 0} \Delta\beta/\Delta t \cdot \boldsymbol{n}$ で与えられる．

このとき微小角 $\Delta\beta$ は，オイラーの角の変化 $\phi\to\phi+\Delta\phi$, $\theta\to\theta+\Delta\theta$, $\psi\to\psi+\Delta\psi$ によってもたらされたものと考えよう．$R(\phi,\theta,\psi)$ を導いたときの議論から明らかなように，これらの変化はそれぞれ，図3.1(i)における $\boldsymbol{e}_3$ のまわりの角 $\Delta\phi$ の回転，$\bar{\boldsymbol{e}}_2'$ のまわりの角 $\Delta\theta$ の回転，$\bar{\boldsymbol{e}}_3$ のまわりの角 $\Delta\psi$ の回転によって与えられる．

ところで前節の議論によれば，微小角の回転はベクトルの合成則に従う．すなわち $\Delta\beta\boldsymbol{n}=\Delta\phi\boldsymbol{e}_3+\Delta\theta\bar{\boldsymbol{e}}_2'+\Delta\psi\bar{\boldsymbol{e}}_3$, それゆえ両辺を Δt で割って

$$\boldsymbol{\omega}=\dot{\phi}\boldsymbol{e}_3+\dot{\theta}\bar{\boldsymbol{e}}_2'+\dot{\psi}\bar{\boldsymbol{e}}_3 \tag{3.30}$$

を得る．他方 $\boldsymbol{\omega}=\sum_j\bar{\omega}_j\bar{\boldsymbol{e}}_j$ であるから，上式の $\boldsymbol{e}_3, \bar{\boldsymbol{e}}_2'$ を $\bar{\boldsymbol{e}}_1, \bar{\boldsymbol{e}}_2, \bar{\boldsymbol{e}}_3$ の1次結合で表わせば，$\bar{\omega}_j$ が求まることになる．まず，$\boldsymbol{e}_3=\sum_j(\boldsymbol{e}_3\cdot\bar{\boldsymbol{e}}_j)\bar{\boldsymbol{e}}_j=\sum_j R_{j3}(\phi,\theta,\psi)\bar{\boldsymbol{e}}_j$ であるから，(3.2)より

$$\boldsymbol{e}_3=-\sin\theta\cos\psi\cdot\bar{\boldsymbol{e}}_1+\sin\theta\sin\psi\cdot\bar{\boldsymbol{e}}_2+\cos\theta\cdot\bar{\boldsymbol{e}}_3 \tag{3.31}$$

また $\bar{\boldsymbol{e}}_2'$ は図3.1(i)より直ちに

$$\bar{\boldsymbol{e}}_2'=\sin\psi\cdot\bar{\boldsymbol{e}}_1+\cos\psi\cdot\bar{\boldsymbol{e}}_2 \tag{3.32}$$

したがって

$$\left.\begin{aligned}\bar{\omega}_1&=-\sin\theta\cos\psi\cdot\dot{\phi}+\sin\psi\cdot\dot{\theta}\\ \bar{\omega}_2&=\sin\theta\sin\psi\cdot\dot{\phi}+\cos\psi\cdot\dot{\theta}\\ \bar{\omega}_3&=\cos\theta\cdot\dot{\phi}+\dot{\psi}\end{aligned}\right\} \tag{3.33}$$

を得る．これを(3.29)に代入すれば，運動のエネルギーがオイラーの角を用いて表わされる．その形は一般にはやや複雑だが，しかし例えば一様な球で $\bar{\mathrm{O}}$ がその中心の場合($I\equiv I^{(1)}=I^{(2)}=I^{(3)}$)は

$$T=\frac{I}{2}(\dot{\phi}^2+\dot{\theta}^2+\dot{\psi}^2+2\cos\theta\cdot\dot{\phi}\dot{\psi}) \tag{3.34}$$

また，ある軸のまわりでその形と密度分布が対称な剛体で，$\bar{\mathrm{O}}$ がこの軸上にある場合($I^{(1)}=I^{(2)}$)は，

$$T=\frac{I^{(1)}}{2}(\sin^2\theta\cdot\dot{\phi}^2+\dot{\theta}^2)+\frac{I^{(3)}}{2}(\cos\theta\cdot\dot{\phi}+\dot{\psi})^2 \tag{3.35}$$

となる．ここでは $\bar{\boldsymbol{e}}_3$ 軸を対称軸にとった．

なお角運動量の慣性主軸方向の成分は

$$\left.\begin{aligned}\bar{l}_1 &= (-\sin\theta\cos\psi\cdot\dot{\phi}+\sin\psi\cdot\dot{\theta})I^{(1)}\\ \bar{l}_2 &= (\sin\theta\sin\psi\cdot\dot{\phi}+\cos\psi\cdot\dot{\theta})I^{(2)}\\ \bar{l}_3 &= (\cos\theta\cdot\dot{\phi}+\dot{\psi})I^{(3)}\end{aligned}\right\} \tag{3.36}$$

で与えられる．

［注］ 角速度の合成則によれば $\bar{\omega}_j$ は，時間 Δt の間の $\bar{\boldsymbol{e}}_j$ のまわりの回転角を $\Delta\pi_j$ とするとき，$\bar{\omega}_j=\lim_{\Delta t\to 0}\Delta\pi_j/\Delta t$ である．そこで (3.33) を

$$\left.\begin{aligned}d\pi_1 &= -\sin\theta\cos\psi\cdot d\phi+\sin\psi\cdot d\theta\\ d\pi_2 &= \sin\theta\sin\psi\cdot d\phi+\cos\psi\cdot d\theta\\ d\pi_3 &= \cos\theta\cdot d\phi+d\psi\end{aligned}\right\} \tag{3.37}$$

とかこう．もしこれが積分可能ならば，ϕ,θ,ψ の代りに $\pi_j\,(j=1,2,3)$ を一般化座標として用いることができるはずである．そのときには運動のエネルギーは単に $T=(1/2)\sum_j I^{(j)}\dot{\pi}_j{}^2$ となるであろう．しかし，(3.37) は実は積分できない．実際，仮に積分できて例えば $\pi_1=\pi_1(\phi,\theta,\psi)$ となれば，全微分をとって $d\pi_1=\partial\pi_1/\partial\phi\cdot d\phi+\partial\pi_1/\partial\theta\cdot d\theta+\partial\pi_1/\partial\psi\cdot d\psi$，これを上式と比較して $\partial\pi_1/\partial\phi=-\sin\theta\cos\psi$，$\partial\pi_1/\partial\theta=\sin\psi$，$\partial\pi_1/\partial\psi=0$ を得る．この最後の式から π_1 は ψ を含まぬことになるが，第1，第2式の右辺は ψ を含むのでこれは矛盾である．

このように，π_j は存在しないが $d\pi_j$ が一般化座標(とその無限小量)を用いて定義されている場合，あたかも π_j が存在するかのように考えて，この仮想上の変数を**擬座標**(quasi-coordinates)と通常よんでいる．擬座標の概念を使って，ラグランジュの方程式をかきかえることもできるが，本書の議論においては本質的ではないので，この問題には立ち入らない．関心をもたれる読者は巻末の参考文献[5]または[6]を参照されたい．

最後に $\bar{\mathrm{O}}$ が運動している場合について述べておこう．(3.17)，

(3.18)から，角運動量$\boldsymbol{J}$は

$$\boldsymbol{J}=\sum_a m_a(\boldsymbol{r}_a\times\dot{\boldsymbol{r}}_a)=\sum_a m_a(\boldsymbol{R}+\bar{\boldsymbol{r}}_a)\times(\boldsymbol{\omega}\times\bar{\boldsymbol{r}}_a+\dot{\boldsymbol{R}})$$
$$=M(\boldsymbol{R}\times\dot{\boldsymbol{R}})+\sum_a m_a\{\bar{\boldsymbol{r}}_a\times(\boldsymbol{\omega}\times\bar{\boldsymbol{r}}_a)\}+(\sum_a m_a\bar{\boldsymbol{r}}_a)\times\dot{\boldsymbol{R}}$$
$$+\boldsymbol{R}\times(\boldsymbol{\omega}\times\sum_a m_a\dot{\bar{\boldsymbol{r}}}_a) \tag{3.38}$$

ただしMは剛体の質量$\sum_a m_a$である．また運動のエネルギーは，(3.18)から

$$T=\frac{1}{2}\sum_a m_a\dot{\boldsymbol{r}}_a{}^2=\frac{M}{2}\dot{\boldsymbol{R}}^2+\frac{1}{2}\sum_a m_a(\boldsymbol{\omega}\times\bar{\boldsymbol{r}}_a)^2+\dot{\boldsymbol{R}}\cdot(\boldsymbol{\omega}\times\sum_a m_a\dot{\bar{\boldsymbol{r}}}_a) \tag{3.39}$$

となる．特に，$\bar{\mathrm{O}}$を剛体の重心に選べば

$$\boldsymbol{R}=\sum_a m_a\boldsymbol{r}_a/M \tag{3.40}$$

したがって(3.17)より$\sum_a m_a\bar{\boldsymbol{r}}_a=0$となるから，(3.38), (3.39)は

$$\boldsymbol{J}=M(\boldsymbol{R}\times\dot{\boldsymbol{R}})+\sum_a m_a\{\bar{\boldsymbol{r}}_a\times(\boldsymbol{\omega}\times\bar{\boldsymbol{r}}_a)\} \tag{3.41}$$

$$T=\frac{M}{2}\dot{\boldsymbol{R}}^2+\frac{1}{2}\sum_a m_a(\boldsymbol{\omega}\times\bar{\boldsymbol{r}}_a)^2 \tag{3.42}$$

となる．つまり角運動量，運動のエネルギーとも，全質量が重心に集中しているとみなしたときの運動からの寄与と，重心は固定しているとしてそのまわりでの回転運動からの寄与との和の形に表わされる．

以上で，剛体運動を記述するための枠組のあらましを述べてきた．運動方程式を得るためには，これにもとづいて運動のエネルギーやポテンシャル・エネルギーを一般化座標で表わし，ラグランジュの方程式あるいはオイラー・ラグランジュの方程式を導けばよい．

われわれは$\bar{\mathrm{O}}$のまわりの運動のエネルギー$\sum_a m_a(\boldsymbol{\omega}\times\bar{\boldsymbol{r}}_a)^2/2$を表わすのに物体固定系で，$\boldsymbol{\omega}, \bar{\boldsymbol{r}}_a$を成分に分けて考えてきた．しかし，これは一般論であって剛体の形が特別であったり，あるいは運動に

制約があるときには，別の直交系を考えてそこでの成分を扱った方が好都合なことがある．オイラーの角以外の変数のとり方をも含めてそれらは個々の場合に応じて工夫しなければならない．以下で，剛体記述の2, 3の例をあげておこう．

例1 対称こま

固定点$\bar{\mathrm{O}}$を通る軸のまわりに対称で，運動のエネルギーが(3.35)で与えられる剛体を**対称こま**(symmetrical top)という(図3.4)．$\bar{\mathrm{O}}$から重心までの距離をl，また空間固定系のz軸の向きを重力加速度とは反対方向にとると，$(\bar{\boldsymbol{e}}_3\cdot\boldsymbol{e}_3)=\cos\theta$であるから，剛体の質量を$M$とすればポテンシャルは$V=Mgl\cos\theta$，したがって一様重力のもとでの対称こまのラグランジアンは次のようになる．

$$L=\frac{I^{(1)}}{2}(\sin^2\theta\cdot\dot{\phi}^2+\dot{\theta}^2)+\frac{I^{(3)}}{2}(\cos\theta\cdot\dot{\phi}+\dot{\psi})^2-Mgl\cos\theta \tag{3.43}$$

例2 棒の運動

太さが無視できる棒(質量M)の重心をGとし，そのまわりの回

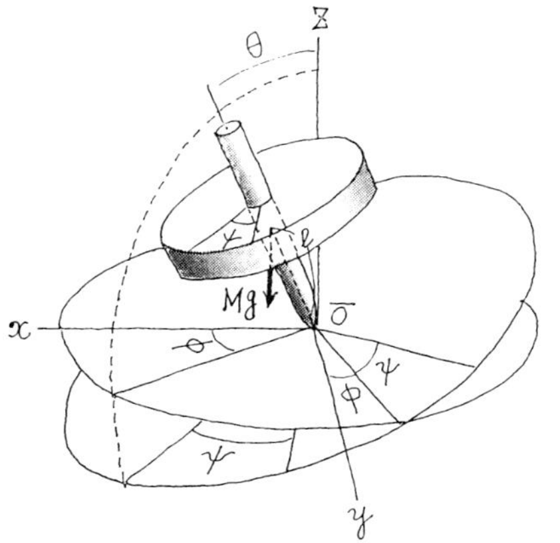

図3.4 対称こま

転運動のエネルギーは(3.35)で$I^{(3)}=0$で与えられる．$\boldsymbol{R}$を重心の位置ベクトルとすれば，棒の運動のエネルギーは(3.42)から

$$T=\frac{M}{2}\dot{\boldsymbol{R}}^2+\frac{I^{(1)}}{2}(\sin^2\theta\cdot\dot{\phi}^2+\dot{\theta}^2)^2 \tag{3.44}$$

例 3 水平面上の鉛直な円板の運動

第2章図2.2に示した半径aの円板の運動のエネルギーを求めよう．ただし円板の密度は一様とする．いま重心Oを起点として円板に垂直な単位ベクトルを$\tilde{\boldsymbol{e}}_3$，$\overrightarrow{\mathrm{OP}}$方向の単位ベクトルを$\tilde{\boldsymbol{e}}_1$，また$\tilde{\boldsymbol{e}}_2\equiv\tilde{\boldsymbol{e}}_3\times\tilde{\boldsymbol{e}}_1$とし，それぞれの方向への$\boldsymbol{\omega}$の成分を$\tilde{\omega}_j\,(j=1,2,3)$とかく．このとき円板の重心のまわりの運動のエネルギーは，円板の形の対称性から$I^{(1)}/2\cdot(\tilde{\omega}_1{}^2+\tilde{\omega}_2{}^2)+I^{(3)}/2\cdot\tilde{\omega}_3{}^2$で与えられる．ここで$I^{(1)}, I^{(3)}$は$\tilde{\boldsymbol{e}}_1, \tilde{\boldsymbol{e}}_3$のまわりの慣性モーメントで(3.25)から計算すればそれぞれ$a^2M/4$，$a^2M/2$，また円板は常に鉛直なので$\tilde{\omega}_2=0$，さらに$\tilde{\omega}_1, \tilde{\omega}_3$は図2.2から明らかのようにそれぞれ$\dot{\theta}, \dot{\phi}$である．したがって(3.42)より運動のエネルギーは

$$T=\frac{M}{2}(\dot{x}^2+\dot{y}^2)+\frac{a^2M}{8}\dot{\theta}^2+\frac{a^2M}{4}\dot{\phi}^2 \tag{3.45}$$

で与えられることがわかる．

演 習 問 題

3.1 オイラーの角の定義として3-1節の(ii)を用いたときの回転の行列を求め，(3.2)式と比較して(3.4)式が成り立つことを確かめよ．

3.2 1点を固定点とするような剛体の運動において，角速度$\boldsymbol{\omega}$の静止系での成分ω_iをオイラー角を用いて表わせ．

3.3 剛体の重心を原点にとったときの慣性主軸の向きと，この軸上の1点を原点としたときの慣性主軸の向きは，同じになることを示せ．

3.4 水平面上を球が滑ることなしに転がるときの束縛条件を，オイラーの角を用いて表わし，これが非ホロノームな束縛条件であることを示せ．

3.5 一様な円環(半径R，質量M)がある．円環は，互いに対称な位置

にある円環上の2点で鉛直軸上に固定されており，しかもこの軸のまわりを自由に回転できるものとする．いま長さ $2a$ $(a<R)$ の一様な棒(質量 m)の両端が円環の上に滑らかに束縛されているとき，系のラグランジアンはどう表わされるか．

3.6 ともに長さ $2a$，質量 m の一様な2本の棒，OA, AB が A 点で滑らかに接続されている．棒の一端 O は，OA がそのまわりを自由に動けるように座標の原点に固定されており，他端 B は重力加速度方向を向いた z 軸上にあって，その上を滑らかに動けるものとする．θ, ϕ を $\overrightarrow{\mathrm{OA}}$ の極座標の角とするとき，系のラグランジアンはどのように表わされるか．

4　ラグランジュの未定乗数法

4-1　一般的な考察

n 個の変数 $\eta_1, \eta_2, \cdots, \eta_n$ が次式を満足しているとしよう．

$$\sum_{r=1}^{n} K_r \eta_r = 0 \qquad (4.1)$$

ここで K_r は $\eta_1, \eta_2, \cdots, \eta_n$ とは無関係な量とする．もし $\eta_1, \eta_2, \cdots, \eta_n$ が変数として互いに独立な量であるならば，(4.1)が成り立つのはすべての K_r が 0 の場合に限られることは明らかである．しかし，次のような $h(<n)$ 個の独立な条件が η_r に課せられているときは，K_r はどうなるであろうか．

$$\sum_{r=1}^{n} c_r^{(l)} \eta_r = 0 \qquad (l=1, 2, \cdots, h) \qquad (4.2)$$

ただし，係数 $c_r^{(l)}$ は $\eta_1, \eta_2, \cdots, \eta_n$ とは無関係とする．このとき独立に動かすことのできるのは $n-h$ 個の η である．それはどれでもよいが，例えば $\eta_{h+1}, \eta_{h+2}, \cdots, \eta_n$ をとることにしよう．残りの η はこれらの 1 次結合で与えられることになる．その関係を求めるには，$\eta_1, \eta_2, \cdots, \eta_h$ を未知数として連立 1 次方程式(4.2)を解けばよい．ここではそれができたとして

$$\eta_l = \sum_{m=1}^{n-h} a_m^{(l)} \eta_{h+m} \qquad (l=1, 2, \cdots, h) \qquad (4.3)$$

とかく．これを(4.1)に代入すると

$$\sum_{m=1}^{n-h}\Bigl(K_{h+m}+\sum_{l=1}^{h}K_l a_m{}^{(l)}\Bigr)\eta_{h+m}=0 \tag{4.4}$$

それゆえ $\eta_{h+m}(m=1,2,\cdots,n-h)$ が独立変数であることを考慮するならば，K_r の従うべき式としてただちに次式を得る．

$$K_{h+m}+\sum_{l=1}^{h}K_l a_m{}^{(l)}=0 \qquad (m=1,2,\cdots,n-h) \tag{4.5}$$

しかしながら，この式は扱うのに必ずしも便利な形をしているとはいえない．実際，(4.5)は $K_r(r=1,2,\cdots,n)$ について対称な形の式になっておらず，しかも $a_m{}^{(l)}$ は h 行 h 列の行列式の比で与えられるので，(4.5)を具体的にかき下すと一般に複雑なものとなる．K_r について，より間接的な表現であってもよいから，もっと見通しのよい形のものはないであろうか．

われわれは，(4.1)を(4.2)の条件のもとに吟味してきたが，(4.1)の代りに

$$\sum_{r=1}^{n}K_r\eta_r-\sum_{l=1}^{h}\lambda_l\Bigl(\sum_{r=1}^{n}c_r{}^{(l)}\eta_r\Bigr)=\sum_{r=1}^{n}\Bigl(K_r-\sum_{l=1}^{h}\lambda_l c_r{}^{(l)}\Bigr)\eta_r=0 \tag{4.6}$$

を用いることにしよう．条件(4.2)のもとでは，任意の $\lambda_1,\lambda_2,\cdots,\lambda_h$ に対して(4.6)は(4.1)と同等な式であることは明らかである．前の議論では(4.1)から従属変数 $\eta_l(l=1,2,\cdots,h)$ を消去するために(4.3)を用いたが，(4.6)ではこれとは別に $\lambda_l(l=1,2,\cdots,h)$ の任意性が利用できる点に注目しよう．すなわち λ_l として，連立方程式

$$\sum_{l=1}^{h}\lambda_l c_s{}^{(l)}=K_s \qquad (s=1,2,\cdots,h) \tag{4.7}$$

の解を採用する．そうすると(4.6)からは $\eta_1,\eta_2,\cdots,\eta_h$ が消えて，次式を得る．

$$\sum_{m=1}^{n-h}\left(K_{h+m}-\sum_{l=1}^{h}\lambda_l c_{h+m}{}^{(l)}\right)\eta_{h+m}=0 \qquad (4.8)$$

ここで $\eta_{h+m}(m=1, 2, \cdots, n-h)$ の独立性により，その係数はゼロとなる．この結果と(4.7)とを合わせれば，K_r について対称な形の式

$$K_r=\sum_{l=1}^{h}\lambda_l c_r{}^{(l)} \qquad (r=1, 2, \cdots, n) \qquad (4.9)$$

が導かれる．

(4.7)から λ_l を求め，それを(4.9)の $r=h+1, h+2, \cdots, n$ の式に代入しても，結局は(4.5)が得られるが，むしろ(4.9)の形に止めて用いた方が便利なことが多い．ここに導入された λ_l は**ラグランジュの未定乗数**(Lagrange's undertermined multiplier あるいは単に Lagrange multiplier)という．

4-2 ホロノームおよび非ホロノーム系への応用

一般化座標 $q_1, q_2, \cdots, q_n$ でかかれた運動方程式は(2.19)のラグランジュの方程式，または(2.28)のオイラー・ラグランジュの方程式で与えられる．ここで $q_1, q_2, \cdots, q_n$ に h 個のホロノームな束縛条件

$$f_l(q, t)=0 \qquad (l=1, 2, \cdots, h) \qquad (4.10)$$

を課すことにしよう．このとき(2.19), (2.28)の右辺には一般化された束縛力 C_r がつけ加えられなければならない．束縛が滑らかであれば，仮想変位 $q_r\to q_r+\delta q_r$ のもとでの仕事はゼロであるから，C_r は次式に従う．

$$\sum_{r=1}^{n} C_r\delta q_r=0 \qquad (4.11)$$

前章までのやり方では，$n'(\equiv n-h)$ 個の独立変数 $q_1', q_2', \cdots, q_{n'}'$ を選び，$q_r=q_r(q', t)$ として(4.10)が自動的にみたされるようにして，運動方程式を $q_m'(m=1, 2, \cdots, n')$ を用いてかき下すことになる．それには，$\boldsymbol{r}_a=\boldsymbol{r}_a(q, t)=\boldsymbol{r}_a[q(q', t), t]$ であるから，$\boldsymbol{r}_a$ を q_m' の関数

とみなし T または L の $\boldsymbol{r}_a, \dot{\boldsymbol{r}}_a$ にこれを代入すればよい．しかし $q_r=q_r(q', t)$ の関数形があまりにも複雑であったり，あるいは束縛力 C_r を直接に求めようとするときには，変数としてはむしろ q_r をそのまま利用した方が好都合である．ただ(4.11)における δq_r は仮想変位に伴う変化量であって，一般には運動とは関係のない量であるから，われわれはこれを消去することにしよう．ただし，$\delta q_r(r=1, 2, \cdots, n)$ は互いに独立ではない．すなわち，$f_l(q+\delta q, t)=0$ であって，これと(4.10)との差をとると，δq_r に対する条件式として

$$\sum_{r=1}^{n}\frac{\partial f_l}{\partial q_r}\delta q_r = 0 \tag{4.12}$$

が導かれるからである．ここで $\delta q_r, \partial f_l/\partial q_r, C_r$ をそれぞれ前節の $\eta_r, c_r^{(l)}, K_r$ と同一視することにしよう．そのとき(4.11), (4.12)は(4.1), (4.2)に対応するから，(4.9)から直ちに

$$C_r = \sum_{l=1}^{h}\lambda_l\frac{\partial f_l}{\partial q_r} \tag{4.13}$$

を得る．このようにして(4.11)をみたす C_r が与えられたがここに導入された $\lambda_1, \lambda_2, \cdots, \lambda_h$ は未知の変数であって，実際には問題を解いていく過程で $q_1, q_2, \cdots, q_n$ とともに決定されなければならないものである．

(2.19)または(2.28)の右辺にこの C_r をつけ加えると，運動方程式として

$$\frac{d}{dt}\frac{\partial T}{\partial \dot{q}_r}-\frac{\partial T}{\partial q_r} = \mathcal{F}_r+\sum_{l=1}^{h}\lambda_l\frac{\partial f_l}{\partial q_r} \qquad (r=1, 2, \cdots, n) \tag{4.14}$$

または

$$\frac{d}{dt}\frac{\partial L}{\partial \dot{q}_r}-\frac{\partial L}{\partial q_r} = \sum_{l=1}^{h}\lambda_l\frac{\partial f_l}{\partial q_r} \qquad (r=1, 2, \cdots, n) \tag{4.15}$$

が導かれる．これを条件(4.10)のもとで解けばよい．未知数の数は q_r, λ_l を合わせて $n+h$，他方，方程式は(4.10)と(4.14)(または

(4.10)と(4.15))で，その数は同じく$n+h$であるから，これらの方程式が互いに独立であれば，原理的には未知数はすべて決定されることになる．その結果，(4.13)から束縛力も決定する．

ホロノーム系に関するこの議論は，しかしながら例えば図2.1のような，非ホロノーム系を考察する場合にも，応用することができる．この場合，まず質点は球面上に滑らかに束縛されているとして，そのときの束縛力を考えてみる．質点が図2.1のNからQに至る間，束縛力は重力の影響で球の中に落ちこもうとする質点を球面上に押し上げるような作用をするが，しかしQを通り過ぎると，とたんに今度は，球から外に離れていこうとする質点を面上に引き戻すように働き始める．つまり束縛力が球面上で外向きから内向きに変わる点を求めれば，Q点が決定する．それには上記のラグランジュの未定乗数法を用いて束縛力を計算すればよい．また質点がQに達したときの速度も同時に求められるので，以後の運動はこれを初期値とした一様な重力のもとでの放物運動となる．それらの計算は難しくないので，各自で試みてもらいたい(演習問題4.4)．

2-1節であげた別のタイプの非ホロノーム系，つまり積分不可能な束縛条件(2.5)が課せられている系の場合も，ラグランジュの未定乗数法によって扱うことができる．このときもまた，束縛力C_rが運動方程式(2.19)あるいは(2.28)の右辺に付加されなければならない．それが滑らかであれば(4.11)をみたす．ここでδq_rは仮想変位であることに注意しよう．すなわち，この変位のもとではその定義により(2.5)で$dq_r \to \delta q_r$，$dt \to 0$とした式

$$\sum_{r=1}^{n} A_r{}^{(l)}(q,t)\delta q_r = 0 \tag{4.16}$$

が成り立たなければならない．これと(4.11)から未定乗数法により

$$C_r = \sum_{l=1}^{h} \lambda_l A_r{}^{(l)}(q,t) \tag{4.17}$$

を得る．これを(2.19)または(2.28)の右辺に加え，(2.5)を dt で割った

$$\sum_{r=1}^{n} A_r^{(l)}(q,t)\dot{q}_r + B^{(l)}(q,t) = 0 \qquad (l=1,2,\cdots,h) \tag{4.18}$$

を連立させれば，必要な式はすべて与えられることになる．

例題として，図2.2に示した円板の運動をしらべてみよう．運動のエネルギー(3.45)より，束縛力のもとでの運動方程式は(2.19)に対応して

$$\left.\begin{array}{ll} M\ddot{x} = C_x, & M\ddot{y} = C_y \\ \dfrac{a^2M}{4}\ddot{\theta} = C_\theta, & \dfrac{a^2M}{2}\ddot{\phi} = C_\phi \end{array}\right\} \tag{4.19}$$

ここで右辺の束縛力は，条件(2.6)より未定乗数 λ_1, λ_2 を用いて

$$\left.\begin{array}{ll} C_x = \lambda_1, & C_y = \lambda_2 \\ C_\theta = 0, & C_\phi = a(-\lambda_1\cos\theta+\lambda_2\sin\theta) \end{array}\right\} \tag{4.20}$$

で与えられる．また(2.6)を dt で割って

$$\dot{x} - a\cos\theta\cdot\dot{\phi} = 0, \qquad \dot{y} + a\sin\theta\cdot\dot{\phi} = 0 \tag{4.21}$$

となる．以上の(4.19)～(4.21)を解けばよい．まず $\ddot{\theta}=0$ となるから，ω, θ_0 を定数として

$$\theta = \omega t + \theta_0 \tag{4.22}$$

また(4.19), (4.20)それぞれの第1行目の式によれば，$\lambda_1=M\ddot{x}$, $\lambda_2=M\ddot{y}$ であるから $C_\phi=aM(-\ddot{x}\cos\theta+\ddot{y}\sin\theta)$，これに(4.21)の時間微分から得られる $\ddot{x}, \ddot{y}$ を代入すると，$C_\phi=-a^2M\ddot{\phi}$ となる．これと(4.19)の最後の式から $\ddot{\phi}=0$，よって $\bar{\omega}, \phi_0$ を定数として

$$\phi = \bar{\omega}t + \phi_0 \tag{4.23}$$

したがって(4.21)～(4.23)から，積分定数を x_0, y_0 として

$$x = x_0 + \frac{\bar{\omega}a}{\omega}\sin(\omega t+\theta_0), \qquad y = y_0 + \frac{\bar{\omega}a}{\omega}\cos(\omega t+\theta_0) \tag{4.24}$$

を得る．それゆえ，円板は平面上に円軌道$(x-x_0)^2+(y-y_0)^2=\bar{\omega}^2a^2/\omega^2$を描いて転がることがわかる．なお以上の結果を用いれば，束縛力も容易に求められる(演習問題4.5).

最後に，ホロノーム系の場合の$n+h$個の変数$q_1, q_2, \cdots, q_n$, $\lambda_1, \lambda_2, \cdots, \lambda_h$を一般化座標とみなし，これらに対するラグランジアンとして

$$L' \equiv L(q, \dot{q}, t)+\sum_{l=1}^{h}\lambda_l f_l(q, t) \qquad (4.25)$$

を定義すれば，これから形式的にかき下されたオイラー・ラグランジュの方程式

$$\frac{d}{dt}\frac{\partial L'}{\partial \dot{q}_r}-\frac{\partial L'}{\partial q_r}=0 \qquad (r=1, 2, \cdots, n) \qquad (4.26)$$

$$\frac{d}{dt}\frac{\partial L'}{\partial \dot{\lambda}_l}-\frac{\partial L'}{\partial \lambda_l}=0 \qquad (l=1, 2, \cdots, h) \qquad (4.27)$$

は，それぞれ(4.15)と(4.10)を与えていることに注意しよう．ここではL'はもはや運動のエネルギーとポテンシャルの単なる差にはなっていない．しかし未知数をすべて一般化座標とみなして扱えば，それより必要な方程式は完全に与えられることになり，その意味ではL'はこれまでのラグランジアンの1つの拡張である．

非ホロノーム系，例えば(4.18)を束縛条件とするような系では，これに類するような一般論はない．

演　習　問　題

4.1 nh個の実関数$c_r^{(l)}(x)$$(r=1, 2, \cdots, n; l=1, 2, \cdots, h; 0\leqq x\leqq 1)$が与えられたとき，$\sum_{r=1}^{n}\int_0^1 c_r^{(l)}(x)\eta_r(x)dx=0$をみたすような任意の$\eta_r(x)$に対して$\sum_{r=1}^{n}\int_0^1 A_r(x)\eta_r(x)dx=0$が成り立つとすれば，$A_r(x)$は下のように表わされることを示せ．

$$A_r(x) = \sum_{l=1}^{h}\lambda_l c_r^{(l)}(x)$$

4.2　変数 $x_1, x_2, \cdots, x_n$ が $f_l(x_1, x_2, \cdots, x_n)=0\ (l=1, 2, \cdots, h<n)$ を満足するという条件のもとで，$F=F(x_1, x_2, \cdots, x_n)$ が極大または極小となるとき，$\partial F/\partial x_r$ はどのように表わされるか．

4.3　運動のエネルギーが $T=\sum_{a=1}^{N} m_a \dot{\boldsymbol{r}}_a{}^2/2$，ポテンシャルが $V=V(\boldsymbol{r}_1, \boldsymbol{r}_2, \cdots, \boldsymbol{r}_N)$ の N 個の質点の系が，条件 $f_l(\boldsymbol{r}_1, \boldsymbol{r}_2, \cdots, \boldsymbol{r}_N)=0\ (l=1, 2, \cdots, h<3N)$ によって滑らかに束縛されて運動するとき，全エネルギー $E=T+V$ は保存量，すなわち $dE/dt=0$ となることを確かめよ．また V あるいは f_l が時間 t を陽に含むときはどうか．

4.4　図 2.1 において，∠NOQ は $\cos^{-1}(2/3)$ をこえないことを示せ．

4.5　図 2.2 の運動における束縛力を求めよ．

5 ラグランジアンと運動の定数

ラグランジアンは，エネルギーや運動量のようにある時刻における系の運動の様子を直接示す物理量にはなっていない．いわば，はなはだ抽象的な量であって，各時刻でのラグランジアンの値そのものにはほとんど意味がないといえる．むしろ大切なのは，全時刻を通しての $q_r, \dot{q}_r$ の関数としてのラグランジアンの形である．これによって運動方程式が与えられるばかりか，あとで見るように種々の結論がそこから導かれる．その意味で，ラグランジアンは力学を扱う上で極めて重要な関数ということができよう．われわれは差し当り，系を記述するためのラグランジアンは何らかの形ですでに与えられているものとして話をすすめることにする．

5-1 循環座標

運動方程式は，(2.28)にみられるように，時間 t を変数，$q_r(t)$ を未知の関数とする常微分方程式のセットとして与えられる．そしてそれの解を求めることにより，$q_r(t)$ が t の関数として具体的に決定されることになる．この際，解にはいくつかの積分定数が伴うことは，よく知られている．例えば，(2.28)の $r=1, 2, \cdots, n$ に対応した方程式がいずれも t についての2階の微分方程式であり，しかも互いに独立であるならば，解 $q_r(t)$ は $2n$ 個の独立な積分定数を含むことなる．つまり(2.28)を解くとは，可能な積分定数をことごとく導き出す作業に他ならない．したがって，たとえ(2.28)を厳密に解くことができない場合でも，積分定数を1つでも多く導くことができれば，それだけ完全な解に近づくことができ，系の具体的な振舞に関する情報がふえることになる．その意味で積分定数の導出は解を得る過程での不可欠の作業であるが，そのための処方として最も簡単なものの1つは，下に述べるような**循環座標**(cyclic coordinate)を用いる方法である．

一般化座標の第l成分q_lに着目しよう．ラグランジアンの中に$\dot{q}_l$は含まれていてもq_lが含まれていない場合，このようなq_lを**循環的**(cyclic)*)であるという(H. V. Helmholtz, 1884)．このときq_lはまた循環座標とよばれる．例えばq_1が循環的であったとしよう．定義より$\partial L/\partial q_1=0$となるから，$q_1$に関するオイラー・ラグランジュ方程式は

$$\frac{d}{dt}\left(\frac{\partial L}{\partial \dot{q}_1}\right)=0 \qquad (5.1)$$

それゆえ，両辺をtで積分すれば，cを定数として

$$\frac{\partial L}{\partial \dot{q}_1}=c \qquad (5.2)$$

が得られ，積分定数が1つ導かれる．

この式が$\dot{q}_1$について解けたとして，それを

$$\dot{q}_1=f(q_2, \cdots, q_n, \dot{q}_2, \cdots, \dot{q}_n, t) \qquad (5.3)$$

とかこう．これを用いれば$q_s\,(s=2, \cdots, n)$に関するオイラー・ラグランジュの方程式から$\dot{q}_1$を消去することができ，$n-1$個の変数q_2, $\cdots$, q_nに対する微分方程式のセット

*) cyclic の他にも，ignorable(E. J. Routh による)，あるいは kinosthenic (J. J. Thomson による)とよぶこともある．

$$\left\langle \frac{d}{dt}\frac{\partial L}{\partial \dot{q}_s} - \frac{\partial L}{\partial q_s} \right\rangle = 0 \qquad (s=2, 3, \cdots, n) \tag{5.4}$$

が得られる．ここで記号$\langle\cdots\rangle$は…部分に含まれている$\dot{q}_1$を(5.3)の右辺でおきかえることを意味する．このとき，次の式が成り立つことに注意しよう．

$$\left.\begin{aligned} \frac{\partial\langle L\rangle}{\partial \dot{q}_s} &= \left\langle\frac{\partial L}{\partial \dot{q}_1}\right\rangle\frac{\partial f}{\partial \dot{q}_s} + \left\langle\frac{\partial L}{\partial \dot{q}_s}\right\rangle \\ \frac{\partial\langle L\rangle}{\partial q_s} &= \left\langle\frac{\partial L}{\partial \dot{q}_1}\right\rangle\frac{\partial f}{\partial q_s} + \left\langle\frac{\partial L}{\partial q_s}\right\rangle \end{aligned}\right\} \tag{5.5}$$

それゆえ，(5.2)を用いれば

$$\left.\begin{aligned} \left\langle\frac{\partial L}{\partial \dot{q}_s}\right\rangle &= \frac{\partial}{\partial \dot{q}_s}(\langle L\rangle - cf) \\ \left\langle\frac{\partial L}{\partial q_s}\right\rangle &= \frac{\partial}{\partial q_s}(\langle L\rangle - cf) \end{aligned}\right\} \tag{5.6}$$

したがって，$q_2, \cdots, q_n$およびその時間微分を変数とする関数$\hat{L}$を

$$\hat{L}(q_2, \cdots, q_n, \dot{q}_2, \cdots, \dot{q}_n, t) \equiv \langle L\rangle - cf \tag{5.7}$$

で定義するとき，(5.4)は

$$\frac{d}{dt}\frac{\partial \hat{L}}{\partial \dot{q}_s} - \frac{\partial \hat{L}}{\partial q_s} = 0 \qquad (s=2, \cdots, n) \tag{5.8}$$

とかくことができる．すなわちq_1が循環座標の場合には，これを消去したラグランジアンは(5.7)の$\hat{L}$によって与えられることがわかる．$\hat{L}$は**修正ラグランジアン**(modified Lagrangian)とよばれる．

1つの例として，平面上の運動で運動エネルギーおよびポテンシャル・エネルギーがそれぞれ$T=m(\dot{x}^2+\dot{y}^2)/2$，$V=V(\sqrt{x^2+y^2})$の系を考えよう．$x=r\cos\varphi$，$y=r\sin\varphi$として極座標$r, \varphi$を用いると

$$L = \frac{m}{2}(\dot{r}^2 + r^2\dot{\varphi}^2) - V(r) \tag{5.9}$$

それゆえ φ は循環的で

$$\frac{\partial L}{\partial \dot{\varphi}} = mr^2\dot{\varphi} = l \qquad (\text{定数}) \tag{5.10}$$

を得る．これを解いて $\dot{\varphi}=l/mr^2$，したがって φ を消去した修正ラグランジアンは(5.7)によって

$$\hat{L} = \frac{m}{2}\dot{r}^2 - \frac{l^2}{2m}\frac{1}{r^2} - V(r) \tag{5.11}$$

となる．このようにして系を r だけで記述するようにかきかえると，ポテンシャルとして $l^2/2mr^2$ が新たに加わった効果が現われる．実はこの項は遠心力をポテンシャルで表わしたものになっている．

この例では，変数として x, y を用いるときには循環座標は存在せず，むしろ極座標にかきかえてはじめて1個の循環座標を見出すことができた．このように，循環座標の数は座標変数のとり方に依存する．個々の系に応じてこれを上手に選び，循環座標の数をなるたけ多くすることが望ましいことはもちろんである．

5-2 ネーターの定理

q_1 が循環座標であれば，$\partial L/\partial \dot{q}_1$ は時間的に一定である．このように，時間微分を作用すると0になるような物理量は**運動の定数**(constant of motion)あるいは**保存量**(conserved quantity)とよばれ，これらが積分定数を与えることになる．

運動の定数を見出すより一般的な方法は，ネーター(A. E. Noether, 1882-1935)によって考察された．それをみるために，時刻 t における変数変換 $q_r=q_r(q', t)$ を行なって，$q_1, \cdots, q_n$ から新変数 q_1', $\cdots, q_n'$ へのかきかえを考えよう．このような一般化座標の同時刻でのかきかえは，**点変換**(point transformation)とよばれる．ただし，変換の前後で系が正しく記述できるためには，一方の記述が他方の記述にいつでも読みかえられる必要がある．つまり逆変換 $q_r'=$

$q_r'(q,t)$が一意的に存在することが必要で，そのためには

$$\det(\partial q_s/\partial q_r') \neq 0 \tag{5.12}$$

が成り立っていなければならない．ところで，われわれはここで扱う$q_r(t)$や$q_r'(t)$の意味を，より正確に述べておく必要があろう．ここでは，t_1からt_2にいたる時間間隔を任意に1つ設定し，これを定義域とする関数として$q_r(t)$を考えるのである．$q_r'(t)$についても同様である．したがって，以下の関係式はすべてこのような有限の時間間隔内の任意の時刻tにおいて成立する式であって，ある1点の時刻tにおいてのみその成立が要請されるわけではない．

上記の点変換による変数のかきかえの結果として，関数L'が

$$L'(q',\dot{q}',t) = L(q,\dot{q},t) \tag{5.13}$$

によって与えられる．(2.13)を導いたのと同様にして$\partial\dot{q}_s/\partial\dot{q}_r' = \partial q_s/\partial q_r'$，$\frac{d}{dt}(\partial q_s/\partial q_r') = \partial\dot{q}_s/\partial q_r'$が成り立つことを考慮すれば

$$\left.\begin{aligned}\frac{d}{dt}\frac{\partial L'}{\partial\dot{q}_r'} &= \frac{d}{dt}\Big(\sum_s\frac{\partial L}{\partial\dot{q}_s}\frac{\partial\dot{q}_s}{\partial\dot{q}_r'}\Big) = \sum_s\Big(\frac{\partial q_s}{\partial q_r'}\frac{d}{dt}\frac{\partial L}{\partial\dot{q}_s}+\frac{\partial L}{\partial\dot{q}_s}\frac{\partial\dot{q}_s}{\partial q_r'}\Big)\\ \frac{\partial L'}{\partial q_r'} &= \sum_s\Big(\frac{\partial L}{\partial\dot{q}_s}\frac{\partial\dot{q}_s}{\partial q_r'}+\frac{\partial L}{\partial q_s}\frac{\partial q_s}{\partial q_r'}\Big)\end{aligned}\right\} \tag{5.14}$$

したがって

$$\frac{d}{dt}\frac{\partial L'}{\partial\dot{q}_r'}-\frac{\partial L'}{\partial q_r'} = \sum_s\frac{\partial q_s}{\partial q_r'}\Big(\frac{d}{dt}\frac{\partial L}{\partial\dot{q}_s}-\frac{\partial L}{\partial q_s}\Big) \tag{5.15}$$

を得る．(5.12)によれば，この式の左辺が0となることは右辺の括弧の部分が0であることと同等であり，したがってq_r'に対するラグランジアンとしてL'を用いてよいことがわかる*)．特に，LとL'の関数形が等しい場合，つまり

$$L(q',\dot{q}',t) = L(q,\dot{q},t) \tag{5.16}$$

が成り立つ場合には，ラグランジアンLは点変換$q_r = q_r(q',t)$(また

---

*) このことのより完全な保証については第7章7-2節参照．

は $q_r'=q_r'(q,t)$)のもとで不変であるという．このとき，q_r のみたす運動方程式と q_r' のみたす運動方程式は同形となる．

ここで，δq_r を無限小量として変換

$$q_r' = q_r+\delta q_r \qquad (r=1,2,\cdots,n) \tag{5.17}$$

を考えよう．このような変換は無限小変換とよばれる．q_r' を L の中の q_r に代入し，もとの L との差をつくって δL とかこう．ただし以下の $\delta\dot{q}_r$ は $\dfrac{d}{dt}(\delta q_r)$ を意味する．このとき

$$\begin{aligned}\delta L &\equiv L(q+\delta q, \dot{q}+\delta\dot{q}, t)-L(q,\dot{q},t)\\ &= \sum_{r=1}^{n}\left(\frac{\partial L}{\partial\dot{q}_r}\delta\dot{q}_r+\frac{\partial L}{\partial q_r}\delta q_r\right)\\ &= -\sum_{r=1}^{n}\left(\frac{d}{dt}\frac{\partial L}{\partial\dot{q}_r}-\frac{\partial L}{\partial q_r}\right)\delta q_r+\frac{d}{dt}\sum_{r=1}^{n}\left(\frac{\partial L}{\partial\dot{q}_r}\delta q_r\right)\end{aligned} \tag{5.18}$$

となるので，q_r がオイラー・ラグランジュの方程式をみたしているならば

$$\delta L = \frac{d}{dt}\sum_r\left(\frac{\partial L}{\partial\dot{q}_r}\delta q_r\right) \tag{5.19}$$

とかくことができる．

いま δq_r が ϵ を無限小パラメータとして

$$\delta q_r = \epsilon S_r(q,t) \tag{5.20}$$

で与えられるとき，(5.17)の変換でラグランジアンが不変，つまり $\delta L=0$ となったとしよう．その結果，(5.19)の右辺から直ちに

$$\sum_r\frac{\partial L}{\partial\dot{q}_r}S_r(q,t) = \text{定数} \tag{5.21}$$

となって運動の定数が導かれる．(5.17)のもとでのラグランジアンの不変性にもとづくこの結果を**ネーターの定理**という．

(5.19)は無限小変換(5.17)に対するラグランジアンの応答である．その応答 δL が 0 にできたときに系に特有の性質(5.21)が導かれたわけである．ところで，無限小変換で $\delta L=0$ であれば，運動方程式

もこの変換で不変であるが，逆は必ずしも成り立たないことに注意しよう．例えば1次元の調和振動子の運動方程式 $\ddot{q}=-\omega^2 q$ は $q'=q+\epsilon q$ の変換で不変であるが，ラグランジアン $L=(\dot{q}^2-\omega^2 q^2)/2$ は不変にはならない．それゆえ，この変換に対応した運動の定数をここでは導くことはできないのである．いいかえれば，ネーターの定理で要求される不変性とはラグランジアンに対するものであって，運動方程式に対するものではない．ラグランジアンという概念の重要性をここにも見ることができよう．

ネーターの定理の簡単な応用例は，前節で述べた循環座標にみることができる．実際，q_1 が循環的であれば，$q_r'=q_r+\delta_{1r}\epsilon$ でラグランジアンは不変，それゆえ $S_r=\delta_{1r}$ となるからこのときの(5.21)は(5.2)に帰着することがわかる．

また，ある種の微小変換にネーターの定理を用いると，(5.21)の左辺に特別の意味をもたせることができる．例えば N 体系を考えよう．各質点の空間座標 $\boldsymbol{r}_a$ $(a=1,2,\cdots,N)$ は一般化座標 q の関数として(2.2)式で与えられているとする．このような $\boldsymbol{r}_a$ の x, y, z 成分をそれぞれ $x_a(q,t)$, $y_a(q,t)$, $z_a(q,t)$ とし，(5.20)の S_r を適当にとったときに，その変換は

$$\left.\begin{aligned} x_a' &\equiv x_a(q',t)=x_a(q,t)-\epsilon \\ y_a' &\equiv y_a(q',t)=y_a(q,t) \\ z_a' &\equiv z_a(q',t)=z_a(q,t) \end{aligned}\right\} \quad (a=1,2,\cdots,N) \qquad (5.22)$$

を与えたとする．すなわち，座標系は x 軸方向に ϵ だけ平行移動したとしよう．ここで，ラグランジアンが不変であればもちろん(5.21)が成り立つが，その意味をより明確にするために，ラグランジアンの形が特に $T-V$ の場合を考えてみる．このとき(5.21)の左辺は次のようにかきかえられる．

$$\frac{\partial L}{\partial \dot{q}_r}=\sum_{a=1}^{N}\left(\frac{\partial T}{\partial \dot{x}_a}\frac{\partial \dot{x}_a}{\partial \dot{q}_r}+\frac{\partial T}{\partial \dot{y}_a}\frac{\partial \dot{y}_a}{\partial \dot{q}_r}+\frac{\partial T}{\partial \dot{z}_a}\frac{\partial \dot{z}_a}{\partial \dot{q}_r}\right)=\sum_{a=1}^{N}m_a\dot{\boldsymbol{r}}_a\cdot\frac{\partial \boldsymbol{r}_a}{\partial q_r} \qquad (5.23)$$

ここで(2.13)の第1式を用いた．他方，(5.20)から

$$\frac{1}{\epsilon}(\boldsymbol{r}_a{}'-\boldsymbol{r}_a)=\frac{1}{\epsilon}\sum_r\frac{\partial\boldsymbol{r}_a}{\partial q_r}\delta q_r=\sum_r\frac{\partial\boldsymbol{r}_a}{\partial q_r}S_r \tag{5.24}$$

左辺のベクトルは，(5.22)により，その x 成分は -1，また y,z 成分はともに0である．(5.23)に S_r をかけてこれを用いれば

$$\sum_r\frac{\partial L}{\partial\dot{q}_r}S_r=-\sum_{a=1}^{N}m_a\dot{x}_a \tag{5.25}$$

すなわち(5.21)により，x 方向への平行移動の変換でラグランジアンが不変であれば，全運動量の x 成分は保存量となることがわかる．

同様にして，y 方向，または z 方向への平行移動でラグランジアンが不変であれば，これは全運動量の y 成分，または z 成分の保存を意味する．いいかえれば，座標軸の向きを保ったまま，座標の原点をどこにとっても，それに基づいて記述されるラグランジアンの関数形が変わらなければ，全運動量は保存されることになる．

われわれは上の議論で保存量の解釈をするためにラグランジアンの形を $T-V$ と仮定したが，これ以外のときでも平行移動の不変性に対応して導かれるネーターの保存量(2.21)を，概念を拡張してやはり系の全運動量とよぶことができるかという問題がある．これは運動量とは一般にどのように定義されるべきかということにかかわる問題で，同様のことはすぐ下に述べる角運動量やエネルギーの定義に関しても起こる問題である．これについては，われわれは次節の議論の中で考えることにしよう．

次に，(5.20)の S_r に対応して，n 体系の座標が

$$\left.\begin{aligned}x_a{}'&=x_a+\epsilon y_a\\y_a{}'&=y_a-\epsilon x_a\\z_a{}'&=z_a\end{aligned}\right\}\qquad(a=1,2,\cdots,N) \tag{5.26}$$

なる変換を受ける場合を考えてみよう．(1.16)からわかるように，これは z 軸のまわりに無限小角 ϵ だけ座標が回転したことを示す．

このとき，(5.24)の左辺のベクトルの x, y, z 成分がそれぞれ y_a, $-x_a, 0$ となることは，(5.26)から直ちに分かる．それゆえ，ネーターの定理が適用されたときの保存量は，(5.21)により

$$\sum_r \frac{\partial L}{\partial \dot{q}_r} S_r = -\sum_{a=1}^{N} m_a (x_a \dot{y}_a - y_a \dot{x}_a) \tag{5.27}$$

すなわち，全角運動量の z 成分の保存が導かれた．x 軸，y 軸のまわりの回転でラグランジアンが不変であれば，全く同様にして全角運動量の x 成分，y 成分のそれぞれが保存量となることが分かるであろう．

このようにして，全運動量や全角運動量の保存則は，座標系の平行移動や回転のもとでのラグランジアンの不変性と本質的に関連していることが，ネーターの定理を介して導かれたことになる．

他方，時間の平行移動，つまり時間の原点をずらす変換のときはどのような結果がもたらされるであろうか．時間の原点を ϵ だけずらしたときの時間を t'，ずらす前の時間を t とかけば，図5.1から明らかのように $t' = t - \epsilon$，そして時間がずれた系での一般化座標 q_r' とずれる前の系での q_r は

$$q_r'(t') = q_r(t) \tag{5.28}$$

の関係にある．このとき，容易にわかるように，t' の系と t の系のそれぞれのラグランジアン L', L の関係は

$$\begin{aligned} L'(q'(t'), \dot{q}_r'(t'), t') &\equiv L(q'(t'), \dot{q}'(t'), t'+\epsilon) \\ &= L(q(t), \dot{q}(t), t) \end{aligned} \tag{5.29}$$

で与えられる．

ここで，ラグランジアンの不変性を，前と同様に L と L' の関数

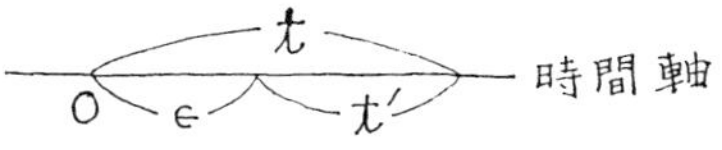

図5.1

形が同一であること，すなわち

$$L(q'(t'), \dot{q}'(t'), t') = L(q(t), \dot{q}(t), t) \tag{5.30}$$

によって定義しよう．(5.28)から直ちにわかるように，(5.29)の関係は L が時間変数 t を陽に含まないことと同等である．以下ではこれが成り立つものとしよう．すなわち $L=L(q, \dot{q})$ とかく．

ふたたび ϵ を無限小量とみなし，$\delta q_r(t)$ を $q_r'(t)-q_r(t)$ で定義すれば，$q_r'(t)=q_r(t+\epsilon)$ であるから $\delta q_r(t)=\epsilon \dot{q}_r(t)$，これを(5.19)に代入すると

$$\delta L = \epsilon \frac{d}{dt} \sum_r \left(\frac{\partial L}{\partial \dot{q}_r} \dot{q}_r \right) \tag{5.31}$$

他方 δL はまた

$$\begin{aligned} \delta L(q(t), \dot{q}(t)) &= L(q'(t), \dot{q}'(t)) - L(q(t), \dot{q}(t)) \\ &= \epsilon \frac{d}{dt} L(q(t), \dot{q}(t)) \end{aligned} \tag{5.32}$$

とかくことができるゆえ，(5.31), (5.32)から

$$\frac{d}{dt}\left[\sum_r \frac{\partial L(q, \dot{q})}{\partial \dot{q}_r} \dot{q}_r - L(q, \dot{q}) \right] = 0 \tag{5.33}$$

を得る．すなわち

$$\sum_r \frac{\partial L(q, \dot{q})}{\partial \dot{q}_r} \dot{q}_r - L(q, \dot{q}) = \text{定数} \tag{5.34}$$

となって運動の定数が導かれた．

ここでふたたび $L=T-V$ の場合を考えてみよう．このとき $T=\sum_a m_a \dot{\mathbf{r}}_a^2/2=\sum_{r,s} a_{rs}(q)\dot{q}_r\dot{q}_s/2$，$V=V(q)$ から，簡単な計算により(5.34)の左辺は $T+V$ となることがわかる．これが定数であるということは，エネルギーの保存則に他ならない．L がこのような特別な形でない場合でも，それが t を陽に含んでいないときに導かれる(5.34)の定数は，**エネルギー積分**(energy integral)とよばれる．一般の場合にも，これをエネルギーとみなし得るか否かについては第

7章7-1節で述べる．関係(5.34)もまたネーターの定理とよばれている．

5-3 例　題

（i） 1自由度の系

ただ1個の一般化座標 q のみで記述される系を1自由度の系という．このときラグランジアンが t を陽に含んでいなければ，(5.34)により E を定数として $(\partial L/\partial\dot{q})\dot{q}-L=E$，これを $\dot{q}$ について解いたものを $\dot{q}=f(q,E)$ とするとき，直ちに

$$t=c+\int\frac{dq}{f(q,E)}\qquad (c:\text{定数})\tag{5.35}$$

を得る．これを q について解けば $q=q(t,E,c)$．すなわちこの場合はオイラー・ラグランジュの方程式を直接扱わずに，ラグランジアンの性質のみから答が導かれる．

（ii） 中心力ポテンシャル

質量 m，位置ベクトルが $\boldsymbol{r}=(x,y,z)$ の質点がポテンシャル $V(r)$（ただし $r\equiv|\boldsymbol{r}|=\sqrt{x^2+y^2+z^2}$）のもとで運動するとする．$T=m\dot{\boldsymbol{r}}^2/2$，$V=V(r)$ であるからラグランジアンは回転不変，それゆえ前節の議論により角運動量は保存量となり，$\boldsymbol{l}$ を定数ベクトルとして $m(\boldsymbol{r}\times\dot{\boldsymbol{r}})=\boldsymbol{l}$ とかくことができる．これにより直ちに $\boldsymbol{l}\cdot\boldsymbol{r}=0$，したがって $\boldsymbol{l}\neq0$ とすれば，$\boldsymbol{r}$ は，原点を通り $\boldsymbol{l}$ に直交する平面上にある．また $\boldsymbol{l}=0$ であれば $dx/x=dy/y=dz/z$ となり，質点は原点を通る直線上を動く．いずれにせよ運動は平面上で行なわれるので，系の記述に2次元空間でのラグランジアン

$$\left.\begin{aligned}L&=\frac{m}{2}(\dot{x}^2+\dot{y}^2)-V(r)\\ r&=\sqrt{x^2+y^2}\end{aligned}\right\}\tag{5.36}$$

を用いてよいことがわかる．特に $\boldsymbol{l}\neq0$ であれば，$\boldsymbol{l}$ は z 軸と平行に

なる．(5.36)を極座標でかけば(5.9)となり，(5.10)を経て，(5.11)の修正ラグランジアンを得る．ここでlは原点のまわりの角運動量である．(5.11)は時間を陽に含まないので，(5.34)から次式が導かれる．

$$\frac{m}{2}\dot{r}^2+\frac{l^2}{2m}\frac{1}{r^2}+V(r)=E \tag{5.37}$$

$V(r)$が具体的に与えられている場合には，(5.37)を$\dot{r}$について解き，積分すれば$r(t)$が得られる．さらにこれを(5.10)のrに代入して積分すれば$\varphi(t)$が導かれる．しかし軌道の形を求めるにはrをφの関数として扱った方が都合がよい．そこで$\dot{r}=\dot{\varphi}(dr/d\varphi)=m^{-1}lr^{-2}(dr/d\varphi)$とかきかえよう．ここで$\dot{\varphi}$を消去するために(5.10)を用いた．さらに

$$u\equiv\frac{1}{r} \tag{5.38}$$

としてrの代りにuを使うことにすれば，$\dot{r}=-m^{-1}l(du/d\varphi)$とかかれる．これを(5.37)に代入して$du/d\varphi$を求めると次式を得る．

$$\frac{du}{d\varphi}=\pm\sqrt{\frac{2m}{l^2}\{E-V(1/u)\}-u^2} \tag{5.39}$$

この式の積分は，特定のVに対しては初等関数で与えられる．その代表例はケプラー(J. Kepler, 1571–1630)問題で，そこでは$V=k/r=ku$(k：定数)である．このとき(5.39)から，φ_0を積分定数として

$$\varphi=\pm\int\frac{du}{\sqrt{\frac{2m}{l^2}\{E-ku\}-u^2}}+\varphi_0 \tag{5.40}$$

が得られる．右辺の不定積分は容易に実行できて，$A=l^2/m|k|$，$B=\sqrt{1+2(l^2E/mk^2)}$とするとき，$\cos^{-1}\{(Au+k/|k|)/B\}$となる．よって(5.38)を用いれば$r$は

$$r=\frac{l^2}{m|k|\{\sqrt{1+2(l^2E/mk^2)}\cos(\varphi-\varphi_0)-k/|k|\}} \quad (5.41)$$

右辺の根号内は負にはなれないので，$E \geqq -mk^2/2l^2$ でなければならない．(5.41)から求められる軌道は，(a) $k>0$；双曲線($E>0$)，(b) $k<0$；楕円($0>E>-mk^2/2l^2$)，円($E=-mk^2/2l^2$)，放物線($E=0$)，双曲線($E>0$)となって，円錐曲線を描く．なお $k>0$ で $E \leqq 0$ の場合は $r<0$ となるので，解は存在し得ない．

(iii) 重心座標と相対座標

2体系での質点の位置ベクトル $\boldsymbol{r}_1, \boldsymbol{r}_2$ から，重心ベクトルおよび相対座標ベクトルをそれぞれ $\boldsymbol{X}_2 \equiv (m_1\boldsymbol{r}_1+m_2\boldsymbol{r}_2)/(m_1+m_2)$，$\boldsymbol{x}_1 \equiv \boldsymbol{r}_1-\boldsymbol{r}_2$ で定義すると，運動エネルギーは

$$\begin{aligned} T &= \frac{m_1}{2}\dot{\boldsymbol{r}}_1{}^2+\frac{m_2}{2}\dot{\boldsymbol{r}}_2{}^2 \\ &= \frac{m_1+m_2}{2}\dot{\boldsymbol{X}}_2{}^2+\frac{\mu}{2}\dot{\boldsymbol{x}}_1{}^2 \qquad \left(\mu \equiv \frac{m_1m_2}{m_1+m_2}\right) \end{aligned} \quad (5.42)$$

の形にかくことができる．ポテンシャル・エネルギーが相対距離 $|\boldsymbol{x}_1|$ のみの関数のときは，系のラグランジアンは $\boldsymbol{X}_2, \boldsymbol{x}_1$ それぞれに依存する2つの部分に分離して

$$\left.\begin{aligned} L &= L_0+L_1 \\ L_0 &= \frac{m_1+m_2}{2}\dot{\boldsymbol{X}}_2{}^2, \qquad L_1 = \frac{\mu}{2}\dot{\boldsymbol{x}}_1{}^2-V(|\boldsymbol{x}_1|) \end{aligned}\right\} \quad (5.43)$$

で与えられる．その結果 $\boldsymbol{x}_1$ は，質量が μ，その位置ベクトルが $\boldsymbol{x}_1$ であるような質点がポテンシャル $V(|\boldsymbol{x}_1|)$ のもとで運動するときと同一の振舞を示す．これは前項(ii)に述べた中心力ポテンシャルのもとでの運動に他ならない．μ は**換算質量**(reduced mass)とよばれる．他方，重心の運動は，質量 m_1+m_2，位置ベクトルが $\boldsymbol{X}_2$ の質点が外力を受けずに運動するときと同等で，全質量がベクトル $\boldsymbol{X}_2$ の先端に集中しているかのように振舞う．座標原点を $\boldsymbol{a}$ だけ平行移動

させると重心 $\boldsymbol{X}_2$ は $\boldsymbol{X}_2 \to \boldsymbol{X}_2 - \boldsymbol{a}$ の変換を受けるが，$\boldsymbol{x}_1$ は変わらない．このように平行移動の変換で不変な座標変数を**相対座標**(relative coordinate)という．

位置ベクトルが $\boldsymbol{r}_1, \boldsymbol{r}_2, \boldsymbol{r}_3$ の3体系の場合，相対座標として例えば $\boldsymbol{x}_1 = \boldsymbol{r}_1 - \boldsymbol{r}_2$，$\boldsymbol{x}_2 = \boldsymbol{X}_2 - \boldsymbol{r}_3$ を導入することができる．このとき重心は $\boldsymbol{X}_3 = \{(m_1+m_2)\boldsymbol{X}_2 + m_3\boldsymbol{r}_3\}/(m_1+m_2+m_3)$ となり，運動エネルギーは

$$T = \sum_{a=1}^{3} m_a \dot{\boldsymbol{r}}_a{}^2/2 = \frac{\sum_{a=1}^{3} m_a}{2} \dot{\boldsymbol{X}}_3{}^2 + \frac{\mu_1}{2}\dot{\boldsymbol{x}}_1{}^2 + \frac{\mu_2}{2}\dot{\boldsymbol{x}}_2{}^2 \tag{5.44}$$

とかくことができる．ここで $\mu_1 = m_1 m_2/(m_1+m_2)$，$\mu_2 = (m_1+m_2)m_3/(m_1+m_2+m_3)$．つまり質量 m_1+m_2，位置ベクトル $\boldsymbol{X}_2$ の質点と，質量 m_3，位置ベクトル $\boldsymbol{r}_3$ の質点からなる2体系を想定して，2番目の相対座標 $\boldsymbol{x}_2$ とそれに対応する換算質量 μ_2 を導入した．

この方法は N 体系に拡張できる．各質点の質量を $m_1, m_2, \cdots, m_N$ とし，$M_k = \sum_{a=1}^{k} m_a$ とかく．ここで相対座標

$$\boldsymbol{x}_k = \boldsymbol{X}_k - \boldsymbol{r}_{k+1} \qquad (k=1, 2, \cdots, N-1) \tag{5.45}$$

を導入しよう．ただし $\boldsymbol{X}_k$ は漸化式

$$\left.\begin{aligned} \boldsymbol{X}_k &= (M_{k-1}\boldsymbol{X}_{k-1} + m_k \boldsymbol{r}_k)/(M_{k-1}+m_k) \\ \boldsymbol{X}_1 &= \boldsymbol{r}_1 \end{aligned}\right\} \tag{5.46}$$

で定義される．このとき $\boldsymbol{X}_N$ は重心 $\sum_{a=1}^{N} m_a \boldsymbol{r}_a/M_N$ を表わす．運動エネルギーは(5.42)または(5.44)の一般化として，重心 $\boldsymbol{X}_N$，相対座標 $\boldsymbol{x}_1, \boldsymbol{x}_2, \cdots, \boldsymbol{x}_{N-1}$ を用いて

$$\begin{aligned} T &= \sum_{a=1}^{N} \frac{m_a}{2} \dot{\boldsymbol{r}}_a{}^2 \\ &= \frac{M_N}{2} \dot{\boldsymbol{X}}_N{}^2 + \sum_{k=1}^{N-1} \frac{\mu_k}{2} \dot{\boldsymbol{x}}_k{}^2 \end{aligned} \tag{5.47}$$

ただし

$$\mu_k = \frac{M_k m_{k+1}}{M_{k+1}} \qquad (k=1, 2, \cdots, N-1) \tag{5.48}$$

で与えられる．証明は例えば，数学的帰納法を用いればよい．それは読者にやってもらうことにしよう．

ポテンシャルが $v(\boldsymbol{x}_1, \boldsymbol{x}_2, \cdots, \boldsymbol{x}_{N-1})+V(\boldsymbol{X}_N)$ とかかれる場合や相対座標に対してホロノミックな束縛条件が課せられているような場合などは，運動方程式において重心座標と相対座標は完全に分離することがわかる．ただし，相対座標は平行移動の変換で不変というだけであるから，その表し方は上記の $\boldsymbol{x}_k$ には限られない．例えば，剛体では $|\boldsymbol{x}_k|=c_k$(定数)という条件が設定されて，独立な相対座標としては，第3章に述べたように重心のまわりの3個のオイラーの角が用いられることになる．

(iv) 対称こま(図3.4)

ラグランジアン(3.43)で記述される対称こまの運動を調べてみよう．まず，ϕ, ψ はともに循環座標であるから

$$\frac{\partial L}{\partial \dot{\phi}} = (I^{(1)} \sin^2\theta + I^{(3)} \cos^2\theta)\dot{\phi} + I^{(3)}\dot{\psi}\cos\theta \equiv \alpha I^{(1)} \ (\text{定数}) \tag{5.49}$$

$$\frac{\partial L}{\partial \dot{\psi}} = I^{(3)}(\dot{\psi} + \dot{\phi}\cos\theta) \equiv \beta I^{(1)} \ (\text{定数}) \tag{5.50}$$

を得る．ここで定数 $\alpha I^{(1)}$ は，空間固定系の z 軸のまわりの無限小回転によって導かれるネーターの保存量で角運動量の z 成分を表わし，また定数 $\beta I^{(1)}$ は(3.29)の第1式および(3.33)から明らかのように，こまの軸方向への角運動量の成分である．$\dot{\phi}, \dot{\psi}$ を(5.49), (5.50)より解くと

$$\dot{\phi} = \frac{\alpha - \beta\cos\theta}{\sin^2\theta} \tag{5.51}$$

$$\dot{\psi} = \frac{I^{(1)}\beta}{I^{(3)}} - \cos\theta \frac{\alpha - \beta\cos\theta}{\sin^2\theta} \tag{5.52}$$

それゆえ，ϕ, ψ を消去した修正ラグランジアンは

$$\hat{L} = \langle L \rangle - \langle \alpha I^{(1)}\dot{\phi} + \beta I^{(1)}\dot{\psi} \rangle$$

$$= \frac{I^{(1)}}{2}\dot{\theta}^2 - \frac{I^{(1)}}{2}\frac{(\alpha - \beta\cos\theta)^2}{\sin^2\theta} - Mgl\cos\theta - \frac{\beta^2 I^{(1)2}}{2I^{(3)}} \tag{5.53}$$

となる．以下では，右端の付加定数は系の運動には意味をもたないので落すことにしよう．$u \equiv \cos\theta$ として(5.53)からエネルギー積分を求めると

$$\frac{I^{(1)}\dot{u}^2}{2(1-u^2)} + \frac{I^{(1)}(\alpha - \beta u)^2}{2(1-u^2)} + Mglu = E \ (\text{定数}) \tag{5.54}$$

これから

$$\dot{u}^2 = (1-u^2)(A - Bu) - (\alpha - \beta u)^2 \tag{5.55}$$

を得る．ここで

$$A \equiv \frac{2E}{I^{(1)}}, \qquad B \equiv \frac{2Mgl}{I^{(1)}} \tag{5.56}$$

とした．(5.55)から $dt = du/\sqrt{(1-u^2)(A-Bu) - (\alpha - \beta u)^2}$ となるので，右辺の積分を行なえば問題は解かれるが，平方根の中が u の3次式のため，この積分は楕円関数を用いないと与えることができない．しかしそれをやってみてもそのままの形ではそれほど分かり易くはならないので，ここではごく定性的な傾向だけを見ておくことにする．そこで(5.55)の右辺を $F(u)$ とかこう．

$$F(u) \equiv (1-u^2)(A - Bu) - (\alpha - \beta u)^2 \tag{5.57}$$

u の値としては $-1 \leqq u \leqq 1$ の範囲にあってしかも $F(u) \geqq 0$ となるようなもののみが許される．つまり，任意の与えられた初期値のもとでの系の運動は，この枠内で実現する．$B > 0$ であるから $\lim_{u \to \pm\infty} F(u) = \pm\infty$，また $F(\pm 1) = -(\alpha \mp \beta)^2$ となるので，実際の運動を表わす $F(u)$ は図5.2の(a)，(b)のタイプが考えられる．(a)は $F(u) = 0$ の異

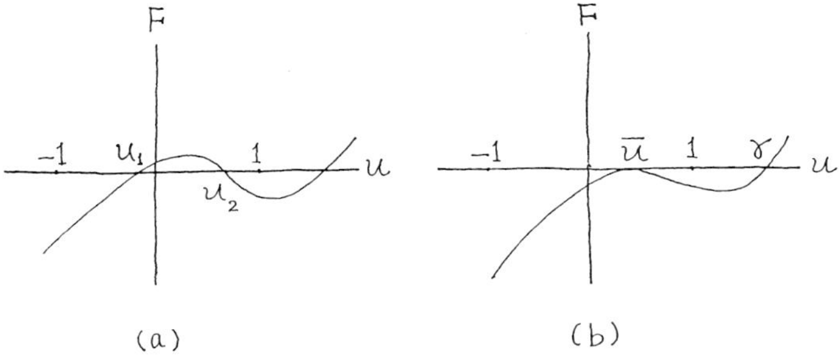

図 5.2

なる2根 u_1, u_2 が区間 $[-1, 1]$ にある場合，(b)は2重根の場合である．

まず，簡単な(b)の場合を考察しよう．このとき $F(u)$ は

$$F(u) = B(u-\bar{u})^2(u-\gamma) \tag{5.58}$$

の形をとるから，これと(5.57)を比較すると α, β の従うべき条件として

$$(\alpha\pm\beta)^2 = B(\gamma\pm1)(\bar{u}\pm1)^2 \tag{5.59}$$

が導かれ，A は $A=\alpha^2-B\gamma\bar{u}^2$ で与えられる．

重根 $\bar{u}$ が $-1<\bar{u}<1$ の場合は，こまの軸は z 軸と一定の角 $\bar{\theta}=\cos^{-1}\bar{u}$ を保ったまま運動する．(5.59)にみられるように，もう1つの実根 γ はここでは $\gamma\geqq1$ でなければならない．(5.59)を α, β について解き，(5.51)の $\cos\theta$ を $\bar{u}$ におくことによって，われわれは $\dot{\phi}$ を求めることができる．簡単な計算によって分かるように，$\alpha+\beta>0$ のときは $\alpha-\beta\gtreqless0$ に応じて $\dot{\phi}=\sqrt{B}(\sqrt{\gamma+1}\pm\sqrt{\gamma-1})/2>0$，また $\alpha+\beta<0$ のときは $\alpha-\beta\gtreqless0$ に応じて $\dot{\phi}=-\sqrt{B}(\sqrt{\gamma+1}\mp\sqrt{\gamma-1})/2<0$ が導かれ，こまの軸は z 軸と一定の角度を保ったままその周りを回転することが示される．いわゆるこまの**みそすり運動**である．一般に $\dot{\phi}$ の時間平均が0でないことによる z 軸のまわりのみそすり

運動は**歳差運動**(precession)とよばれる．なお$\gamma=1$のときは重根$\bar{u}$の他に$u=1$の根が存在するが，後者に対応する運動は，この項の最後に述べる理由により，実現しない．

$\bar{u}=1$は(5.59)によれば$\alpha=\beta$のときに実現する．ここではこまの回転軸はz軸と重なり，理想的にこの運動が行なわれると，こまは静止して立っているかのように見える．このような運動状態にあるこまは**眠りごま**(sleeping top)とよばれる．$\bar{u}=1$の運動は$1<\gamma$と$-1<\gamma<1$の2つの場合に分けられ，そのときの$F(u)$は図5.3の(i), (ii)の実線で表わされる．もちろんこれは理想的な場合であって，実際上は，$\bar{u}=1$という条件は$\bar{u}$が十分よい近似で1とみなせるということに過ぎない．しかもほんのわずかな摩擦や式に現われない小さな外力まで完全に取り除くことは不可能であるから，現実のこまの運動は，点線で示されるような，実線からややずれた範囲内で行なわれると考えられる．

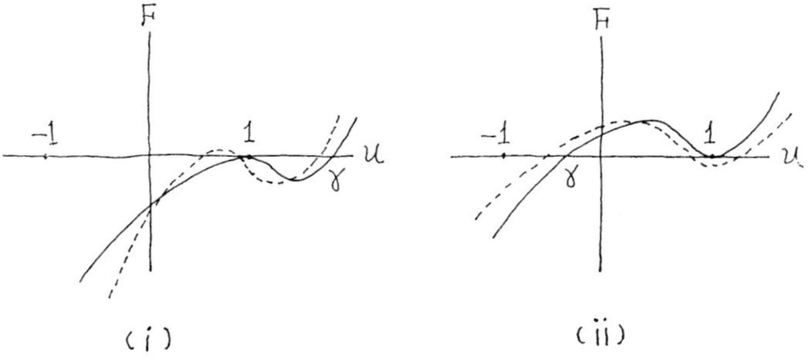

図5.3

ところで，これらの点線はいずれも図5.2(a)のタイプの運動であって，すぐあとに述べるように，(ii)の場合はこまが上下に大きく頭を振る運動を表わしている．これに対して，(i)の点線の運動ではこまの軸とz軸との隔たりはほとんどない．したがって，実際に眠りごままたはそれに近い運動が実現するのは(i)の場合であるということができる．なお，$F(u)=B(u-1)^3$ の3重根の場合は，(i)で $\gamma\to 1$ としたときの運動が対応する．

他方，$\bar{u}=-1$ は $\alpha=-\beta$ に対応し，$\gamma\geqq 1$ である．このときには，こまは真下を向いて宙吊りの形をとる．ただし，$\gamma=1$ のときの $u=1$ に対応する運動は，あとに述べる理由から実現しない．

次に図5.2の(a)のタイプの運動を考えよう．このとき，許される u の値は u_1 と u_2 の間にある．いまある時刻で $\dot{u}>0$ であったとすれば，時間の経過とともに u は増大して u_2 に達し $\dot{u}=0$ となる．他方 $\dot{u}^2=F(u)$ を時間微分すると $\ddot{u}=(1/2)F'(u)$ となるので，u_2 の点では $\ddot{u}<0$ つまり u の値を減少するような加速度がはたらき，ここでいちど止まった u は図の左方向に向かって動き出す．そして u_1 に達して速度が0となると今度は右方向の加速度のために u_2 に向かって引き返し，その結果 u_1, u_2 間の往復運動がくり返される．u_1 と u_2 の幅がせまいときこまの運動には歳差運動のほかに**章動**(nutation)とよばれる周期的な上下の小さな首振りがみられる．その様子は，原点を中心とする仮想的な球面上に，こまの軸との交点がえがく曲線からみることができる(図5.4)．

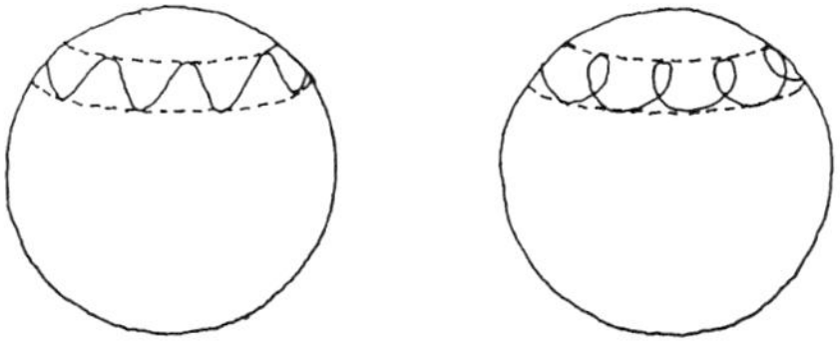

図5.4 こまの章動

以上は $F(u)=0$ の2または3根が区間 $[-1, 1]$ にある場合の考察であって，実際上はこれで尽されている．しかし形式の上からはこの区間に1根だけが存在する場合も考えられるので注意をしておこう．これは $\alpha=\pm\beta$ のときだけ可能であって，例えば $\alpha=\beta$ では根は

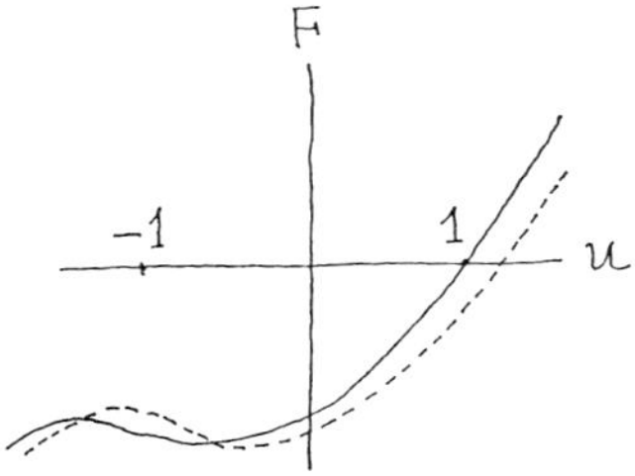

図 5.5

$u=1$ かつ $F'(1)>0$, しかも $-1\leqq u<1$ なる u に対しては $F(u)<0$ となる場合である(図 5.5). 一見これは眠りごまを与えるかにみえるが, 前の場合との大きな違いは, ここでは α と β がほんのわずかでも異なるような運動は存在しないことである(図 5.5 の点線). つまり上の運動が行なわれるためには $\alpha=\beta$ は数学的な厳密さで設定される必要があるが, いかにこまが理想的にできていても現実の条件設定では誤差を伴うのはまぬかれないから, この運動は不可能といわなければならない. 同様にして $\alpha=-\beta$ で $u=-1$ を $F(u)$ の根とし, $F'(-1)<0$ かつ $-1<u\leqq 1$ なる u に対して $F(u)<0$ となるような運動も実現することはできないのである.

演 習 問 題

5.1 長さ l, 質量 M のまっすぐな棒 AB がある. A から測って距離 $s(0\leqq s\leqq l)$ の点での棒の線密度を $\rho(s)$ とする. A からの距離 s_0 の棒上の点 P の座標を (X, Y, Z), また棒の向きを図 5.6 のように角度 θ, φ で表わし, これらを棒を記述するための一般化座標 q_r として用いることにする. このとき, (i) 棒の運動エネルギーが $\sum_r a_r(q)\dot{q}_r{}^2$ の形にかかれるためには, P はどのような位置になければならないか. (ii) またそのときの運動エネルギーはどう表わされるか. ただし棒の太さは無視できるとする.

5.2 c を光速とするとき, ポテンシャル V の中を運動する相対論的粒子(質量 m)のラグランジアンは

$$L = -mc\sqrt{c^2-\dot{x}^2-\dot{y}^2-\dot{z}^2}-V$$

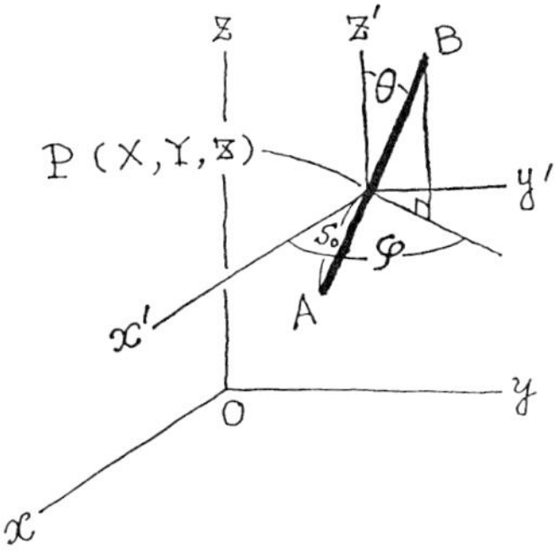

図 5.6

で与えられる．V を z のみの関数 $V=V(z)$ とするとき，循環座標 x, y を消去した修正ラグランジアン $\hat{L}(z, \dot{z})$ の形はどのようになるか．

5.3 中心力ポテンシャル $V(r)$ の影響を受けて運動する質点がある．いま適当な初期条件のもとで，その軌道がたまたま原点を通る円になったとするならば，$V(r)$ のつくる中心力は r^{-5} に比例する引力であることを示せ．

5.4 x 軸を水平方向，y 軸の向きを重力加速度 g と逆向きにとる．座標原点 O において鉛直方向に速度 v で投下された質点が O で y 軸に接する曲線 $y=f(x)$ の上を g の影響を受けて運動するものとする．このとき質点の速度の y 成分が常に一定であるためには，$f(x)$ の形はどのようなものでなければならないか．

5.5 半径 R，中心が C の一様な輪が，輪の上の定点 O を通る鉛直線のまわりを，一定角速度$(\omega>0)$で水平面内を回転するものとする．この輪の上に質量 m の質点 P があって滑らかな運動をするとき，時刻 $t=0$ で P が O の対称点 A に静止していたとするならば，時刻 t では $\dot{\theta}^2=2\omega^2(1+\cos\theta)$ が成り立つことを示せ．ただし θ は $\angle$ACP である(図 5.7)．また，この式から θ を t の関数として求め，P の軌道がおよそどのような形になるかを考察せよ．

5.6 前問の運動で，輪が質点から受ける力はどのように表わされるか．$\theta=\theta_0$ でこの力がゼロになった場合，θ_0 は ω とは無関係に決められることを示せ．

5.7 条件 (5.16), (5.32) を一般化して，変換 $q_r \to q_r'=q_r+\delta q_r$，$\delta q_r=$

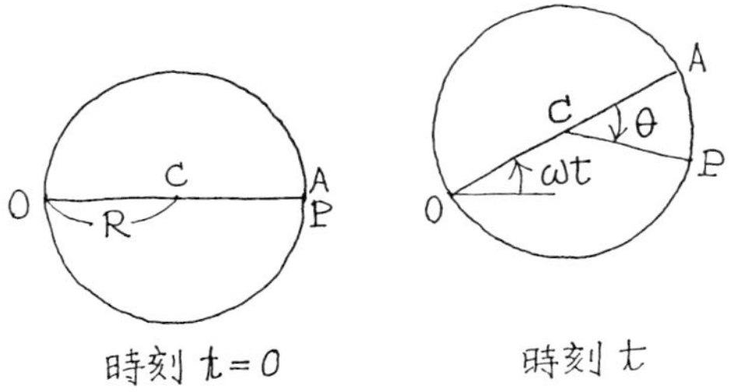

図 5.7

$\epsilon S(q, \dot{q}, t)$のもとでのラグランジアンの変化が

$$L(q', \dot{q}', t) - L(q, \dot{q}, t) = \epsilon \frac{d}{dt} W(q, \dot{q}, t)$$

となるような関数 $W(q, \dot{q}, t)$ が存在したとする．このとき

$$Q = \sum_r \frac{\partial L}{\partial \dot{q}_r} S_r - W$$

は保存量となることを示せ*)．

一例としてラグランジアン $L = (\dot{q}^2 - q^2)/2$ において，$\delta q = \epsilon \cos t \cdot (q \sin t + \dot{q} \cos t)$ の変換を考えよう．ここでの L の変化は上の条件をみたしていることを示し，対応する保存量 Q を求めよ．

*) この結果もまたネーターの定理とよばれている．

6　微小振動

6-1　安定平衡

簡単な例として運動エネルギーが $T=(m/2)\dot{x}^2$，ポテンシャル・エネルギーが $V=V(x)$ の系を考えよう．ここで全時間にわたって $x=$定数，つまり全く運動が行なわれていない状態が実現したとする．質点が同じ状態をとり続けるわけであるから，このような系は**平衡**(equilibrium)の状態にあるという．もちろんそのときには，速度はもとより加速度も 0 であるから，運動方程式により

$$\frac{dV(x)}{dx}=0 \tag{6.1}$$

が満たされねばならない．そしてこの方程式の解 $x=\bar{x}$ は**平衡の位置**(equilibrium position)とよばれ，上記の定数を与えることになる．平衡が実現したときの V と平衡の位置は図6.1の(a), (b), (c)に示されるようなものが考えられる．平衡の状態にあるときには運動のエネルギーは0であるから，このときの全エネルギー $\bar{E}$ は $\bar{E}=V(\bar{x})$ の関係にある．

ここでわずかにエネルギーを増加させて系の全エネルギーが $E=\bar{E}+\varDelta E(\varDelta E>0)$ となった場合を考えよう．そうすると質点は $\bar{x}$ において運動エネルギー $\varDelta E$ をもつことになり，図6.1の(a)の場合には2点 x_1, x_2 の間を運動する．このときには，$\varDelta E$ を小さくしていく

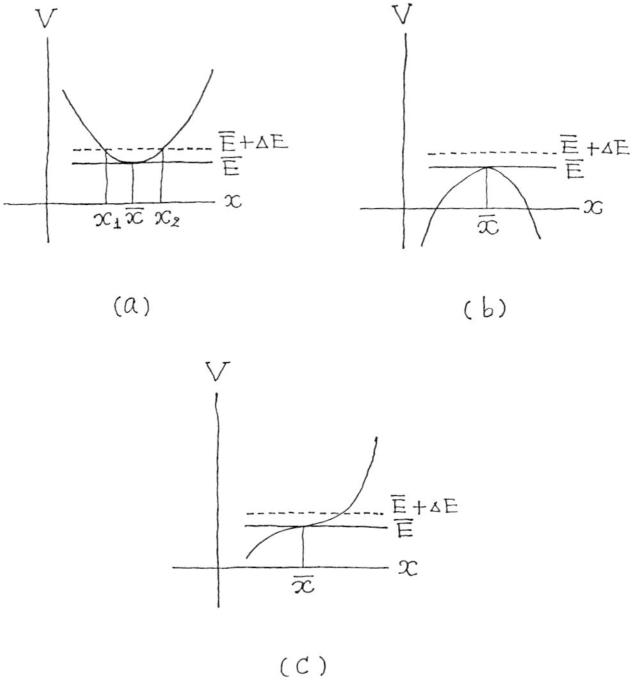

図 6.1 平衡の位置とポテンシャルの関係

と運動の範囲 $|x_1-x_2|$ はいかほどでも狭められ，系は平衡の状態に接近する．このような平衡は**安定平衡**(stable equilibrium)とよばれる．これに対して図 6.1 の(b), (c)の場合は $\Delta E\,(>0)$ をいかに小さくしても運動の範囲は狭められず平衡状態にも近づかない．このときの平衡がいわゆる**不安定平衡**(unstable equilibrium)である．以上の議論から分かるように安定平衡では平衡の位置はポテンシャルの極小点である．それゆえ安定平衡が成立するためには

$$V''(\bar{x}) > 0 \qquad (6.2)$$

であれば十分である．もちろん，これが成り立たなくても$\bar{x}$におけるVの偶数階微分，例えば$2s(s>1)$階微分が正で，より低い階数の$\bar{x}$における微分がすべて0であれば$\bar{x}$は極小点となるが，実際問題としてこのような場合はほとんどない．したがって，そのような稀な場合が生じたときは改めて考えることにして，ここでは最も普通な(6.2)を安定平衡の条件として用いることにしよう．

xの代りに平衡の位置からのずれ$\eta\equiv x-\bar{x}$を変数として用いることにすれば，ΔEが微小のときηもまた微小量となる．それゆえ，ポテンシャルのテイラー展開をη^2の項までとると，$V(x)=V(\bar{x})+\frac{1}{2}V''(\bar{x})\eta^2$と表わすことができる．ここでは(6.1)を考慮した．それゆえ運動のエネルギー$T=(m/2)\dot{\eta}^2$を用いれば，運動方程式は

$$m\ddot{\eta}+V''(\bar{x})\eta=0 \tag{6.3}$$

すなわち単振動を表わす．よく知られているように，その解は$\eta=A\cos\left(\sqrt{V''(\bar{x})/m}\,t+\beta\right)$で，振幅$A$はここでは微小量．そして

$$x=\bar{x}+A\cos\left(\sqrt{V''(\bar{x})/m}\,t+\beta\right) \tag{6.4}$$

となり，運動は平衡の位置の近傍における**微小振動**(small oscillation)を与える．

以上は1自由度の系での議論であるが，これを一般化座標$q_1, q_2, \cdots, q_n$で記述されるn自由度の系に拡張することを考えよう．ただし運動およびポテンシャルのエネルギーはそれぞれ

$$\left.\begin{aligned} T &= \frac{1}{2}\sum_{r,s=1}^{n} m_{rs}(q)\dot{q}_r\dot{q}_s \\ V &= V(q) \end{aligned}\right\} \tag{6.5}$$

とし，$m_{rs}(q)$，$V(q)$はtを陽に含まぬものとする．この場合も，平衡を$q_r=$定数で定義すれば，$\dot{q}_r=\ddot{q}_r=0$となるから，オイラー・ラグランジュの方程式

$$\frac{d}{dt}\left(\sum_{s=1}^{n} m_{rs}(q)\dot{q}_s\right)+\frac{\partial V(q)}{\partial q_r}$$

$$= \sum_{s=1}^{n} m_{rs}(q)\ddot{q}_s + \sum_{s,u=1}^{n} \frac{\partial m_{rs}(q)}{\partial q_u}\dot{q}_u\dot{q}_s + \frac{\partial V(q)}{\partial q_r} = 0 \qquad (6.6)$$

より，平衡の状態においては

$$\frac{\partial V(q)}{\partial q_r} = 0 \qquad (r=1, 2, \cdots, n) \qquad (6.7)$$

の成立が要求される．すなわちこの方程式の解 $q_r = \bar{q}_r\ (r=1, 2, \cdots, n)$ が平衡の位置を与えることになる．

平衡の状態にわずかなエネルギー $\Delta E\ (>0)$ を与えたとき，系の運動が配位空間内の平衡の位置の近傍にだけ限定され，しかもエネルギーを与える前の平衡の状態が $\Delta E \to 0$ の極限で実現するならば，この平衡を前述の議論の一般化としてふたたび安定平衡とよぶことにする．これは $\bar{q}_r (r=1, 2, \cdots, n)$ が $V(q)$ の極小値となることを意味する．われわれが以下において問題にするのは，この極小値を与える平衡の位置 $\bar{q}_r$ の近くでの運動である．前と同様，変数としては q_r の代りに $\bar{q}_r$ からのずれ

$$\eta_r = q_r - \bar{q}_r \qquad (r=1, 2, \cdots, n) \qquad (6.8)$$

を用いることにし，これを微小量とみなして $V(q)$ をテイラー展開し，η の 2 次までとることにしよう．

$$V(q) = V(\bar{q}) + \frac{1}{2}\sum_{r,s=1}^{n} \mathcal{V}_{rs}\eta_r\eta_s \qquad (6.9)$$

ここで

$$\mathcal{V}_{rs} \equiv \left.\frac{\partial^2 V(q)}{\partial q_r \partial q_s}\right|_{q=\bar{q}} \qquad (6.10)$$

そして $\eta_r = 0\ (r=1, 2, \cdots, n)$ が(6.9)の極小値を与えるというのが，われわれの仮定である．

われわれは η_r を n 次元の配位空間のベクトル η の第 r 番目の成分とみなして

$$\eta = (\eta_1, \eta_2, \cdots, \eta_n) \qquad (6.11)$$

とかくことにしよう．同様にしてξをその第r成分がξ_rのn次元ベクトルとするとき，2つのベクトルξとηの内積を

$$(\xi,\eta)\equiv\sum_{r=1}^{n}\xi_r\eta_r \tag{6.12}$$

で定義する．これは3次元のベクトルの内積のそのままの拡張であって，ベクトルηの長さは

$$|\eta|\equiv\sqrt{(\eta,\eta)} \tag{6.13}$$

で定義される．すべての成分が0のベクトルはゼロ・ベクトルとよばれ，例えばηがゼロ・ベクトルであれば$\eta=0$とかくことにする．定義から明らかなように，実ベクトルに対しては$\eta=0$は$|\eta|=0$と同等である．第r行第s列の成分が$\mathcal{V}_{rs}$であるようなn次の対称行列($\mathcal{V}_{rs}=\mathcal{V}_{sr}$)を$\mathcal{V}$とし，第$r$成分が$\sum_{s=1}^{n}\mathcal{V}_{rs}\eta_s$のベクトルを$\mathcal{V}\eta$とかくことにすれば，(6.10)は

$$V(q)=V(\bar{q})+\frac{1}{2}(\eta,\mathcal{V}\eta) \tag{6.14}$$

と表わされる．(6.10)のすぐ下に述べたVについての仮定から$(\eta,\mathcal{V}\eta)$は$\eta=0$で極小値0をとる．いまxをパラメータとし，ηを任意に与えられたベクトル$\xi(\neq 0)$のx倍，$\eta=x\xi$としてみよう．このとき$(\eta,\mathcal{V}\eta)=(\xi,\mathcal{V}\xi)x^2$となるが，$x=0$が$V$の極小値を与えるわけであるから

$$(\xi,\mathcal{V}\xi)>0 \qquad (\xi\neq 0) \tag{6.15}$$

が成り立たなければならない．これは(6.2)に対応する条件である．任意のゼロでないξに対して，(6.15)を満たすような(実)対称行列$\mathcal{V}$は**正の定符号**(positive definite)であるという．

次に運動エネルギーTについて考えよう．変数ηを用いれば$T=\frac{1}{2}\sum_{r,s}m_{rs}(\bar{q}+\eta)\dot{\eta}_r\dot{\eta}_s$とかいてよい．もちろん，ここで運動エネルギーの基本的な性質として$\dot{\eta}_r=0$ $(r=1,2,\cdots,n)$でないかぎり$T>0$である．(6.15)より，$\varDelta E\geqq T$であるから，$|\dot{\eta}_r|$はせいぜい$|\eta|$(に比

例する)程度の量である．それゆえ$m_{rs}(\bar{q}+\eta)$をηについてベキ展開し，その第1項$m_{rs}(\bar{q})$のみを考慮すれば，Vをηの2次までとったときと同一の近似となる．すなわち

$$T=\frac{1}{2}(\dot{\eta},\mathcal{M}\dot{\eta}) \tag{6.16}$$

とかくことができる．ここで$\dot{\eta}$はその第r成分が$\dot{\eta}_r$のベクトル，$\mathcal{M}$はn次の対称行列で，その第r行第s列の成分は

$$\mathcal{M}_{rs}=m_{rs}(\bar{q}) \quad (=\mathcal{M}_{sr}) \tag{6.17}$$

で与えられる．$\dot{\eta}\neq 0$であれば$T>0$であるから，行列$\mathcal{M}$もまた正の定符号である．

このようにして安定平衡における平衡の位置の近傍での運動は，(6.14), (6.17)のポテンシャルおよび運動のエネルギーによって記述されることになる．

6-2 固有振動

オイラー・ラグランジュの方程式を，(6.14), (6.16)を用いて導くと，n次元ベクトルηに対する方程式として

$$\mathcal{M}\ddot{\eta}+\mathcal{V}\eta=0 \tag{6.18}$$

を得る．この式は成分に分けてかくとn個の2階の常微分方程式のセットとなるので，その一般解は$2n$個の任意定数をもたなければならない．これを見出すためにまず(6.4)にならって

$$\eta=f\cdot\cos(\omega t+\beta) \tag{6.19}$$

とおいてみよう．ここでfは第r成分がf_rのゼロでない定数ベクトル，ω,βも定数とする．(6.19)を(6.18)に代入すると$(-\omega^2\mathcal{M}+\mathcal{V})f\cdot\cos(\omega t+\beta)=0$となるが，これは任意の$t$について成立する式であるから，$\cos(\omega t+\beta)$をはずした

$$(-\omega^2\mathcal{M}+\mathcal{V})f=0 \tag{6.20}$$

が成り立たなければならない．ここで$\det(-\omega^2\mathcal{M}+\mathcal{V})\neq 0$とする

と，$(-\omega^2\mathcal{M}+\mathcal{V})^{-1}$ が存在して $f=0$，それゆえ(6.19)が意味のある解になるためには，ω^2 は

$$\det(-\omega^2\mathcal{M}+\mathcal{V})=0 \tag{6.21}$$

を満たすことが要求される．この式を具体的に書き下すと

$$\begin{vmatrix} \mathcal{V}_{11}-\lambda\mathcal{M}_{11} & \mathcal{V}_{12}-\lambda\mathcal{M}_{12} & \cdots & \mathcal{V}_{1n}-\lambda\mathcal{M}_{1n} \\ \mathcal{V}_{21}-\lambda\mathcal{M}_{21} & \mathcal{V}_{22}-\lambda\mathcal{M}_{22} & \cdots & \mathcal{V}_{2n}-\lambda\mathcal{M}_{2n} \\ \cdots & \cdots & \cdots & \cdots \\ \mathcal{V}_{n1}-\lambda\mathcal{M}_{n1} & \mathcal{V}_{n2}-\lambda\mathcal{M}_{n2} & \cdots & \mathcal{V}_{nn}-\lambda\mathcal{M}_{nn} \end{vmatrix}=0 \tag{6.22}$$

ただし

$$\lambda=\omega^2 \tag{6.23}$$

であって，λ が(6.22)をみたすときのみ $f\neq0$ が可能となる．(6.22)は λ に関する n 次方程式である．その根を $\lambda_l\,(l=1,2,\cdots,n)$ とかこう．この λ_l を(6.21)の ω^2 に用いると $\det(-\lambda_l\mathcal{M}+\mathcal{V})=0$，つまり行列 $(-\lambda_l\mathcal{M}+\mathcal{V})$ の階数は n より小さくなるので，$(-\lambda_l\mathcal{M}+\mathcal{V})f=0$ をみたす $f\,(\neq0)$ が必ず存在する．それが一意的であるかどうかは別にして，その1つを $f^{(l)}$ とかくことにしよう．

ここで重要なことは

$$\lambda_l>0 \qquad (l=1,2,\cdots,n) \tag{6.24}$$

すなわち(6.22)の根はすべて正になることである．これは行列 $\mathcal{M}$ と $\mathcal{V}$ がともに正の定符号であることに基づく線形代数の結果であるが，ここでは別の角度から説明しよう．まず，λ_l が0でないことは直ちに分かる．実際もしこれが0であれば(6.20)から $\mathcal{V}f^{(l)}=0$，よって $(f^{(l)},\mathcal{V}f^{(l)})=0$ となり，$\mathcal{V}$ が正の定符号であることに反することになる．それゆえ(6.24)をみたさぬ λ_l があったとすれば，そのときの ω_l は a_l,b_l を実数として $a_l+ib_l\,(b_l\neq0)$ の形をとり，したがって $f^{(l)}\cdot\cos\{(a_l+ib_l)t+\beta\}$ が(6.18)の解を与えることになる．もちろん η は実ベクトルであるから，これをそのまま(6.18)の η とみなすわけにはいかないが，(6.18)が η について線形であり，また

$\mathcal{M}, \mathcal{V}$ の行列要素がすべて実数であることを考慮すれば，上の解の実部(複素共役との和の1/2)もまた(6.18)を満たすので，

$$\eta = \mathrm{Re}\,[f^{(l)}\cdot\cos(a_l+ib_l)t]$$
$$\equiv \frac{1}{2}\{f^{(l)}\cdot\cos(a_l+ib_l)t+f^{(l)*}\cdot\cos(a_l-ib_l)t\} \qquad (6.25)$$

を解の1つとして採用することができる．(6.19)の β は任意定数なので，ここでは簡単のために0とした．また $f^{(l)*}$ はその第 r 成分が $f^{(l)}$ の第 r 成分の複素共役であるようなベクトル，Re[…]は[…]の実部である．(6.25)の運動は初期値を $\eta(0)=\mathrm{Re}[f^{(l)}]$ および $\dot{\eta}(0)=0$ としたときに与えられるはずのものである．

さて，この運動で t を十分大きくとると，$\cos z=(e^{iz}+e^{-iz})/2$ であるから

$$\eta \sim \frac{1}{2}\,\mathrm{Re}\,[f^{(l)}\cdot\exp(\pm ia_l t)]\cdot\exp(|b_l|\,t) \qquad (6.26)$$

となる．ここで $\pm$ は $b_l \gtrless 0$ に対応する．(6.26)から直ちに分かるように，ベクトル η の長さは時間がたてばいかほどでも長くなり*)，系の運動を平衡の位置の近傍に限定することは不可能となる．明らかにこれは，$\mathcal{M}, \mathcal{V}$ が正の定符号という条件のもとにその実現が保証されている安定平衡に反する結果である．すなわち(6.24)が成り立っていなければならない．そして $f^{(l)}$ は λ_l が実数であることから実ベクトルとなる．

(6.22)の n 個の根 $\lambda_l\,(l=1,2,\cdots,n)$ のうち何個かが同一のある値 λ' をとるようなことがある．このとき，λ' は**縮退**(degenerate)しているという．われわれは，(6.18)の一般解を導くにあたり，当面(6.22)の根は縮退していない，つまり n 個の λ_l はすべて相異なるものと仮定しよう．このとき λ_l に対応した実ベクトル $f^{(l)}$ は次式を満

---

*) $a_l=0$ で $\mathrm{Re}[f^{(l)}]=0$ のときは，(6.25)の $f^{(l)}$ の代りに $if^{(l)}$ を用いればよい．これも(6.18)の解である．

たすようにとることができる.

$$(f^{(l)}, \mathcal{M}f^{(l')}) = \delta_{ll'} \tag{6.27}$$

証明は下のようにやればよい. (6.20)から

$$(\lambda_l\mathcal{M}+\mathcal{V})f^{(l)} = 0 \tag{6.28}$$

これと $f^{(l')}$ の内積をつくると

$$(f^{(l')}, [\lambda_l\mathcal{M}+\mathcal{V}]f^{(l)}) = \lambda_l(f^{(l')}, \mathcal{M}f^{(l)})+(f^{(l')}, \mathcal{V}f^{(l)}) = 0 \tag{6.29}$$

および, l と l' を入れかえた

$$\lambda_{l'}(f^{(l)}, \mathcal{M}f^{(l')})+(f^{(l)}, \mathcal{V}f^{(l')}) = 0 \tag{6.30}$$

が導かれる. 他方 $\mathcal{M}, \mathcal{V}$ は対称行列すなわち $\mathcal{M}_{rs}=\mathcal{M}_{sr}$, $\mathcal{V}_{rs}=\mathcal{V}_{sr}$ であるから

$$\left.\begin{aligned}(f^{(l')}, \mathcal{M}f^{(l)}) &= (f^{(l)}, \mathcal{M}f^{(l')})\\ (f^{(l')}, \mathcal{V}f^{(l)}) &= (f^{(l)}, \mathcal{V}f^{(l')})\end{aligned}\right\} \tag{6.31}$$

が成り立つ. それゆえ(6.29)と(6.30)の差をとれば

$$(\lambda_l-\lambda_{l'})(f^{(l)}, \mathcal{M}f^{(l')}) = 0 \tag{6.32}$$

ここで $l\neq l'$ とすると仮定により, $\lambda_l\neq\lambda_{l'}$, ゆえに上式より $(f^{(l)}, \mathcal{M}f^{(l')})=0$ を得る. また $f^{(l)}$ の定数倍も(6.20)を満たすことを利用して $f^{(l)}$ の代りに $f^{(l)}/\sqrt{(f^{(l)}, \mathcal{M}f^{(l)})}$ を用いれば $(f^{(l)}, \mathcal{M}f^{(l)})=1$ とすることができる. よって(6.27)が導かれた. $(f^{(l)}, \mathcal{M}f^{(l)})=1$ が満たされるとき, $f^{(l)}$ は**規格化**されている(normalized)という.

このようにして得られた n 個の $f^{(l)}$ $(l=1, 2, \cdots, n)$ は1次独立である. 実際 $\sum_{l=1}^{n} c_l f^{(l)}=0$ として, これに行列 $\mathcal{M}$ をかけたものと $f^{(l')}$ との内積をつくれば, (6.27)によって $c_{l'}=0$ $(l'=1, 2, \cdots, n)$ となる. n 次元空間においては1次独立なベクトルの数は n 個であるから任意ベクトルは $f^{(l)}$ の1次結合によって一意的に表わすことができる. 例えばベクトル ξ に対して $\xi=\sum_{l=1}^{n} c_l f^{(l)}$ とかけば, 係数 c_l は(6.27)を用いることにより $c_l=(f^{(l)}, \mathcal{M}\xi)$ となる.

以上の考察から, λ_l に対応する $f^{(l)}$ は, これにかかる定数の任意

性を除けば一意的に決定されることが次のようにして分かる．λ_l に対応して $f^{(l)}$ と $g^{(l)}$ が存在したとしよう．$g^{(l)}$ を $f^{(l')}$ で展開すれば $g^{(l)}=\sum_{l'=1}^{n}(f^{(l')}, \mathcal{M}g^{(l)})f^{(l')}$ となるが，(6.27)の証明と同様にして，$l'\neq l$ ならば $(f^{(l')}, \mathcal{M}g^{(l)})=0$ が成り立つゆえ $g^{(l)}=(f^{(l)}, \mathcal{M}g^{(l)})f^{(l)}$，すなわち $g^{(l)}$ は $f^{(l)}$ の定数倍である．

このようにして(6.18)の n 個の独立な解 $f^{(l)}\cdot\cos(\omega_l t+\beta_l)$ $(l=1, 2, \cdots, n)$ が求まった．ここで β_l は任意定数，また $\omega_l=\sqrt{\lambda_l}$ である．そしてこれらの1次結合

$$\eta=\sum_{l=1}^{n}A_l f^{(l)}\cdot\cos(\omega_l t+\beta_l) \tag{6.33}$$

もまた(6.18)の解となる．ここで A_l, β_l $(l=1, 2, \cdots, n)$ は $2n$ 個の任意定数であって，それゆえ(6.33)は連立微分方程式(6.18)の一般解を与える．なお上式において，$f^{(l)}$ は定数 A_l との積でかかれているので，解を与えるという目的だけからみれば，$f^{(l)}$ を規格化しておく必要はない．

以上は λ_l がすべて異なる場合であるが，次に縮退がある場合，つまり(6.22)が多重根をもつ場合を考察しよう．これは，(6.22)で与えられる n 次方程式の係数間に特定の関係があるときにのみ生ずるものである．そこで，$\mathcal{M}$ あるいは $\mathcal{V}$ の行列要素をわずかに変え，例えば $\mathcal{V}_{rs}$ の代りに $\mathcal{V}_{rs}+\epsilon v_{rs}$ $(v_{rs}=v_{sr})$ を用いてこの関係をこわし，すべての根が異なるようにしよう．ここで ϵ を十分小さくとっておけば，このように変更された行列に対しても正の定符号性が保証され，したがって(6.27), (6.33)が成立する．それゆえ $\epsilon\to 0$ の極根においても(6.27), (6.33)を満たすような1次独立な $f^{(l)}$ が存在することになり，これまでの議論はそのまま通用する．ただし $\lambda_{\bar{l}}$ が m 重根の場合，$\epsilon\neq 0$ で相異なる m 個の根が $\epsilon\to 0$ の極限では1つの $\lambda_{\bar{l}}$ となるわけであるから，$\lambda_{\bar{l}}$ に対応して m 個の1次独立な $f^{(\bar{l}j)}$ $(j=1, 2, \cdots, m)$ が存在することになる．

以上の議論によって，(6.18)の一般解を導くことができた．それは$f^{(l)}\cos(\omega_l t+\beta_l)$によって表わされる$n$個の独立な単振動の合成である．これらの単振動は方程式(6.18)に固有のものであり，その意味でこの方程式の**固有振動**(proper oscillation)とよばれる．そうして$\nu_l=\omega_l/2\pi$がl番目の固有振動の振動数，その周期は$T_l=1/\nu_l$となる．結局，(6.18)を解くということは，その固有振動をすべて導くという作業に他ならない．なお，この章の議論は，微小振動を扱っているので，(6.33)のA_lは任意だといってもすべて微小量である．実際

$$\begin{aligned}\Delta E &= \frac{1}{2}\{(\dot{\eta}, \mathcal{M}\dot{\eta})+(\eta, \mathcal{V}\eta)\} \\ &= \frac{1}{2}\{(\dot{\eta}, \mathcal{M}\dot{\eta})-(\eta, \mathcal{M}\ddot{\eta})\}\end{aligned} \tag{6.34}$$

に(6.33)を代入し(6.27)を用いると，微小エネルギーΔEは

$$\Delta E = \frac{1}{2}\sum_{l}\omega_l{}^2 A_l{}^2 \tag{6.35}$$

と表わされるからである．

系のラグランジアンはn次元ベクトルηを使えば(6.14), (6.16)により

$$L = \frac{1}{2}\{(\dot{\eta}, \mathcal{M}\dot{\eta})-(\eta, \mathcal{V}\eta)\} \tag{6.36}$$

とかかれる．ただし物理的に意味のない付加定数$V(\bar{q})$は落した．ここでηの代りに

$$\eta = \sum_{l=1}^{n}\zeta_l f^{(l)} \tag{6.37}$$

すなわち

$$\zeta_l = (f^{(l)}, \mathcal{M}\eta) \tag{6.38}$$

で定義される変数$\zeta_l\ (l=1, 2, \cdots, n)$を用い，(6.36)をかきかえるこ

とを試みよう．このとき(6.27)，(6.20)によれば

$$\left.\begin{aligned}(\dot\eta, \mathcal{M}\dot\eta) &= \sum_{l,l'=1}^{n} \dot\zeta_l \dot\zeta_{l'} (f^{(l')}, \mathcal{M}f^{(l)}) = \sum_{l=1}^{n} \dot\zeta_l{}^2 \\ (\eta, \mathcal{V}\eta) &= \sum_{l,l'}^{n} \zeta_l \zeta_{l'} (f^{(l')}, \mathcal{V}f^{(l)}) \\ &= \sum_{l,l'=1}^{n} \zeta_l \zeta_{l'} \omega_l{}^2 (f^{(l')}, \mathcal{M}f^{(l)}) = \sum_{l=1}^{n} \omega_l{}^2 \zeta_l{}^2 \end{aligned}\right\} \tag{6.39}$$

が成り立つ．したがって

$$L = \frac{1}{2}\sum_{l=1}^{n} (\dot\zeta_l{}^2 - \omega_l{}^2 \zeta_l{}^2) \tag{6.40}$$

となり，系は n 個の独立な調和振動子の集団を表わす．これは，すでに得られた一般解(6.33)の形からも明らかなことである．このようにして取り出された各調和振動子は**規格モード**(normal mode)とよばれ，またその運動を担う変数 ζ_l は**規格座標**(normal coordinate)とよばれる．

微小振動の簡単な応用例として，第2章2-3節の例2に述べた2重振り子の運動を考えてみよう．ただし式の複雑さを避けるために，以下 $m=m'$，$l=l'$ とする．平衡の位置は，(2.36)を用いて

$$\frac{\partial V}{\partial \varphi} = 2lmg \sin\varphi = 0, \qquad \frac{\partial V}{\partial \varphi'} = ml \sin\varphi' = 0 \tag{6.41}$$

より $\varphi=0, \pi$，$\varphi'=0, \pi$ となる．このうち $\varphi=\varphi'=0$ が安定平衡を与える．ここからのずれ φ, φ' を微小量とし

$$\eta = (\varphi, \varphi') \tag{6.42}$$

とすれば，$\mathcal{M}, \mathcal{V}$ は

$$\mathcal{M} = \begin{pmatrix} 2ml^2 & ml^2 \\ ml^2 & ml^2 \end{pmatrix}, \qquad \mathcal{V} = \begin{pmatrix} 2mlg & 0 \\ 0 & mlg \end{pmatrix} \tag{6.43}$$

これを用いて，(6.22)式すなわち

$$\begin{vmatrix} 2mlg - 2ml^2\lambda & -ml^2\lambda \\ -ml^2\lambda & mlg - ml^2\lambda \end{vmatrix} = 0 \tag{6.44}$$

からλを求めると，$\lambda_1=(g/l)(2+\sqrt{2})$，$\lambda_2=(g/l)(2-\sqrt{2})$の2根を得る．規格化された$f^{(1)}$は(6.20)および$(f^{(1)}, \mathcal{M}f^{(1)})=1$によって容易に求めることができ

$$f^{(1)} = c_1(1, -\sqrt{2}), \qquad c_1 \equiv \sqrt{2(2-\sqrt{2})ml} \tag{6.45}$$

を得る．同様にして

$$f^{(2)} = c_2(1, \sqrt{2}), \qquad c_2 \equiv \sqrt{2(2+\sqrt{2})ml} \tag{6.46}$$

このようにして2個の規格モードが導かれる．ここでのω_1, ω_2は

$$\omega_1 = \sqrt{(g/l)(2+\sqrt{2})}, \qquad \omega_2 = \sqrt{(g/l)(2-\sqrt{2})} \tag{6.47}$$

である．

演 習 問 題

6.1 直線上を運動する3個の質点の座標をx_1, x_2, x_3とし，その運動エネルギーとポテンシャル・エネルギーをそれぞれ

$$T = \frac{m}{2}(\dot{x}_1{}^2+\dot{x}_2{}^2)+m\dot{x}_3{}^2,$$

$$V = \frac{k}{2}\{(x_1-x_2)^2+(x_2-x_3)^2+(x_3-x_1)^2\} \qquad (m, k>0)$$

とする．時刻$t=0$において$x_2-x_1=x_3-x_2=l\,(>0)$および$\dot{x}_1=\dot{x}_2=\dot{x}_3=0$であったとき，$x_3-x_1$は時間の経過とともにどのように変化するか．

6.2 運動エネルギーおよびポテンシャル・エネルギーが

$$T = \frac{1}{2}(\dot{x}_1{}^2+\dot{x}_2{}^2+\dot{x}_3{}^2),$$

$$V = \frac{1}{2}\{x_1{}^2+x_2{}^2+x_3{}^2-2g(x_1x_2+x_2x_3+x_3x_1)\}$$

の系の固有振動の周期を求めよ．ただし$-1<g<1/2$とする．

6.3 質量mの質点が，自然長l，バネ定数kのn本のバネによって，正n角形の各頂点(中心からの距離はR)と結ばれている．この質点が正n角形の中心の近傍を運動するときの振舞を論ぜよ．ただし$l<R$とする．また質点の運動は3次元的に行なわれ，その際重力の影響およびバネの質量は無視できるとする．

6.4 演習問題3.6の系で，z軸のまわりの角運動量をlとするとき，循

環座標 ϕ を消去した修正ラグランジアンはどうなるか．この条件のもとで $\theta=\bar{\theta}$ (一定)の運動が実現したときの $\bar{\theta}$ のみたす式を求めよ．また l の値を一定に保ったまま $\bar{\theta}$ の近傍で θ が微小振動を行なうとき振動の周期はどうなるか．

6.5 質量 m の質点が中心力ポテンシャル $V=kr^{\alpha}$ $(\alpha>-2,\ k\alpha>0)$ のもとで，角運動量 l の円運動を行なうときの円軌道の半径を $\bar{r}$，軌道を一周する周期を T_1 とする．l を一定に保ったまま $\bar{r}$ の近傍で r が微小振動を行なうときの振動の周期を T_2 とすれば，T_2/T_1 は α の関数としてどのように表わされるか．

7　変分原理

7-1　ラグランジアンの任意性

オイラー・ラグランジュの方程式が運動方程式を正しく与えているならば，第5章の議論はいつでも成り立つことであって，運動量やエネルギーなどという保存量の解釈(これについては後に述べる)を別にすれば，ラグランジアンの形が $T-V$ に限定される必要はすこしもなかった．第4章の終りの議論もそうであったが，$T-V$ の形にかかれなくても，与えられた運動方程式を導くものというだけの広い意味で，ラグランジアンを考えた方が利点があるといえよう．

もちろん，このように定義をゆるめてみても任意の運動方程式に対し，常にラグランジアンが存在するとは限らない．図2.2に示されたような系や，あるいはもっと簡単な $m\ddot{\boldsymbol{r}}=a(\dot{\boldsymbol{r}}\times\boldsymbol{r})$ のような方程式を導くラグランジアンは存在しそうもないからである．ラグランジアンがないときは，各場合に応じて運動方程式をいかに工夫して解くかという個別的な問題が中心となり，すこし複雑な系になると見通しのよい議論を行なうことが著しく困難になる．特に，運動方程式だけからでは，次章以下に述べる正準形式との結びつきが薄れ，量子力学などの他分野への拡張が難しくなる．その意味でもラグランジアンの存在ははなはだ重要であって，前章のはじめに記したように，ここでは特に断りがない限り，上記の広い意味でのラグランジアンが存在するものとして話を進めることにする．

しかし，このようなゆるい条件のもとでは，ラグランジアンが存在したとしても一意的ではない．最も簡単な例としては $L(q, \dot{q}, t)$ とこれを定数倍した $L'(q, \dot{q}, t)=cL(q, \dot{q}, t)$ は，ラグランジアンとしてともに同一の運動方程式を導くからである．もっとも，この任意性は適当な約束によって除かれるかも知れないが，こればかりではなく，次のような変わった例も存在する．例えば，質量がともに m の2個の質点(その位置ベクトルは $\boldsymbol{r}_1, \boldsymbol{r}_2$)からなり，ポテンシャル・エネルギーが $\boldsymbol{r}_1-\boldsymbol{r}_2$ の関数 $V(\boldsymbol{r}_1-\boldsymbol{r}_2)$ であるような系を考えよう．このとき，ラグランジアンとして通常の $L=m(\dot{\boldsymbol{r}}_1{}^2+\dot{\boldsymbol{r}}_2{}^2)/2-V(\boldsymbol{r}_1-\boldsymbol{r}_2)$ のほかに，同じ運動方程式を与えるものとして

$$L' = m\dot{\boldsymbol{r}}_1\cdot\dot{\boldsymbol{r}}_2+V(\boldsymbol{r}_1-\boldsymbol{r}_2) \tag{7.1}$$

が存在し得ることは簡単な計算によって確かめられる．

あるいはまた，重力加速度 g の中を抵抗を受けて落下する質点の運動方程式 $m\ddot{x}+\gamma\dot{x}=mg\,(\gamma>0)$ は，下のいずれのラグランジアンからも導かれることを，直接の計算で示すことができる．それは難しい計算ではないので，読者が自ら試みていただきたい．

$$L = \left(\frac{m}{2}\dot{x}^2+gmx\right)\exp\left(\frac{\gamma t}{m}\right) \tag{7.2}$$

$$L' = \frac{g^2m^3}{\gamma^2}\left\{\exp\left(\frac{\gamma}{gm}\dot{x}+\frac{\gamma^2}{gm^2}x\right)-\frac{\gamma}{gm}\dot{x}-1\right\} \tag{7.3}$$

これらは，$\gamma\to0$ の極限でともに通常のラグランジアン $m(\dot{x}^2/2+gx)$ に移行する．この系では抵抗があるために，質点の落下に伴ってポテンシャル・エネルギーが減少しても，その分だけ運動エネルギーが増えるということはあり得ない．実際，時間が十分たてば質点の速度は一定値(終速度 $\gamma g/m$)に近づく．いわばエネルギーの散逸が起こるわけで，その意味では(7.2)のようにラグランジアンが t を陽に含むのは当然のことと思われるが，(7.3)にみるようなものも

存在する．これは t を陽に含まないために，われわれは(5.34)によって「エネルギー積分」を導くことができるが，上の理由からこの量をエネルギーとみなすわけにはいかない．このことはまた，(7.1)のラグランジアンに対してもいえることである．

同一の運動方程式に対して，多種類のラグランジアンが存在するような例は他にもいろいろ考えられようが(例えば演習問題7.1)，この中から特に正しいと思われるラグランジアンを選別することは果して可能であろうか．われわれが実験において観測の対象とし得るのは，系の運動だけである．これの観測が精密に行なわれれば運動方程式の適否の判定はもとより可能であるが，幾種類かのラグランジアンのうちどれがナンセンスかというような判断を行なうことは，導かれる運動方程式が同一のものである以上，不可能といわなければならない．いわば，このように与えられた系それ自身にだけ着目するかぎり，これらのラグランジアンはすべて同等の存在理由をもつものといえよう．

しかしながら，現実にはわれわれの対象とする系(S_I とかく)は，常に大きな系のほんの一部分である．S_I 以外のいわゆる外界の影響は，外力という形で S_I には一部考慮はされるものの，外界の振舞のほとんどは全く無視され，われわれはあたかも初めからそれが無いかのように，S_I を扱ってきたに過ぎないのである．このように，遠方の物理的な情況を完全に無視して，部分系の記述ができるという事実は，自然のもつ極めて基本的な性質であって，**クラスター性** (cluster property)と呼ばれる．例えば，(7.1)のラグランジアンは $|\boldsymbol{r}_1-\boldsymbol{r}_2|$ が十分大きい所でも正しいとしよう．このとき遠方からの力が相互に及ばないためには $|\boldsymbol{r}_1-\boldsymbol{r}_2|\to\infty$ で $V(\boldsymbol{r}_1-\boldsymbol{r}_2)\to\text{const.}$ となる必要がある．したがって $L'\to m\dot{\boldsymbol{r}}_1\cdot\dot{\boldsymbol{r}}_2$，これは一方の粒子の運動の記述に十分離れた他方の粒子の存在が無視できないことを意味し，クラスター性に反している．実際，両者が十分離れたとき，外部か

ら点 $\boldsymbol{r}_2$ だけに関連した作用がはたらいてラグランジアンに $\tilde{L}(\boldsymbol{r}_2)$ という項が加わった場合を想定すると，運動方程式はクラスター性をみたさない $m\ddot{\boldsymbol{r}}_1=\partial\tilde{L}(\boldsymbol{r}_2)/\partial\boldsymbol{r}_2$ を与えることになる．すなわち，外部を含めてその影響のあり方を考慮するならば，(7.1)の可能性は排除されなければならない．

われわれは以下において，外部の系の存在を無視して S_{I} のみを考慮の対象とした前述の議論の不備を，このような観点から補うことを試みよう．そのために，外界から部分系 S_{II} を適当にとり出し，S_{I} と S_{II} からなる系 $\mathrm{S}_{\mathrm{I+II}}$ を考えることにする．$\mathrm{S}_{\mathrm{I}}, \mathrm{S}_{\mathrm{II}}$ それぞれを記述する一般化座標を $q_r\,(r=1,2,\cdots,n)$，$\bar{q}_u\,(u=1,2,\cdots,\bar{n})$ とし，両者が十分隔たっているときのそれぞれのラグランジアンを $L_{\mathrm{I}}=L_{\mathrm{I}}(q,\dot{q},t)$，$L_{\mathrm{II}}=L_{\mathrm{II}}(\bar{q},\dot{\bar{q}},t)$ とかこう．このとき，クラスター性から合成系 $\mathrm{S}_{\mathrm{I+II}}$ のラグランジアンは $L_{\mathrm{I}}+L_{\mathrm{II}}$ としてよい．S_{II} を徐々に S_{I} に近づけると両者の間には一般に相互作用が生じてくる．この場合，互いに距離がある程度以上あり，相互作用があまり強くないときのラグランジアンを $L_{\mathrm{I+II}}$ として，われわれは次の形を仮定しよう．これは経験則である．

$$L_{\mathrm{I+II}} = L_{\mathrm{I}}+L_{\mathrm{II}}+L_{\mathrm{int}} \tag{7.4}$$

ここで，L_{int} は**相互作用ラグランジアン**(interaction Lagrangian)とよばれ，時刻 t における $\mathrm{S}_{\mathrm{I}}, \mathrm{S}_{\mathrm{II}}$ 双方の座標変数と関係する．以下では簡単のために L_{int} は $q_r(t)$，$\bar{q}_u(t)$ の関数とするが，これらの1階の時間微分を含んでいてもかまわない．ただしクラスター性のた

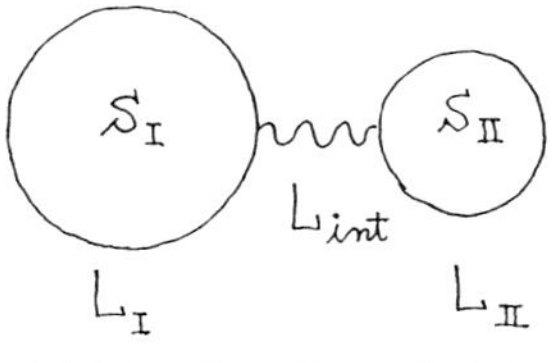

図 7.1　S_{I} と S_{II} の合成系

めに，S_{I} と S_{II} が十分に隔たった極限では $L_{\mathrm{int}}=0$ とならなければならない．(7.4)には，全体を定数倍して各ラグランジアンを定義しなおすという任意性が残されている．

そこで基準を1つ設け，互いの間に相互作用をもたない N 個の質点系のラグランジアン $L^{(N)}$ は

$$L^{(N)} = \sum_{a=1}^{N} \frac{m_a}{2} \dot{\boldsymbol{r}}_a{}^2 \tag{7.5}$$

であると約束する．これは(5.34)を用いれば，このような系の経験的に確立したエネルギーの表式が，このラグランジアンから導かれるからである．

話を単純化するために，L_{II} として $L^{(N)}$ をとってみよう．このとき，さきの仮定により L_{int} は q_r と $\boldsymbol{r}_a$ の関数 $L_{\mathrm{int}}(q, \boldsymbol{r})$ となり，運動方程式は

$$\frac{d}{dt}\frac{\partial L_{\mathrm{I}}(q, \dot{q}, t)}{\partial \dot{q}_r} - \frac{\partial L_{\mathrm{I}}(q, \dot{q}, t)}{\partial q_r} = \frac{\partial L_{\mathrm{int}}(q, \boldsymbol{r})}{\partial q_r} \tag{7.6}$$

$$m_a \ddot{\boldsymbol{r}}_a = \frac{\partial L_{\mathrm{int}}(q, \boldsymbol{r})}{\partial \boldsymbol{r}_a} \tag{7.7}$$

とかかれる．これを解けば，実験との比較によって，L_{I} が正しく選ばれているかどうかを(同時に L_{int} についても)判定することが可能となる．$S_{\mathrm{I}}, S_{\mathrm{II}}$ の運動を与える初期値の集合をそれぞれ $\{c_{\mathrm{I}}\}, \{c_{\mathrm{II}}\}$ とかくと，(7.6)の解はこれらを用いて

$$q_r = q_r(\{c_{\mathrm{I}}\}, \{c_{\mathrm{II}}\}, t) \tag{7.8}$$

と表わすことができる．ここでは S_{II} を考慮した結果，S_{I} の運動について $\{c_{\mathrm{II}}\}$ の情報が新たに加わっていることに注意しよう．N を大きくすればその情報量は増大する．さて，(7.6)と同一の式をみたす系 S_{I} のラグランジアンがただ1つではなく，さらに $L_{\mathrm{I}}'(q, \dot{q}, t)$ が存在したとしよう．このとき

$$F(q, \dot{q}, t) \equiv L_{\mathrm{I}}'(q, \dot{q}, t) - L_{\mathrm{I}}(q, \dot{q}, t) \tag{7.9}$$

によってFを定義すると，(7.6)より

$$\frac{d}{dt}\frac{\partial F}{\partial \dot{q}_r}-\frac{\partial F}{\partial q_r}=0 \tag{7.10}$$

が成り立つことは直ちにわかる．これはq_rに対する方程式ではない．方程式ならば，解は初期値$\{c_{\mathrm{I}}\}$によって一意的に決定するはずであるが，(7.10)の左辺に入っているq_rはすでに(7.8)によって与えられ，$\{c_{\mathrm{II}}\}$の自由度をも含んでいる．つまり(7.10)は，$\{c_{\mathrm{I}}\}$ばかりでなくさまざまな$\{c_{\mathrm{II}}\}$の値をもつq_rに対しても成立しており，しかもNは勝手であるから，方程式というよりは，むしろ恒等式としての意味しかもち得ないものである．われわれはそのようなFを求めることにしよう．まず(7.10)を

$$\sum_{s=1}^{n}\frac{\partial^2 F}{\partial \dot{q}_r \partial \dot{q}_s}\ddot{q}_s+\sum_{s=1}^{n}\frac{\partial^2 F}{\partial q_s \partial \dot{q}_r}\dot{q}_s+\frac{\partial^2 F}{\partial t \partial \dot{q}_r}-\frac{\partial F}{\partial q_r}=0 \tag{7.11}$$

とかきかえると，2階微分$\ddot{q}_s$が現われるのは第1項のみであるからその係数は0，すなわち$\partial^2 F/\partial \dot{q}_s \partial \dot{q}_r=0$となって

$$F=A(q,t)+\sum_r B_r(q,t)\dot{q}_r \tag{7.12}$$

を得る．これを(7.10)に代入すると

$$\sum_{s=1}^{n}\left(\frac{\partial B_r}{\partial q_s}-\frac{\partial B_s}{\partial q_r}\right)\dot{q}_s+\frac{\partial B_r}{\partial t}-\frac{\partial A}{\partial q_r}=0 \tag{7.13}$$

これも恒等式であるから$\dot{q}_s$の係数は0，そこで$t=q_0$，$A=B_0$とかくならば，(7.13)は

$$\frac{\partial B_i}{\partial q_j}=\frac{\partial B_j}{\partial q_i} \qquad (i,j=0,1,2,\cdots,n) \tag{7.14}$$

となり，したがってB_iは$B_i=\partial W(q,t)/\partial q_i$と表わすことができる(付録参照)．この結果を(7.12)に用いると$F=dW(q,t)/dt$，これは$W(q,t)$のいかんに関せず恒等的に(7.10)を満足する．よって(7.9)から

$$L_{\mathrm{I}}' = L_{\mathrm{I}} + \frac{d}{dt}W(q, t) \tag{7.15}$$

このようにして，$\mathrm{S_I}$ を正しく記述するラグランジアンが1つみつかれば，許されるラグランジアンの任意性は $dW(q,t)/dt$ なる項をこれに加え得るだけであることがわかった．

われわれは，L_{II} や L_{int} の形をある程度理想化して議論を行なったが，このような制限をはずしても(7.10)は成立するので，したがって $dW(q,t)/dt$ の任意性を除去することはできない．あとでわかるように，除去不能なこの種の任意性の存在が理論の展開に重要な役割をもつことになる．

以上の議論は，外界から $\mathrm{S_I}$ に刺激を与えそれに対する応答をみることによって，$\mathrm{S_I}$ のラグランジアンを選定しようとするものであるが，エネルギーの定義もまた外界との関連において行なわれる．それをみるために $W(q,t)$ を適当にとったとき，(7.15)の L_{I}' が t を陽に含まない形になったとしよう．この L_{I}' を単に $L_{\mathrm{I}}(q, \dot{q})$ とかけば，(7.4)の $L_{\mathrm{I+II}}$ に(5.34)を用いることができて

$$\left(\sum_r \frac{\partial L_{\mathrm{I}}}{\partial \dot{q}_r}\dot{q}_r - L_{\mathrm{I}}\right) + \sum_{a=1}^{N} \frac{m_a}{2}\dot{\boldsymbol{r}}_a{}^2 - L_{\mathrm{int}}(q, \boldsymbol{r}) = \text{定数} \tag{7.16}$$

が導かれる．ここでは L_{int} が時間を陽に含まないことが前提とされるが，同時にこの項は第1項や第2項に比べ0ではないが無視できる程度に小さいものとしよう．十分時間がたつと，この微小な L_{int} を通して，第2項の $\mathrm{S_{II}}$ のエネルギーは増加または減少するが，右辺にみるように全体が一定のために，その分だけが第1項に流入し，あるいはそこから流出することになる．それゆえ，もし第1項を $\mathrm{S_I}$ のエネルギーとみなすならば，全エネルギーの保存が保証される．

既知のエネルギーと一緒になり全体として保存する量は，過去においてすべてエネルギーと考えられてきた．熱エネルギーがそうで

あり，電磁波のエネルギーもそうであった．その意味で(7.16)の第1項は，たとえ L_{I} が $T-V$ という形をとらなくても，上記の意味で正しく選ばれているかぎり，系 $\mathrm{S_I}$ のもつ全エネルギーとして理解されるべき量なのである．なお，W が t を陽に含まないならば，L_{I} に dW/dt を加えても，(5.34)から求めたエネルギーの表式は変わらないことに注意しよう．これは自分で確かめていただきたい．

全く同様の理由により，正しく選ばれたラグランジアンが(dW/dt の付加項は適当にとったとして)，3次元座標の平行移動，または回転で不変ならば，これに対応するネーターの保存量は，それぞれ $\mathrm{S_I}$ の全運動量，または全角運動量とよぶことができる．

このようにしてわれわれは，系の一般化された意味での全エネルギー，全運動量，全角運動量の表式に到達することができる．

7-2 ハミルトンの原理

問題にしようとする系の運動方程式を，でき得るかぎり普遍的な原理から導き出し，運動法則を統一的に理解しようとする試みは，19世紀ヨーロッパにおける解析力学の展開過程で，種々行なわれた．そのなかでも，ここに述べるハミルトンの原理は最も基本的とみなされるものである．

われわれの議論は，ニュートンの運動方程式から出発してオイラー・ラグランジュの方程式に到達するという経路をたどったが，ラグランジアンがまず与えられていれば，ニュートンの法則にとらわれることなく，これを用いてオイラー・ラグランジュの方程式を系の運動方程式としてかき下すことができる．解析力学の論理が古典力学の枠を超えて適用できるためには，このようにラグランジアンを出発点にとった方が都合がよい．しかしそのような場合，与えられたラグランジアンとオイラー・ラグランジュの方程式を結ぶ論理は，いったいどのように考えたらよいのであろうか．特に前節にみたように，ラグランジアンには $dW(q,t)/dt$ という項をつけ加える任意性が常に存在する．議論はこの項の有無に左右されるものであってはならない．

まず，われわれは(5.18)に着目しよう．オイラー・ラグランジュの方程式を得るためには，右辺第1項の括弧の部分が0になる論理を見つけなければならない．(5.12)式のすぐあとで，$q(t)$は任意に選ばれた t_1 から t_2 にいたる時間間隔内で定義された関数であると述べたが，ここでわれわれはこの時間間隔にわたって(5.18)の両辺を積分してみよう．

$$\int_{t_1}^{t_2}\delta L dt = -\sum_r \int_{t_1}^{t_2} dt\left(\frac{d}{dt}\frac{\partial L(q(t),\dot{q}(t),t)}{\partial \dot{q}_r(t)} - \frac{\partial L(q(t),\dot{q}(t),t)}{\partial q_r(t)}\right)\delta q_r(t)$$
$$+\sum_r\left(\frac{\partial L(q(t_2),\dot{q}(t_2),t_2)}{\partial \dot{q}_r(t_2)}\delta q_r(t_2) - \frac{\partial L(q(t_1),\dot{q}(t_1),t_1)}{\partial \dot{q}_r(t_1)}\delta q_r(t_1)\right) \tag{7.17}$$

ここで t_1, t_2 において $\delta q_r(t)$ のとる値に制限を加え

$$\delta q_r(t_1) = \delta q_r(t_2) = 0 \qquad (r=1,2,\cdots,n) \tag{7.18}$$

とおくならば，(7.17)右辺の第2項は0となって

$$\int_{t_1}^{t_2}\delta L dt = -\sum_r \int_{t_1}^{t_2} dt\left(\frac{d}{dt}\frac{\partial L(q(t),\dot{q}(t),t)}{\partial \dot{q}_r(t)} - \frac{\partial L(q(t),\dot{q}(t),t)}{\partial q_r(t)}\right)\delta q_r(t) \tag{7.19}$$

を得る．このとき $q_r(t)$ がオイラー・ラグランジュの方程式をみたしていれば明らかに

$$\int_{t_1}^{t_2}\delta L dt = 0 \tag{7.20}$$

逆に(7.18)に従う任意の $\delta q_r(t)$ に対して，(7.20)が常に成り立つならば，$q_r(t)$ はオイラー・ラグランジュの方程式をみたさなければな

らないことが，次のようにして容易に分かる．まず $t_1<t<t_2$ における $\delta q_r(t)$ として，$r\neq 1$ のときは $\delta q_r(t)=0$，また微小量 ϵ に対し $\bar{t}$ を $t_1<\bar{t}<\bar{t}+\epsilon<t_2$ をみたす任意の時刻として

$$\delta q_1(t)\begin{cases}\neq 0 & (\bar{t}<t<\bar{t}+\epsilon)\\ =0 & (t_1<t\leqq\bar{t},\ \text{または}\ \bar{t}+\epsilon\leqq t<t_2)\end{cases} \tag{7.21}$$

としてみよう．このとき，(7.19)，(7.20) より

$$\epsilon\left(\frac{d}{dt}\frac{\partial L(q(t),\dot{q}(t),t)}{\partial\dot{q}_1(t)}-\frac{\partial L(q(t),\dot{q}(t),t)}{\partial q_1(t)}\right)\bigg|_{t=\bar{t}}=0 \tag{7.22}$$

となり，ϵ を落せば，これは q_1 に対する(時刻 $\bar{t}$ における)オイラー・ラグランジュの方程式に他ならないことが分かる．そうして同様のことを $r=2,3,\cdots,n$ に対しても行なえば，t_1,t_2 間の任意の時刻におけるオイラー・ラグランジュの方程式が完全に導かれることは明らかである．

(7.20) の意味を明確にするために，われわれは

$$S_{12}\equiv\int_{t_1}^{t_2}dt\,L(q(t),\dot{q}(t),t) \tag{7.23}$$

なる量を導入しよう．S_{12} の値は，時刻 t_1 から t_2 にいたるまでの $q_r(t)$ の関数形を与えることにより，それに応じて決定される*)．いいかえれば，t が t_1 から t_2 まで変化したとき，配位空間の点 $\mathrm{P}(t)=(q_1(t),\ q_2(t),\cdots,q_n(t))$ は始点 $\mathrm{P}_1=\mathrm{P}(t_1)$ と終点 $\mathrm{P}_2=\mathrm{P}(t_2)$ を結ぶ曲線を描くが，これを C_{12} と記すならば，S_{12} はこのような C_{12} の関数となる．ここで2点 $\mathrm{P}_1,\mathrm{P}_2$ を固定したまま C_{12} の形を勝手に無限小だけ変化させよう(図7.2)．そのときの S_{12} の変化を δS_{12} とかくならば，(7.20) は

$$\delta S_{12}=0 \tag{7.24}$$

と表わすことができる．すなわち，オイラー・ラグランジュの方程

---

*) このように関数形を変数とするような関数は一般に，**汎関数**(functional)とよばれる．

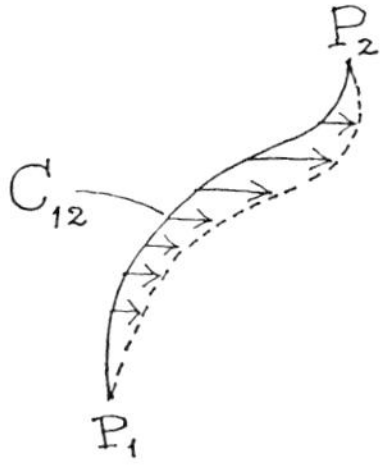

図 7.2

式が成立するための必要十分条件は，曲線 C_{12} の変化に対して S_{12} が停留値をとることである．δS_{12} を S_{12} の**変分**(variation)という．

S_{12} は通常，**作用積分**(action integral)または単に**作用**(action)とよばれる．そうして(7.24)は，それが成立する場合に限り現実の運動が保証されるということから，自然記述の原理の1つとみなされ，**ハミルトン**(W. R. Hamilton, 1805–1865)**の原理**とよばれている．

S_{12} の代りに，これに $q_r(t_2), q_r(t_1)$ の関数を加えた，$S_{12}'=S_{12}+R(q(t_2), q(t_1), t_2, t_1)$ を用いてもよいことは，(7.18)の結果

$$\delta R = \sum_{r=1}^{n}\left(\frac{\partial R}{\partial q_r(t_1)}\delta q_r(t_1)+\frac{\partial R}{\partial q_r(t_2)}\delta q_r(t_2)\right) = 0 \qquad (7.25)$$

となって，$\delta S_{12}'=\delta S_{12}$ が成り立つことから理解される．しかし R は全く勝手ではない．t_1 と t_2 の間に時刻 t_3 をとると，S_{12} は t_1 から t_3 までと，t_3 から t_2 までのそれぞれの作用積分 S_{13}, S_{32} の和として $S_{12}=S_{13}+S_{32}$ とかかれる．同様にして $S_{12}'=S_{13}'+S_{32}'$ でなければならないから，結局 R のみたす式として

$$R(q(t_2), q(t_1), t_2, t_1) = R(q(t_2), q(t_3), t_2, t_3)+R(q(t_3), q(t_1), t_3, t_1) \qquad (7.26)$$

が要求されるが，これが勝手な t_1, t_2, t_3 に対して成り立つことを考慮すれば

$$R(q(t_2), q(t_1), t_2, t_1) = W(q(t_2), t_2)-W(q(t_1), t_1) \qquad (7.27)$$

を得る．すなわち

$$S_{12}' = S_{12} + \int_{t_1}^{t_2} dt \frac{d}{dt} W(q(t), t) \tag{7.28}$$

となって，R の任意性は前節で導かれたラグランジアンに対する付加項 dW/dt の任意性に帰着することが分かる．

ハミルトンの原理の応用として，第5章5-1節で扱った循環座標の消去の問題を考えてみよう．q_1 を循環座標とし，(5.3) で与えられる $\dot{q}_1$ を (5.18) に代入して両辺を t_1 から t_2 まで積分すると

$$\int_{t_1}^{t_2} \delta\langle L\rangle dt = -\sum_{s=2}^{n} \int_{t_1}^{t_2} dt \left\langle \frac{d}{dt}\frac{\partial L}{\partial \dot{q}_s} - \frac{\partial L}{\partial q_s} \right\rangle \delta q_s$$
$$+ c(\delta q_1(t_2) - \delta q_1(t_1)) + \sum_{s=2}^{n} \left\langle \frac{\partial L}{\partial \dot{q}_s} \right\rangle \delta q_s \bigg|_{t_1}^{t_2} \tag{7.29}$$

ここで右辺第1項で $s=1$ の項が 0 になったのは (5.1) によるものであり，また第2項では (5.2) が用いられた．ここでは (5.3) があるために，(7.19) に対応して $\delta q_s(t_1) = \delta q_s(t_2) = 0$ $(s=2, 3, \cdots, n)$ としたときに，同時に $\delta q_1(t_1) = \delta q_1(t_2) = 0$ とおくことはできない．実際，(5.3) の両辺を t_1 から t_2 まで積分して変分をとると

$$\delta q_1(t_2) - \delta q_1(t_1) = \int_{t_1}^{t_2} \delta f(q_2, \cdots, q_n, \dot{q}_2, \cdots, \dot{q}_n, t) dt \tag{7.30}$$

となる．そこでこれを (7.29) に代入しよう．その結果は

$$\int_{t_1}^{t_2} \delta(\langle L\rangle - cf) dt = -\sum_{s=2}^{n} \int_{t_1}^{t_2} dt \left\langle \frac{d}{dt}\frac{\partial L}{\partial \dot{q}_s} - \frac{\partial L}{\partial q_s} \right\rangle \delta q_s$$
$$+ \sum_{s=2}^{n} \left\langle \frac{\partial L}{\partial \dot{q}_s} \right\rangle \delta q_s \bigg|_{t_1}^{t_2} \tag{7.31}$$

したがって，q_1 を消去し，$q_2, q_3, \cdots, q_n$ を独立変数としたときの運動方程式 (5.4) は，$\delta q_s(t_1) = \delta q_s(t_2) = 0$ $(s=2, 3, \cdots, n)$ の条件のもとで，$\int_{t_1}^{t_2} dt(\langle L\rangle - cf)$ が停留値をとる場合にかぎり導かれることが分かる．すなわち，修正ラグランジアンとして (5.7) が用いられなければ

ばならない.

ついでに，ラグランジアンは q_1 を含んでいるが，$\dot{q}_1$ を含まない場合を考えてみよう．このとき q_1 に対するオイラー・ラグランジュの方程式 $\partial L/\partial q_1=0$ を q_1 について解くことができて，$q_1=g(q_2, \cdots, q_n, \dot{q}_2, \cdots, \dot{q}_n, t)$ となったとしよう．これを代入して q_1 を消去したものを，ここでも $\langle\cdots\rangle$ とかくことにすると，(5.18)は

$$\delta\langle L\rangle = -\sum_{s=2}^{n}\left\langle\left(\frac{d}{dt}\frac{\partial L}{\partial \dot{q}_s}-\frac{\partial L}{\partial q_s}\right)\right\rangle\delta q_s+\frac{d}{dt}\left\{\sum_{s=2}^{n}\left\langle\frac{\partial L}{\partial \dot{q}_s}\right\rangle\delta q_s\right\} \tag{7.32}$$

となる．それゆえ運動方程式は，$\delta q_s(t_1)=\delta q_s(t_2)=0$ $(s=2, 3, \cdots, n)$ の条件のもとで $\int_{t_1}^{t_2} dt\langle L\rangle$ が停留値をとること，すなわち今度は $\langle L\rangle$ を修正ラグランジアンとして採用することによって導かれる.

［注］ 汎関数の極大・極小，あるいは停留値を求める問題は変分法といわれ，ベルヌイ兄弟(Jakob Bernoulli, 1654–1705; Johann Bernoulli, 1667–1748)やオイラーの研究にその端を発している．なかでもベルヌイ(弟)によって提出され(1696)，彼自身やニュートンあるいはライプニッツ(G. W. F. von Leibniz, 1646–1716)によって解かれたといわれる最速降下線(brachistchrone)の問題は有名である．それは，図7.3のように y 軸方向を向いた一様な重力加速度 g の中を，定点 $\mathrm{O}=(0, 0)$ から $\mathrm{P}=(\bar{x}, \bar{y})$ (ただし $\bar{x}, \bar{y}\geqq 0$) まで，滑らかな曲線 $y=f(x)$ に沿って落下する質点を考え，その初速度を 0 と

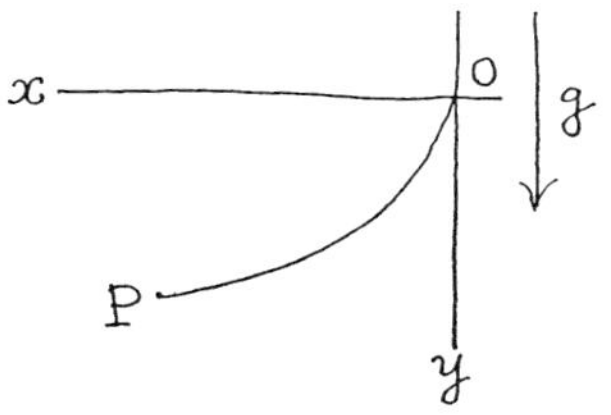

図 7.3 最速降下線

するとき，OからPに至る時間$\bar{t}$を最短ならしめる$f(x)$を求めることであった．

解答はこれまでの議論を用いれば容易に求められる．$f'\equiv df/dx$とすれば，この系での運動エネルギーは$\dot{y}=\dot{x}f'$を考慮すると$T=m(\dot{x}^2+\dot{y}^2)/2=m\dot{x}^2(1+f'^2)/2$，ポテンシャル・エネルギーは$V=-mgf$で与えられる．初速度ゼロの仮定により$T+V=0$となるから，$\dot{x}=\sqrt{2gf/(1+f'^2)}$，よって

$$\bar{t}=\frac{1}{\sqrt{2g}}\int_0^{\bar{x}}dx\sqrt{\frac{1+f'^2}{f}} \tag{7.33}$$

ここで$\delta\bar{t}=0$となる$f(x)$を求めればよい．$f(x), f'(x)$はそれぞれこれまでの議論の$q(t), \dot{q}(t)$に，また(7.33)の被積分関数はラグランジアンに対応する．しかもそこにはxが陽に含まれておらず，(5.34)を用いることができて

$$f'\frac{\partial}{\partial f'}\sqrt{\frac{1+f'^2}{f}}-\sqrt{\frac{1+f'^2}{f}}=-\frac{1}{A}\quad（定数） \tag{7.34}$$

それゆえ

$$\frac{df}{dx}=\sqrt{\frac{A^2-f}{f}} \tag{7.35}$$

となって，

$$x=\int_0^y df\sqrt{\frac{f}{A^2-f}} \tag{7.36}$$

を得る．ここで$f=A^2\sin^2(\theta/2)$とおくと，上式は容易に積分できて，求める曲線はθをパラメータとしてサイクロイド

$$x=\frac{A^2}{2}(\theta-\sin\theta),\qquad y=f(x)=\frac{A^2}{2}(1-\cos\theta) \tag{7.37}$$

を描くことが分かる．このときA^2は曲線が点$(\bar{x},\bar{y})$を通るという条件で決定され，解は一意的となる．これが最大値ではなく，最小値を与えることはほとんど自明であろう．

$\bar{x}, \bar{y}$ に対応した θ を $\bar{\theta}$ と記すと，(7.33)は

$$\bar{t} = \frac{|A|}{\sqrt{2g}}\bar{\theta} \tag{7.38}$$

とかくことができる．特に $\bar{y}=0$ であれば $\bar{\theta}=2\pi$ となって $\bar{t}=2\pi|A|/\sqrt{2g}$，これは当然のことながらサイクロイド振り子(第2章2-3節，例4)の周期の1/2になっている．

7-3 力学変数としての時間と最小作用

7-1, 7-2節の議論から，作用積分 S_{12} は，(7.27)の形の付加項の任意性を除けば，一意的に与えられるものである．したがって与えられた t_1, t_2 に対し，S_{12} の値を変えないような変数変換は同一の物理的内容を記述する．第5章5-2節で扱った点変換はその一例であるが，ここでは今までパラメータとして扱ってきた時間 t を力学変数にかき換えることを試みよう．

そのために，新たにパラメータ τ を導入し，t は τ の関数として，第0番目の変数とみなし

$$t = q_0(\tau) \tag{7.39}$$

とかくことにする．その結果 $q_r(t)\,(r=1, 2, \cdots, n)$ も τ をパラメータとして表わすことができる．$t_j=q_0(\tau_j)\,(j=1, 2)$ とし，$\dot{q}_r=(dq_r/d\tau)/(dq_0/d\tau)$ を考慮すれば，

$$\begin{aligned} S_{12} &= \int_{t_1}^{t_2} dt L(q, \dot{q}, t) \\ &= \int_{\tau_1}^{\tau_2} d\tau \frac{dq_0}{d\tau} L(q, (dq/d\tau)/(dq_0/d\tau), q_0) \end{aligned} \tag{7.40}$$

となるから，τ をパラメータとしたときのラグランジアンを $\bar{L}$ とかけば

$$\bar{L} = \frac{dq_0}{d\tau} L(q, (dq/d\tau)/(dq_0/d\tau), q_0) \tag{7.41}$$

を得る．読者は，これから得られるオイラー・ラグランジュの方程式

$$\frac{d}{d\tau}\frac{\partial\bar{L}}{\partial(dq_u/d\tau)}-\frac{\partial\bar{L}}{\partial q_u}=0 \qquad (u=0,1,2,\cdots,n) \qquad (7.42)$$

が通常の(2.28)と同一の内容をもつことを，一方から他方を導くことによって，容易に確かめることができるであろう．また(7.41)は τ を陽に含まないので，(5.34)を応用すると $\sum_{u=0}^{n}\partial\bar{L}/\partial(dq_u/d\tau)\cdot dq_u/d\tau-\bar{L}$ が新しい定数を与えるかに見えるが，実際に計算してみるとこの量は恒等的に0になり，ここからは何の情報も得られないことが分かるであろう．これも難しい計算ではないので自分で確かめていただきたい．

さて，L が t を陽に含まない場合，すなわち $\bar{L}$ が

$$\bar{L}=\frac{dq_0}{d\tau}L(q,(dq/d\tau)/(dq_0/d\tau)) \qquad (7.43)$$

の場合を考えよう．このとき q_0 は循環的となるから $\partial\bar{L}/\partial(dq_0/d\tau)$ は定数である．それを計算すると

$$\begin{aligned}\frac{\partial\bar{L}}{\partial(dq_0/d\tau)}&=L+\sum_{r=1}^{n}\frac{dq_0}{d\tau}\cdot\frac{\partial L(q,\dot{q})}{\partial\dot{q}_r}\cdot\frac{\partial}{\partial(dq_0/d\tau)}\left(\frac{dq_r}{d\tau}\Big/\frac{dq_0}{d\tau}\right)\\&=L-\sum_{r=1}^{n}\frac{\partial L(q,\dot{q})}{\partial\dot{q}_r}\dot{q}_r=-E \qquad (7.44)\end{aligned}$$

すなわち，エネルギー積分にマイナスを付したものとなる．そこでこの条件を用いれば循環座標 q_0 を消去した修正ラグランジアン $\hat{\bar{L}}=\langle\bar{L}\rangle-(-E)(dq_0/d\tau)$ を求めることができるはずである．

それを具体的に行なうために運動エネルギー，ポテンシャル・エネルギーがそれぞれ $T=\sum_{r,s=1}^{n}a_{rs}(q)\dot{q}_r\dot{q}_s/2$，$V=V(q)$ の場合を考えてみよう．このとき $T+V=E$ であるから(7.44)は

$$\sum_{r,s}\frac{a_{rs}(q)(dq_r/d\tau)(dq_s/d\tau)}{2(dq_0/d\tau)^2}+V=E \qquad (7.45)$$

となる．他方，(7.43)より

$$\bar{L}-(-E)\frac{dq_0}{d\tau}=\frac{dq_0}{d\tau}\left\{\frac{\sum_{r,s}a_{rs}(dq_r/d\tau)(dq_s/d\tau)}{2(dq_0/d\tau)^2}+(E-V)\right\} \tag{7.46}$$

それゆえ，これに(7.45)を用いれば $dq_0/d\tau$ は消去できて

$$\hat{L}=\sqrt{2(E-V)\sum_{r,s}a_{rs}(dq_r/d\tau)(dq_s/d\tau)} \tag{7.47}$$

が導かれる．そしてこのラグランジアンに対するハミルトンの原理は，

$$A_{12}\equiv\int_{\tau_1}^{\tau_2}d\tau\sqrt{2(E-V)\sum_{r,s}a_{rs}(dq_r/d\tau)(dq_s/d\tau)} \tag{7.48}$$

とするとき

$$\delta A_{12}=0 \tag{7.49}$$

によって与えられる．もちろん，ここで条件 $\delta q_r(\tau_1)=\delta q_r(\tau_2)=0$ $(r=1,2,\cdots,n)$ は仮定されている．

われわれは，配位空間における2点 $(q_1,q_2,\cdots,q_n)$，$(q_1+dq_1,q_2+dq_2,\cdots,q_n+dq_n)$ 間の“距離” ds を

$$ds\equiv\sqrt{2(E-V)\sum_{r,s}a_{rs}dq_rdq_s} \tag{7.50}$$

で定義することにしよう．$\mathrm{P}_j=(q_1(\tau_j),q_2(\tau_j),\cdots,q_n(\tau_j))$ $(j=1,2)$ として $q_r(\tau)$ $(r=1,2,\cdots,n)$ が $\mathrm{P}_1,\mathrm{P}_2$ を通る曲線 C をつくるときに，(7.48)の積分 A_{12} は，P_1 から P_2 まで C に沿った積分 $\int_{\mathrm{P}_1}^{\mathrm{P}_2}ds$ で表わされ，これは $\mathrm{P}_1,\mathrm{P}_2$ 間の C の“長さ”に等しい．その結果，運動方程式の解として配位空間内につくられる P_1 から P_2 にいたる軌道は，(7.49)によってその“長さ”が停留値となるような曲線を描くということができる*)．

*) このような曲線は幾何学では**測地線**(geodesics)とよばれている．

停留値は多くの場合最小値となるので(7.49)はしばしば**最小作用の原理**(least action principle)とよばれている．しかしいつでも最小値が現われるとは限らないことに注意しよう．例えば，滑らかな球面上に束縛され外力を受けずに運動する質点を考えると，これは大円上を等速運動するはずである．実際，球の半径を a，ラグランジュの未定乗数を λ とすれば，運動方程式は $\boldsymbol{r}^2=a^2$ の条件のもとで $m\ddot{\boldsymbol{r}}=\lambda\boldsymbol{r}$，これと $\boldsymbol{r}$ とのベクトル積をつくると $d(\boldsymbol{r}\times\dot{\boldsymbol{r}})/dt=0$ となり，$\boldsymbol{l}$ を定数ベクトルとして $(\boldsymbol{r}\times\dot{\boldsymbol{r}})=\boldsymbol{l}$ を得る．よって $\boldsymbol{l}\cdot\boldsymbol{r}=0$，すなわち $\boldsymbol{r}$ は球の中心を通る平面と球面との交線上にあり，角運動量 $m\boldsymbol{l}$ が一定のことから，これは大円上の等速運動となる．他方 ds は，今の場合，通常の微小距離 $\sqrt{dx^2+dy^2+dz^2}$ に比例する．そして球面上の2点 $\mathrm{P}_1, \mathrm{P}_2$ を結ぶ2つの大円弧のうち，小さい方は確かに $\mathrm{P}_1, \mathrm{P}_2$ 間の最短距離を与えるが，もう一方はそうではない．このときは極大でも極小でもない停留値をとるのである．すなわち(7.49)に従う軌道は，必ずしも A_{12} を最小にはしていないことが分かる．

$T+V=E$ を考慮すれば $2(E-V)dt^2=\sum_{r,s}a_{rs}dq_rdq_s$，よって $ds=2(E-V)dt=2Tdt$．それゆえ $a_{rs}=a_{sr}$ とみなせることを用いて，

$$p_r\equiv\frac{\partial L}{\partial\dot{q}_r}=\sum_s a_{rs}\dot{q}_s \tag{7.51}$$

とするならば，(7.50)は $ds=\sum_r p_rdq_r$ とかかれる．したがって(7.49)はまた，$T+V=E$ の条件のもとで

$$\delta\int_{\mathrm{P}_1}^{\mathrm{P}_2}\sum_r p_rdq_r\equiv\delta\int_{\tau_1}^{\tau_2}d\tau\sum_r p_r\frac{dq_r}{d\tau}=0 \tag{7.52}$$

と表わすこともできる．歴史的には積分 $\int_{\mathrm{P}_1}^{\mathrm{P}_2}\sum_r p_rdq_r$ が作用と命名され，(7.52)が最小作用の原理とよばれたが，現在では作用という言葉は(7.23)の S_{12} や(7.48)の A_{12} に対しても用いられる*).

---

*) 最小作用の原理は，1744年モーペルチュイ(P. L. M. de Maupertius, 1698–1759)によって最初に発見されたといわれるが，その内容は神学的色彩を帯びた

関係式(7.24), (7.49)あるいは(7.52)にみられるように，自然界における運動はある量が停留値をとる場合にかぎり実現される．この事実は自然記述における極めて基本的な原理とみなされ，**変分原理**(variational principle)とよばれている．類似の法則はすでに幾何光学におけるフェルマ(P. de Fermat, 1601-1665)の原理，「光は最小の時間に到達し得るような径路を進む」にもみられることはよく知られている．

演 習 問 題

7.1 下のラグランジアン L_1, L_2 はともに同一の運動方程式を与えることを示せ．ただし $b \neq 0$.

$$L_1(x, \dot{x}) = (\dot{x}^2 - b^2)e^{-2ax}, \qquad L_2(x, \dot{x}) = be^{ax}\sqrt{\dot{x}^2 + b^2}$$

また，L_1, L_2 それぞれから(5.34)によって与えられる保存量の間にはどのような関係があるかを調べよ．

7.2 $a_{rs}, b_r\ (r, s = 1, 2, \cdots, n)$, V を $q_1, q_2, \cdots, q_n$ の関数とし，ラグランジアンが

$$L = \frac{1}{2}\sum_{r,s=1}^{n} a_{rs}\dot{q}_r\dot{q}_s + \sum_{r=1}^{n} b_r\dot{q}_r - V$$

で与えられたとき，エネルギー積分 E が一定という条件のもとでの変分原理はどのように表わされるか．

7.3 円錐面上に滑らかに束縛された質点の運動を論ぜよ．

7.4 運動エネルギーが $(1/2)\sum_{r,s=1}^{n} a_{rs}\dot{q}_r\dot{q}_s$, $(1/2)\sum_{r,s=1}^{n} b_{rs}\dot{q}_r\dot{q}_s$ であるような2つの力学系のそれぞれのポテンシャル・エネルギーを U, V とするとき，双方の系がともに同一の軌道を与えたとする．つまり両者において全エネルギーや速度は異なるかも知れないが，$q_1, q_2, \cdots, q_n$ の間には常に同じ関係が成り立つとする．このとき $\alpha, \beta, \gamma, \delta$ を定数として

$$V = \frac{\alpha U + \beta}{\gamma U + \delta}, \qquad \sum_{r,s=1}^{n} b_{rs}dq_r dq_s = (\gamma U + \delta)\sum_{r,s=1}^{n} a_{rs}dq_r dq_s$$

であることを示せ．ただし V, U, a_{rs}, b_{rs} はいずれも $q_1, q_2, \cdots, q_n$ の関数で

目的論で，(7.52)のような明確な形のものではなかったらしい．しかしオイラーはつとにその重要性に着目していたという．

ある.

7.5 x–y 平面内において，質量 m の質点にはたらくポテンシャル・エネルギーは y 座標のみの関数 $mU(y)$ ($U(y)$ は m とは無関係) で与えられるとする．このようなポテンシャルのもとで，両端を固定された一様なひも (伸び縮みはなく太さは無視できるとする) が静止しているとき，ひものもつ全ポテンシャル・エネルギーが最小になるという条件から，ひもの曲線 $y=y(x)$ は，A, B を定数として次式を満足することを示せ.

$$\left(\frac{dy}{dx}\right)^2 = \{A+BU(y)\}^2-1$$

また，$U=gy$ (g: 重力加速度) のときは曲線の形はどうなるか*).

7.6 滑らかな水平面 (x–y 面) 上をポテンシャル $V(y)$ の影響をうけて運動する質点がある．この質点が，座標原点を初速度 0 で出発し，ある曲線上に束縛されて運動して，第 1 象限内の定点 P に達するまでの時間を T とする．この T を最小にするような曲線が，$y=kx^{2/3}$ $(k>0)$ の形になったとすると，$V(y)$ は y のどのような関数となるか．ただし $V(0)=0$ とする.

---

*) この曲線は**懸垂線** (catenary) とよばれる.

8 ハミルトン形式

これまでの話はラグランジアンを中心として展開されてきた．このような理論形式は**ラグランジュ形式**(Lagrange's form)とよばれて解析力学の1つの柱をなすものであるが，以後の章においてはもう1つの柱である**ハミルトン形式**(Hamilton's form)または**正準形式**(canonical form)とよばれる理論形式が論じられる．解析力学の骨組の叙述はこれでほぼ完了するが，理論的整備はいちだんと進められて単なる力学理論としての枠内だけにとどまらずに，量子論や相対性理論など他分野の理論を把握するための基盤が，この作業を通じて用意されることになる．

8-1 ハミルトンの方程式

オイラー・ラグランジュの方程式は一般に q_r の2階の時間微分 $\ddot{q}_r$ を含んでいる．系の時間的な変化を追いかける上で，これはあまり便利ではない．そこで見かけ上変数の数を増やして1階微分だけを含む方程式にかきかえることを試みよう．例えばラグランジアンが $L=(\dot{q}^2-\omega^2q^2)/2$ の調和振動子の方程式 $\ddot{q}=-\omega^2q$ に対しては，新変数 p を $p=\dot{q}$ で与え，これと組にして方程式 $\dot{p}=-\omega^2q$ を考えればよいことが分かる．

これを一般化するために，q_r に対応して p_r を(7.51)と同様に

$$p_r = \frac{\partial L(q, \dot{q}, t)}{\partial \dot{q}_r} \qquad (r=1, 2, \cdots, n) \tag{8.1}$$

で定義しよう．ただし(7.51)では $L=T-V$ の形が前提とされていたが，ここでは L についてのそのような制限はない．p_r は通常の運動量の一般化にあたるので**一般化運動量**(generalized momentum)，あるいは q_r に共役な正準運動量(canonical momentum conjugate to q_r)，または単に**正準運動量**(canonical momentum)などといわれる．

ラグランジュ形式では，任意の与えられた時刻 t において $q_1, q_2, \cdots, q_n$，$\dot{q}_1, \dot{q}_2, \cdots, \dot{q}_n$ を一般に独立にとることができたが，調和振動子の例にならい，これらに代る時刻 t における独立変数として $q_1, q_2, \cdots, q_n$，$p_1, p_2, \cdots, p_n$ を用いることを考える．われわれはここで，(8.1)は $\dot{q}_r\ (r=1, 2, \cdots, n)$ について解くことができ，それぞれが $q_r, p_r\ (r=1, 2, \cdots, n)$ の関数(時間 t を陽に含んでいてもよい)として表わされるものと仮定しよう．これができるためには

$$\det\left(\frac{\partial^2 L}{\partial \dot{q}_r \partial \dot{q}_s}\right) \neq 0 \tag{8.2}$$

が $L(q, \dot{q}, t)$ に対して要求される．

$q_r, p_r\ (r=1, 2, \cdots, n)$ は，ハミルトン形式における基本的な変数で，**正準変数**(canonical variables)とよばれている．条件(8.2)をみたさないようなラグランジアンは，**特異ラグランジアン**(singular Lagrangian)といわれ，このときには正準変数の間に関係式が存在することになって，それらを互いに独立にはとれなくなる．特異ラグランジアンに基づく正準形式は1950年代にディラック(P. A. M. Dirac, 1902-1984)によって展開された．これは重力場の正準形式などを考える上で不可欠の理論であるが，その入門的解説は第11章で述べることにし，以下では(8.2)は成り立つものとして話を進める．

時刻 t における $q_r, \dot{q}_r\,(r=1,2,\cdots,n)$ から $q_r, p_r\,(r=1,2,\cdots,n)$ に移行するために

$$H(q,p,t) \equiv \sum_r p_r\dot{q}_r - L(q,\dot{q},t) \tag{8.3}$$

を導入しよう．左辺の H は**ハミルトン関数**(Hamilton function)または**ハミルトニアン**(Hamiltonian)とよばれ，右辺の $\dot{q}_r$ を $q_s, p_s\,(s=1,2,\cdots,n)$ の関数としてかきかえることによって得られる．L が前章7-1節の意味で正しく選ばれており t を陽に含まなければ，$H(q,p)$ は(5.33)によって保存量となり，多くの場合*)系の全エネルギーとしての意味をもたせることができる．さて，t において $q_r, \dot{q}_r$ を独立に無限小だけ変化させて，$q_r \to q_r+\delta q_r$，$\dot{q}_r \to \dot{q}_r+\delta\dot{q}_r\,(r=1,2,\cdots,n)$ としよう．この変化に対応した p_r, H の変化を $p_r \to p_r+\delta p_r$，$H \to H+\delta H$ とかけば，(8.3)から

$$\begin{aligned}\delta H &= \sum_r \left\{(\delta p_r\cdot\dot{q}_r + p_r\cdot\delta\dot{q}_r) - \frac{\partial L}{\partial q_r}\delta q_r - \frac{\partial L}{\partial \dot{q}_r}\delta\dot{q}_r\right\} \\ &= \sum_r \left(\dot{q}_r\delta p_r - \frac{\partial L}{\partial q_r}\delta q_r\right)\end{aligned} \tag{8.4}$$

を得る．ここで(8.1)を用いた．正準変数はここでは独立であるから，(8.4)から直ちに

$$\dot{q}_r = \frac{\partial H}{\partial p_r}, \qquad \frac{\partial L}{\partial q_r} = -\frac{\partial H}{\partial q_r} \qquad (r=1,2,\cdots,n) \tag{8.5}$$

が成り立つことが分かる．これは，H の定義から得られた恒等式にすぎず，特に第1式は(8.1)を $\dot{q}_r$ について解いた式になっている．

ここで，q_r はオイラー・ラグランジュの方程式を満たしているとしよう．そのとき(8.5)の第2式の左辺は $\dfrac{d}{dt}\left(\dfrac{\partial L}{\partial \dot{q}_r}\right)$，すなわち $\dot{p}_r$ に等しくなり，その結果(8.5)は q_r, p_r の時間微分が1階であるような

---

*) 外界との接触によってエネルギーを定義するために導入した(7.4)の L_{int} が t を陽に含まない場合.

運動方程式

$$\dot{q}_r = \frac{\partial H}{\partial p_r}, \qquad \dot{p}_r = -\frac{\partial H}{\partial q_r} \qquad (r=1,2,\cdots,n) \tag{8.6}$$

にかきかえられる．(8.6)は**ハミルトンの運動方程式**(Hamilton's equation of motion)あるいは単に**ハミルトンの方程式**(Hamilton equation)という．

逆にハミルトンの方程式(8.6)を出発点にとるとどうであろうか．われわれは(8.6)の第1式からp_rを解いてこれをq_sと$\dot{q}_s$($s=1,2,\cdots,n$)の関数として表わそう．そのためにはもちろん

$$\det\left(\frac{\partial^2 H}{\partial p_r \partial p_s}\right) \neq 0 \tag{8.7}$$

が成り立つことが要求される．ここでラグランジアンを

$$L(q,\dot{q},t) \equiv \sum_r p_r \dot{q}_r - H(q,p,t) \tag{8.8}$$

で定義しよう．この式はHの定義に用いた(8.3)に他ならない．q_rとp_rを時刻tにおける独立変数として$\delta q_r, \delta p_r$だけ変化させ，それに応じて$\dot{q}_r$が$\delta\dot{q}_r$だけ変わるものとすると，(8.8)から

$$\begin{aligned}
&\sum_r \left(\frac{\partial L}{\partial q_r}\delta q_r + \frac{\partial L}{\partial \dot{q}_r}\delta \dot{q}_r\right) \\
&= \sum_r \left(\delta p_r \cdot \dot{q}_r + p_r \delta \dot{q}_r - \frac{\partial H}{\partial q_r}\delta q_r - \frac{\partial H}{\partial p_r}\delta p_r\right) \\
&= \sum_r \left(p_r \delta \dot{q}_r - \frac{\partial H}{\partial q_r}\delta q_r\right)
\end{aligned} \tag{8.9}$$

ここで(8.6)の第1式をつかった．したがってδq_rおよび$\delta \dot{q}_r$の両辺におけるそれぞれの係数を等置し，(8.6)の第2式を用いれば

$$p_r = \frac{\partial L}{\partial \dot{q}_r}, \qquad \dot{p}_r = \frac{\partial L}{\partial q_r} \tag{8.10}$$

が導かれる．そしてここに得られた第1式に時間微分をほどこし，第2式を用いて$\dot{p}_r$を消去すれば，直ちにオイラー・ラグランジュの

方程式が与えられる．すなわち，条件(8.2)，(8.7)のもとで，ハミルトンの方程式は，(8.3)または(8.8)を媒介として，オイラー・ラグランジュの式と同等であることが分かる．

このようにしてラグランジアンからハミルトニアンを，逆にまたハミルトニアンからラグランジアンをつくることができる．

例をあげておこう．

(1) 運動エネルギー $T=(m/2)\dot{\boldsymbol{r}}^2$，ポテンシャル・エネルギーが $V=V(r)$（ただし $r=|\boldsymbol{r}|$）の系のラグランジアンを極座標で表わすと

$$L=\frac{m}{2}(\dot{r}^2+r^2\dot{\theta}^2+r^2\sin^2\theta\cdot\dot{\varphi}^2)-V(r) \tag{8.11}$$

それゆえ，p_r, p_θ, p_φ をそれぞれ r, θ, φ に共役な正準運動量とするとき，(8.1)から

$$p_r=m\dot{r}, \quad p_\theta=mr^2\dot{\theta}, \quad p_\varphi=mr^2\sin^2\theta\cdot\dot{\varphi} \tag{8.12}$$

これを $\dot{r}, \dot{\theta}, \dot{\varphi}$ について解いて，(8.3)の右辺に対応した $p_r\dot{r}+p_\theta\dot{\theta}+p_\varphi\dot{\varphi}-L$ に代入すれば，ハミルトニアンは

$$H(r,\theta,\varphi,p_r,p_\theta,p_\varphi)=\frac{1}{2m}\left(p_r{}^2+\frac{p_\theta{}^2}{r^2}+\frac{p_\varphi{}^2}{r^2\sin^2\theta}\right)+V(r) \tag{8.13}$$

となる．

(2) ラグランジアンが

$$L(q,\dot{q})=\frac{1}{2}\sum_{r,s}a_{rs}(q)\dot{q}_r\dot{q}_s-V(q) \tag{8.14}$$

の場合には $p_r=\sum_s a_{rs}\dot{q}_s$ となり，これを $\dot{q}_r$ について解いて $\dot{q}_r=\sum_r a^{-1}{}_{rs}p_s$ を得る．ここに $a^{-1}=(a^{-1}{}_{rs})$ は $a=(a_{rs})$ の逆マトリックスで，これが存在するためには $\det(a_{rs})\neq 0$ でなければならないが，この条件はちょうど(8.2)に対応する．このとき系のハミルトニアンは(8.3)によって

$$H(q, p) = \frac{1}{2}\sum_{r,s} a^{-1}{}_{rs}(q)\dot{p}_r\dot{p}_s + V(q) \tag{8.15}$$

(3) 電磁気学において，ベクトル・ポテンシャル $\boldsymbol{A}(\boldsymbol{r}, t)$ およびスカラー・ポテンシャル $\phi(\boldsymbol{r}, t)$ の影響を受けて運動する電荷 e，質量 m の粒子のハミルトニアンは，粒子の位置およびそれに共役な運動量のベクトルをそれぞれ $\boldsymbol{r}, \boldsymbol{p}$ とするとき，

$$H(\boldsymbol{r}, \boldsymbol{p}, t) = \frac{1}{2m}\left(\boldsymbol{p} - \frac{e}{c}\boldsymbol{A}(\boldsymbol{r}, t)\right)^2 + e\phi(\boldsymbol{r}, t) \tag{8.16}$$

で与えられることが知られている．ここで c は光速を表わす定数である．(8.6) の第1式から

$$\dot{\boldsymbol{r}} = \frac{1}{m}\left(\boldsymbol{p} - \frac{e}{c}\boldsymbol{A}(\boldsymbol{r}, t)\right) \tag{8.17}$$

これを (8.8) の右辺に対応した $\boldsymbol{p}\cdot\dot{\boldsymbol{r}} - H$ に用いて，$\boldsymbol{p}$ を消去すれば，ラグランジアン

$$L(\boldsymbol{r}, \dot{\boldsymbol{r}}, t) = \frac{m}{2}\dot{\boldsymbol{r}}^2 + \frac{e}{c}\dot{\boldsymbol{r}}\cdot\boldsymbol{A}(\boldsymbol{r}, t) - e\phi(\boldsymbol{r}, t) \tag{8.18}$$

を得る．

8-2 相空間

正準変数 $q_1, q_2, \cdots, q_n$，$p_1, p_2, \cdots, p_n$ が座標成分であるような $2n$ 次元空間は，**相空間**(phase space) とよばれる．ハミルトンの方程式の時刻 t における解 $q_r(t), p_r(t)\ (r=1, 2, \cdots, n)$ は相空間の1点として与えられ，時間の経過とともにこの空間内を移動する．最も簡単な例として，この章の 8-1 節のはじめに述べた調和振動子を考えてみよう．このときのハミルトンの方程式

$$\dot{q} = p, \qquad \dot{p} = -\omega^2 q \qquad (\omega > 0) \tag{8.19}$$

の解は，$A\,(\geqq 0)$ と β を定数として $q = A\sin(\omega t + \beta)$, $p = \omega A\cos(\omega t + \beta)$ で与えられ，$(q/A)^2 + (p/\omega A)^2 = 1$ となって相空間の中に楕円軌

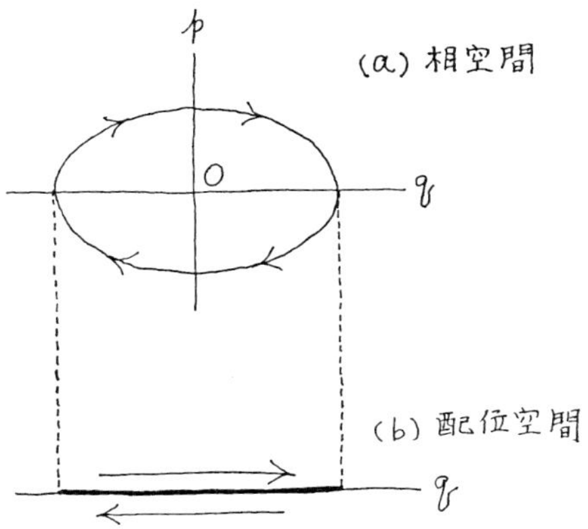

図 8.1 相空間と配位空間

道をつくる(図 8.1(a)).

これに対してラグランジュ形式では，配位空間はこの場合 1 次元であって，解 $q=A\sin(\omega t+\beta)$ のそこでの振舞は，相空間の軌道を q 軸に射影したものになり(図 8.1(b))，線分上を往復する周期 $2\pi/\omega$ の運動を示す．他方，相空間においては，ω の情報はすでに楕円の形(p 方向および q 方向それぞれの楕円の軸の長さの比)に含まれており，これを知るために軌道上の点の時間的な変化を追いかける必要はない．また系の全エネルギーは $\omega^2A^2/2$ であって，楕円の面積の ω/π 倍である．このように相空間では運動を表わす空間の次元数が増えたために，そこでの(静的な)図形に含まれる情報量もまた増えているといえる．

このことは，系の状態の記述には，配位空間に比して相空間の方が適切であることを示している．実際，正準形式においては，ある時刻でのすべての物理量はその時刻における正準変数を用いてかかれているので，相空間内の 1 点を指定さえすれば対応する系の状態についての知識は完全に与えられる．これに対し，配位空間内の 1

点が指定されても，物理量はq_rの他に一般には$\dot{q}_r$を含むので，その時刻での系の情報をこれだけから完全に引き出すことはできないのである．

ハミルトンの方程式が時間について1階微分であることにより，時刻tから$t+\Lambda$までの相空間内の軌道を次のようにして追いかけることができる．Nを十分大きな整数としてΛをN等分して

$$\epsilon = \frac{\Lambda}{N} \tag{8.20}$$

とし，時刻$t+\epsilon k$ ($k=0, 1, \cdots, N$)における物理量$F(t+\epsilon k)$を単に$F^{(k)}$と記すことにする．ϵは十分小さいから，ϵ^2の大きさの項は無視できて，われわれはハミルトンの方程式を

$$\left.\begin{aligned} q_r^{(k+1)} &= q_r^{(k)} + \epsilon\left(\frac{\partial H}{\partial p_r}\right)^{(k)} \\ p_r^{(k+1)} &= p_r^{(k)} - \epsilon\left(\frac{\partial H}{\partial q_r}\right)^{(k)} \end{aligned}\right\} \tag{8.21}$$

とかくことができる．その結果，時刻$t+\epsilon k$における相空間内の点$q_r^{(k)}, p_r^{(k)}$は，微小時間ϵ後には一意的に点$q_r^{(k+1)}, p_r^{(k+1)}$に移行することが分かる．それゆえ，この過程を次々と繰り返しその際通過した点$q_r^{(k)}, p_r^{(k)}$($k=0, 1, 2, \cdots, N$)をkの大きさの順につないでいけば，$N\to\infty$の極限では$q_r(t), p_r(t)$を初期値とする1つの軌道が形成されて，これによりハミルトン方程式の解が一意的に実現されることになる．初期値を変えれば，それに応じてさまざまな軌道が与えられるが，大切なことはこれらの軌道は同時刻では決して交わらないことである*)．実際，もし交わったとするならば，その交点を初期値とする軌道は二様になり，上述の軌道の一意性に反することになる．

相空間内の軌道のもつもう1つの著しい特徴は，**リウヴィル**(J.

*) Hがtを陽に含んでいなければ異なる時刻においても交わることはない．

Liouville, 1809-1882)**の定理**に見られる．その証明は第9章9-2節の終りの部分で与えられるが，定理がどんなものかをここで述べておこう．

時刻tにおいて相空間の中に有限の広がりをもった$2n$次元の領域を任意に考えよう．これをD_0とかくと，D_0の各点は時間の経過とともにハミルトンの方程式に従って移動し，時刻$t+\lambda$には領域D_λを占めたとする(図8.2)．このときD_λの体積は，λの値が変わっても一定に保たれる．

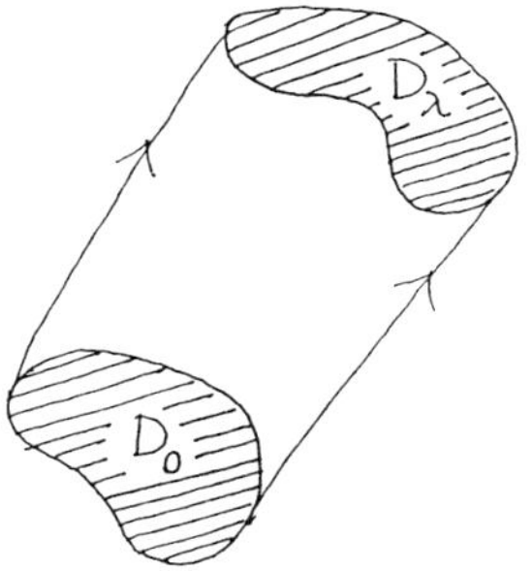

図8.2 リウヴィルの定理

これがリウヴィルの定理であるが，また次のようにいうこともできる．P点の近傍に分布する相空間内の点の密度をn_Pとするとき，Pが近傍の点とともにハミルトンの方程式に従って移動してもn_Pは不変に保たれる．

すなわちここには，$2n$次元空間における非圧縮流体の運動が見られる．

8-3 ポアソン括弧

正準形式を論ずる際の重要な道具に，ポアソン(S. D. Poisson, 1781-1840)の括弧式がある．

A, B はともに正準変数 q_r, p_r $(r=1, 2, \cdots, n)$ の関数とするとき, A と B がつくる**ポアソン括弧**(Poisson bracket)$[A, B]$ を次式で定義する.

$$[A, B] \equiv \sum_r \left(\frac{\partial A}{\partial q_r}\frac{\partial B}{\partial p_r} - \frac{\partial B}{\partial q_r}\frac{\partial A}{\partial p_r}\right) \qquad (8.22)$$

このとき次の関係が成立する.

(i) $$[A, B] = -[B, A] \qquad (8.23)$$

(ii) λ_1, λ_2 を正準変数を含まない量とするとき

$$[A, \lambda_1 B + \lambda_2 C] = \lambda_1[A, B] + \lambda_2[A, C] \qquad (8.24)$$

(iii) $$[AB, C] = A[B, C] + [A, C]B \qquad (8.25)$$

(iv) $$[[A, B], C] + [[B, C], A] + [[C, A], B] = 0 \qquad (8.26)$$

(i), (ii), (iii) は定義(8.22)を用いて, 容易に導かれる. (iv)は**ヤコビ**(C. G. J. Jacobi, 1804-1851)**の恒等式**といわれるもので, この計算は少々長くなるが(8.22)の機械的な適用によって証明することができる.

ポアソン括弧を使うとハミルトンの方程式は

$$\dot{q}_r = [q_r, H], \qquad \dot{p}_r = [p_r, H] \qquad (8.27)$$

とかくことができる. また, $F(q, p, t)$ の時間微分は

$$\begin{aligned}\frac{d}{dt}F(q, p, t) &= \sum_r \left(\frac{\partial F}{\partial q_r}\dot{q}_r + \frac{\partial F}{\partial p_r}\dot{p}_r\right) + \frac{\partial F}{\partial t} \\ &= \sum_r \left(\frac{\partial F}{\partial q_r}\frac{\partial H}{\partial p_r} - \frac{\partial F}{\partial p_r}\frac{\partial H}{\partial q_r}\right) + \frac{\partial F}{\partial t} \\ &= [F, H] + \frac{\partial F}{\partial t} \qquad (8.28)\end{aligned}$$

ここで, 第1行右辺から第2行への移行において, $\dot{q}_r, \dot{p}_r$ の消去に(8.6)を用いた. 特に F が時間を陽に含んでいなければ

$$\frac{dF}{dt} = [F, H] \qquad (8.29)$$

が成り立つ. したがって, このとき F と H のつくるポアソン括弧

が0であれば，F は保存量となる．

演 習 問 題

8.1 ラグランジアン $L=\frac{m}{2}\left(\dot{q}^2-\frac{\omega^2}{m}q^2\right)\exp[\gamma t/m]$ $(\gamma, m>0)$ からオイラー・ラグランジュの方程式を導き，$q, \dot{q}$ の $t=0$ での初期値をそれぞれ 0, v (>0) として，この方程式を解け．このとき，$q, \dot{q}$，正準運動量 p，およびハミルトニアン H は，t の増加とともにどのように変化するかを調べよ．

8.2 ハミルトニアンが $H=\frac{1}{2}p^2-apq$ (a: 正の定数)のときのハミルトンの方程式を解け．また $t=0$ で相空間における円 $q^2+p^2=R^2$ の上にある点は，この場合時間の経過に伴いどのような曲線上の点に移行するか．

8.3 q_1, q_2, p_1, p_2 を正準変数とし，ハミルトニアンが

$$H=\frac{1}{2A}(p_1{}^2+p_1p_2+p_2{}^2)+B_1p_1+B_2p_2+C$$

のとき，ラグランジアンを $q_1, q_2, \dot{q}_1, \dot{q}_2$ の関数として与えよ．ただし，$A>0$ で，しかも A, B_1, B_2, C はいずれも q_1, q_2 の関数とする．

8.4 ラグランジアン $L=\frac{1}{2}\dot{q}^2-k|q|$ (k: 定数)において，全エネルギー $E>0$ のときの相空間の軌跡を調べよ．

8.5 A, B を時刻 t における正準変数 $q_1, q_2, \cdots, q_n, p_1, p_2, \cdots, p_n$，および t の関数とするとき，

$$\frac{d}{dt}[A, B]=\left[\frac{dA}{dt}, B\right]+\left[A, \frac{dB}{dt}\right]$$

が成り立つことを示せ．

8.6 (i) ハミルトニアン $H(q, p)$ が t を陽に含んでおらず，また $F(q, p, t)$ が保存量であれば，$\partial F/\partial t$ も保存量であることを示せ．(ii) 一例としてハミルトニアンが $H=\frac{p^2}{2m}+mgq$ であるような重力加速度 g のもとでの落下運動を考えよう．このとき $F=q-pt/m-gt^2/2$ は保存量であって，したがって $\partial F/\partial t$ もそうなっていることを運動方程式を用いて確かめよ．

9　正準変換

9-1　ハミルトン形式での変分原理

ラグランジュ形式では点変換 $q_r \to q_r' = q_r'(q, t)\ (r=1, 2, \cdots, n)$ を行ない，ラグランジアンを扱い易い形に変形することができた．類似のことを，ハミルトン形式での $2n$ 個の変数について行なうことを考えよう．そのためにまず，$2n$ 個の変数 $q_r, p_r\ (r=1, 2, \cdots, n)$ を用いて変分原理を適用したとき，その停留値から得られる運動方程式がちょうどハミルトンの方程式となるようなラグランジアン $\tilde{L}$ を導入しよう．もちろんこの $\tilde{L}$ から変数 p_r を消去したものは，最初のラグランジアン $L(q, \dot{q}, t)$ に同等なものとならなければならない．そのようなものとして，われわれは(8.8)の右辺を採用することができる．

$$\tilde{L}(q, \dot{q}, p, t) = \sum_r p_r \dot{q}_r - H(q, p, t) \tag{9.1}$$

実際，q_r, p_r を変数とみなして，$\tilde{L}$ からオイラー・ラグランジュの方程式をつくれば，それがハミルトンの方程式(8.6)になることは容易にわかる．しかも(9.1)は $\dot{p}_r$ を含まない．したがって，(7.32)式の前後で行なった議論により，$p_r\ (r=1, 2, \cdots, n)$ に関するオイラー・ラグランジュの方程式つまり(8.6)の第1式を p_r について解き，(9.1)に代入すれば p_r を消去したラグランジアン $\langle\tilde{L}\rangle$ が得られる．

これは(8.8)の左辺の $L(q,\dot{q},t)$ に他ならない．すなわち，われわれは $L(q,\dot{q},t)$ と同等なものとして(9.1)を用いることができる*)．

もちろん(9.1)は一意的ではなく，物理的にこれと同等なラグランジアンとして dW/dt を加えたものも許される(第7章7-1節)．ここでは，W は q_r, p_r の関数 $W=W(q,p,t)$ である．$\tilde{L}$ と $\tilde{L}+dW/dt$ は物理的には同等であるが，注意すべきことは，W が p_r を含んでいるとき後者には p_r とともに $\dot{p}_r$ も含まれることになるので，$q_r, \dot{q}_r$ でかかれた非特異なラグランジアンにもはやそのままでは戻れなくなっていることである．その意味でこれからの議論は，第7章までに述べたラグランジュ形式の枠内では扱えない．

(9.1)をこのように一般化した上で，われわれは変数変換

$$\left.\begin{aligned} q_r &\to Q_r=Q_r(q,p,t) \\ p_r &\to P_r=P_r(q,p,t) \end{aligned}\right\} \tag{9.2}$$

を導入する．正確には，(9.2)の q_r, p_r, Q_r, P_r は $q_r(t), p_r(t), Q_r(t), P_r(t)$ であって，これは時刻 t における変換である．異なる時刻の量の間の変換ではないことに注意しよう．また(9.2)の逆変換 $Q_r \to q_r = q_r(Q,P,t)$, $P_r \to p_r = p_r(Q,P,t)$ の存在は，これまで変換を考えるときにはいつでもそうであったように，ここでも前提とされている．Q_r, P_r をもってかかれたラグランジアンは $\tilde{L}(q,\dot{q},t)+dW(q,p,t)/dt$ を逆変換の式を用いてかきかえたものである．そのときこれから導かれる運動方程式は，ある適当に選ばれた $K(Q,P,t)$ をハミルトニアンとするようなハミルトンの方程式

$$\dot{Q}_r = \frac{\partial K(Q,P,t)}{\partial P_r}, \qquad \dot{P}_r = -\frac{\partial K(Q,P,t)}{\partial Q_r} \tag{9.3}$$

であると仮定しよう．これは，上記の変数変換を行なってもハミルトンの方程式のもつ利点が失われないための仮定である．(9.3)を

*) ただし $\tilde{L}$ は q_r, p_r を変数とする特異ラグランジアンである．

与えるようなラグランジアンは，(9.1)において$p_r, \dot{q}_r, H(q, p, t)$の代りにそれぞれ$P_r, \dot{Q}_r, K(Q, P, t)$を用いたものである．それゆえ，恒等式として

$$\sum_r p_r\dot{q}_r - H(q, p, t) + \frac{d}{dt}W(q, p, t) = \sum_r P_r\dot{Q}_r - K(Q, P, t) \tag{9.4}$$

が成り立たなければならない．もちろん，右辺に$dV(Q, P, t)/dt$のような項を加えてもよいが，変数をq_r, p_rにかきかえて左辺に移行すれば，結局(9.4)に帰着する．ところで，$\dot{Q}_r$は

$$\dot{Q}_r = \sum_s\left(\frac{\partial Q_r}{\partial q_s}\dot{q}_s + \frac{\partial Q_r}{\partial p_s}\dot{p}_s\right) + \frac{\partial Q_r}{\partial t} \tag{9.5}$$

とかくことができる．これを(9.4)に代入し，両辺の$\dot{q}_r, \dot{p}_r$の係数を較べると

$$p_r + \frac{\partial W}{\partial q_r} = \sum_s P_s\frac{\partial Q_s}{\partial q_r}, \qquad \frac{\partial W}{\partial p_r} = \sum_s P_s\frac{\partial Q_s}{\partial p_r} \tag{9.6}$$

$$H - \frac{\partial W}{\partial t} + \sum_r P_r\frac{\partial Q_r}{\partial t} = K(Q, P, t) \tag{9.7}$$

が得られる．(9.6)は新変数P_r, Q_rのみたすべき式であり，(9.7)はそのようなP_r, Q_rとWを用いてKを与える式である．Hがエネルギーを表わすとき，$H \neq K$であれば，新ハミルトニアンKがtを陽に含んでいなくても，これをエネルギーとみなすことはもちろんできない．また(8.7)に対応して$\det(\partial^2 K/\partial P_r\partial P_s) \neq 0$が成り立つべしという保証はどこにもない．それゆえ，$\tilde{L}(Q, \dot{Q}, t)$の形にかかれたラグランジアンが常に存在するということはできないのである．実際あとでみるようにハミルトン・ヤコビの理論では$K=0$となる．

(9.6), (9.7)はやや形が悪いので，われわれはWの代りに次式で定義される$G(q, p, t)$を用いることにしよう．

$$G \equiv -2W + \sum_r (Q_r P_r - q_r p_r) \tag{9.8}$$

このとき，(9.6)は

$$\left.\begin{aligned} \frac{\partial G}{\partial q_r} &= p_r - \sum_s \left(\frac{\partial Q_s}{\partial q_r} P_s - \frac{\partial P_s}{\partial q_r} Q_s\right) \\ \frac{\partial G}{\partial p_r} &= -q_r - \sum_s \left(\frac{\partial Q_s}{\partial p_r} P_s - \frac{\partial P_s}{\partial p_r} Q_s\right) \end{aligned}\right\} \tag{9.9}$$

また，(9.7)は

$$K(Q, P, t) = H(p, q, t) + \frac{1}{2}\sum_r \left(\frac{\partial Q_r}{\partial t} P_r - \frac{\partial P_r}{\partial t} Q_r\right) + \frac{1}{2}\frac{\partial G}{\partial t} \tag{9.10}$$

とかくことができる．

Q_r, P_r $(r=1, 2, \cdots, n)$はハミルトンの方程式(9.3)に従うので，これらも正準変数とよぶことにしよう．そしてP_rをQ_rに共役な正準運動量とよぶことにする．さきに述べたように，変換のあとではラグランジアン$\tilde{L}(Q, \dot{Q}, t)$が存在するという保証がない．それゆえQ_rに共役な運動量をこのようなラグランジアンの$\dot{Q}_r$微分で定義することは一般に不可能である．われわれはラグランジアンに戻ることなしに正準運動量P_rをハミルトンの方程式における符号からQ_rと相対的に決めることにする．この意味で例えば，$-q_r$はp_rに共役な運動量ということになる．

正準変数から正準変数への変換を**正準変換**(canonical transformation)という．これまでの議論からこれは次のように定義してよい．

「変数変換(9.2)が正準変換であるとは，(i) 逆変換が存在し，(ii) (9.9)を満足するGが存在する，ことである．」

q_r, p_r $(r=1, 2, \cdots, n)$が正準変数であるとき，これと正準変換で結ばれるQ_r, P_r $(r=1, 2, \cdots, n)$は，上の定義から正準変数ということができる．正準変数のセットのとり方は正準変換の種類に対応して無数にある．(8.22)のポアソン括弧は，そのような無限種類の正準変数の中から特に$q_r, p_r\,(r=1,2,\cdots,n)$を用いて定義したものであるから，正しくは$[A,B]_{(q,p)}$とかくべきであろう．同様にして$A,B$を$Q_r, P_r$の関数とみなして

$$[A,B]_{(Q,P)}=\sum_r\left(\frac{\partial A}{\partial Q_r}\frac{\partial B}{\partial P_r}-\frac{\partial B}{\partial Q_r}\frac{\partial A}{\partial P_r}\right) \qquad (9.11)$$

とかこう．このとき，次のような注目すべき関係が導かれる．

$$[A,B]_{(q,p)}=[A,B]_{(Q,P)} \qquad (9.12)$$

すなわち，ポアソン括弧の値は，正準変数のとり方に関係しない．したがって，(q,p)のような添字をつけて，そこで用いた正準変数を特に指定する必要はなく，単に$[A,B]$と記してよいことが分かる．(9.12)の証明は次節で与えられる((9.32)式参照)．

9-2 正準不変量

正準変数をq_r, p_rの2種類の文字で表わすのは不便なこともあるので，下のように定義された$x_\alpha\,(\alpha=1,2,\cdots,2n)$を用いることにする．

$$x_r\equiv q_r, \qquad x_{n+r}\equiv p_r \qquad (r=1,2,\cdots,n) \qquad (9.13)$$

同様に，Q_r, P_rの代りには，$X_r\equiv Q_r$，$X_{n+r}\equiv P_r\,(r=1,2,\cdots,n)$で定義される$X_\alpha$を用いることにしよう．また$2n$行$2n$列の行列$M$を導入し，その$\alpha$行$\beta$列の成分$M_{\alpha\beta}$を

$$M_{\alpha\beta}\equiv\delta_{\alpha+n,\beta}-\delta_{\alpha,\beta+n} \qquad (\alpha,\beta=1,2,\cdots,2n) \qquad (9.14)^{*)}$$

で定義する．具体的には

*) q_rとp_rを一まとめにした変数x_αは**シンプレクティックな変数**(symplectic variable)，Mは**シンプレクティック行列**ともよばれる．シンプレクティックはギリシア語の συμπλεκτικός(絡み合った)に対応する言葉で，ワイル(H. Weyl, 1885–1955)により導入された(1939)．

$$M=\begin{pmatrix} \mathbf{0} & \mathbf{1}_n \\ -\mathbf{1}_n & \mathbf{0} \end{pmatrix} \tag{9.15}$$

ここで$\mathbf{0}$はn行n列のゼロ行列，$\mathbf{1}_n$はn行n列の単位行列である．Mが次の性質をもつことは容易に証明できる．

$$M^{\mathrm{T}} = M^{-1} = -M \tag{9.16}$$

$$\det M = 1 \tag{9.17}$$

ただしM^{T}はMの転置行列である．

前節で与えた正準変換の定義は，これらの記号を用いると次のようにいうことができる．

「$x_\alpha \to X_\alpha = X_\alpha(x, t)$ $(\alpha=1, 2, \cdots, 2n)$が正準変換であるとは，

(i) 逆変換の存在，すなわち$[\partial X/\partial x]$をその第α行第β列の成分が$\partial X_\alpha/\partial x_\beta$の$2n$行$2n$列の行列とするとき

$$\det[\partial X/\partial x] \neq 0 \tag{9.18}$$

がみたされ，

(ii) $$G_\alpha \equiv \sum_\beta M_{\alpha\beta} x_\beta - \frac{1}{2}\sum_{\beta,\gamma}\left(\frac{\partial X_\beta}{\partial x_\alpha}X_\gamma - \frac{\partial X_\gamma}{\partial x_\alpha}X_\beta\right)M_{\beta\gamma} \tag{9.19}$$

に対して

$$\frac{\partial G}{\partial x_\alpha} = G_\alpha \tag{9.20}$$

となるようなGが存在することである.」

このとき，次の定理が成り立つ．

定理 $x_\alpha \to X_\alpha = X_\alpha(x, t)$が正準変換であるための必要十分条件は

$$[\partial X/\partial x] M [\partial X/\partial x]^{\mathrm{T}} = M \tag{9.21}$$

［証明］ まず十分条件，すなわち正準変換の定義(i), (ii)から(9.21)を導こう．(ii)の(9.19)をx_σで微分すると，(9.20)から

$$\frac{\partial^2 G}{\partial x_\sigma \partial x_\alpha} = M_{\alpha\sigma} - \frac{1}{2}\sum_{\beta,\gamma}\left(\frac{\partial^2 X_\beta}{\partial x_\sigma \partial x_\alpha}X_\gamma - \frac{\partial^2 X_\gamma}{\partial x_\sigma \partial x_\alpha}X_\beta\right)M_{\beta\gamma}$$
$$-\frac{1}{2}\sum_{\beta,\gamma}\left(\frac{\partial X_\beta}{\partial x_\alpha}\frac{\partial X_\gamma}{\partial x_\sigma} - \frac{\partial X_\gamma}{\partial x_\alpha}\frac{\partial X_\beta}{\partial x_\sigma}\right)M_{\beta\gamma} \qquad (9.22)$$

これと α, σ を入れかえたものとの差をとると，右辺の第1項，第3項はこの入れかえで反対称，第2項は対称であるから

$$M_{\alpha\sigma} = \frac{1}{2}\sum_{\beta,\gamma}\left(\frac{\partial X_\beta}{\partial x_\alpha}\frac{\partial X_\gamma}{\partial x_\sigma} - \frac{\partial X_\gamma}{\partial x_\alpha}\frac{\partial X_\beta}{\partial x_\sigma}\right)M_{\beta\gamma} \qquad (9.23)$$

したがって

$$M = [\partial X/\partial x]^{\mathrm{T}} M [\partial X/\partial x] \qquad (9.24)$$

が導かれる．(i)より $\det[\partial X/\partial x] \neq 0$ であるから $[\partial X/\partial x]^{-1}$ は存在するので，(9.24)の両辺の逆マトリックスをつくれば，

$$M = [\partial X/\partial x]^{-1} M ([\partial X/\partial x]^{\mathrm{T}})^{-1} \qquad (9.25)$$

ここで $M^{-1} = -M$ を使った．(9.25)に右から $[\partial X/\partial x]^{\mathrm{T}}$，左から $[\partial X/\partial x]$ をかければ，(9.21)が得られる．

次に必要条件，つまり(9.21)から(i), (ii)を導こう．(9.21)の両辺の行列式をつくると，(9.17)から

$$(\det[\partial X/\partial x])^2 = 1 \qquad (9.26)$$

よって(i)が成立する．したがって，$[\partial X/\partial x]^{-1}$ が存在することになり，(9.21)から(9.25)を経て(9.24)，すなわち(9.23)を得る．これを，$\partial G_\alpha/\partial x_\sigma$ つまり(9.22)の右辺に代入すると

$$\frac{\partial G_\alpha}{\partial x_\sigma} = -\frac{1}{2}\sum_{\beta,\gamma}\left(\frac{\partial^2 X_\beta}{\partial x_\sigma \partial x_\alpha}X_\gamma - \frac{\partial^2 X_\gamma}{\partial x_\sigma \partial x_\alpha}X_\beta\right)M_{\beta\gamma} \qquad (9.27)$$

この式の右辺は α, σ の入れかえで不変であるゆえ

$$\frac{\partial G_\alpha}{\partial x_\sigma} = \frac{\partial G_\sigma}{\partial x_\alpha} \qquad (9.28)$$

したがって，巻末付録により(9.20)をみたす G が存在する．よって(ii)が導かれた．(証明終り)

(9.21)を q_r, p_r 等を用いて表わすと

$$\left.\begin{aligned}&[Q_r, Q_s]_{(q,p)} = [P_r, P_s]_{(q,p)} = 0,\\&[Q_r, P_s]_{(q,p)} = \delta_{rs}\end{aligned}\quad (r, s=1, 2, \cdots, n)\right\} \tag{9.29}$$

となり，この式の成立の可否は，$q_r \to Q_r$，$p_r \to P_r$ が正準変換であるのかないのかの判定に用いることができる．例えば，θ をパラメータとして $Q=q\cosh\theta+p\sinh\theta$，$P=q\sinh\theta+p\cosh\theta$ で与えられる変換，$q, p \to Q, P$ が正準変換であることは(9.29)から容易に確かめられる．

上の定理から，(I) 恒等変換 $x_r \to x_r$ は正準変換である，(II) $x_r \to X_r$ が正準変換であれば逆変換 $X_r \to x_r$ も正準変換である，ことは容易にわかる．また2つの正準変換 $x_r \to X_r = X_r(x, t)$，$X_r \to Y_r(X, t)$ を合成した $x_r \to Z_r = Z_r(x, t) \equiv Y_r[X(x, t), t]$ は，$[\partial Z/\partial x] = [\partial Y/\partial X][\partial X/\partial x]$ を考慮すれば，正準変換となる．それゆえ，$x_r \to X_r$，$X_r \to Y_r$ をそれぞれ正準変換 X, Y とし，さらにこれらの合成の変換 Z を YX とかいて Y と X の積とよぶならば，(III) 正準変換の積は正準変換である，ということができる．このように定義された積について，(IV) U, X, Y を正準変換とするとき結合則 $U(XY) = (UX)Y$ が成り立つ．実際，対応する正準変換を $[\partial U/\partial X]$ 等の行列で表わせば，行列の積について結合則が成り立つことから，これは明らかであろう．変換の前後で対応する変数の変域がすべて同じであれば，このような正準変換の全体は，(I)～(IV)によって，数学でいうところの群(group)をつくっている．

次に，(9.12)の証明を与えよう．ポアソン括弧の定義から

$$[A, B]_{(q,p)} = \sum_{\alpha,\beta} \frac{\partial A}{\partial x_\alpha} M_{\alpha\beta} \frac{\partial B}{\partial x_\beta} \tag{9.30}$$

とかくことができる．ここで

$$\frac{\partial A}{\partial x_\alpha} = \sum_\gamma \frac{\partial A}{\partial X_\gamma}\frac{\partial X_\gamma}{\partial x_\alpha}, \qquad \frac{\partial B}{\partial x_\beta} = \sum_\sigma \frac{\partial B}{\partial X_\sigma}\frac{\partial X_\sigma}{\partial x_\beta} \tag{9.31}$$

を(9.30)に代入し，(9.21)を用いれば

$$[A,B]_{(q,p)}=\sum_{\gamma,\sigma}\frac{\partial A}{\partial X_\gamma}([\partial X/\partial x]M[\partial X/\partial x]^{\mathrm{T}})_{\gamma\sigma}\frac{\partial B}{\partial X_\sigma}$$
$$=\sum_{\gamma,\sigma}\frac{\partial A}{\partial X_\gamma}M_{\gamma\sigma}\frac{\partial B}{\partial X_\sigma}=[A,B]_{(P,Q)} \qquad (9.32)$$

（証明終り）

したがって，ポアソン括弧は正準変換で不変である．このように正準変換で不変な量は**正準不変量**(canonical invariant)といわれる．

(9.26)によれば $\det[\partial X/\partial x]$ は 1 または -1 であるが，実際は前者であることが行列式の直接の計算によって確かめられる．(9.21)より n 個の式

$$\sum_{\beta_{2r-1},\beta_{2r}=1}^{2n}\frac{\partial X_{\alpha_{2r-1}}}{\partial x_{\beta_{2r-1}}}\frac{\partial X_{\alpha_{2r}}}{\partial x_{\beta_{2r}}}M_{\beta_{2r-1},\beta_{2r}}=M_{\alpha_{2r-1},\alpha_{2r}} \qquad (r=1,2,\cdots,n)$$
$$(9.33)$$

を導入して，これらの積をつくると

$$\sum_{\beta_1,\beta_2,\cdots,\beta_{2n}}\left(\prod_{\rho=1}^{2n}\frac{\partial X_{\alpha_\rho}}{\partial x_{\beta_\rho}}\right)\left(\prod_{r=1}^{n}M_{\beta_{2r-1},\beta_{2r}}\right)=\prod_{r=1}^{n}M_{\alpha_{2r-1},\alpha_{2r}} \qquad (9.34)$$

となる．ここで，$\det[\partial X/\partial x]$ をつくるために，$2n$ 個の添字をもつレヴィ＝チヴィタの記号 $\epsilon_{\alpha_1\alpha_2\cdots\alpha_{2n}}$ を用いよう．添字 $\alpha_1,\alpha_2,\cdots,\alpha_{2n}$ はいずれも 1 から $2n$ までの値をとり，2 個以上の添字が同じ値のときは $\epsilon_{\alpha_1\alpha_2\cdots\alpha_{2n}}=0$，また添字の値がすべて異なり，そのような添字の順列 $\alpha_1,\alpha_2,\cdots,\alpha_{2n}$ が $1,2,\cdots,2n$ の偶置換であれば $\epsilon_{\alpha_1\alpha_2\cdots\alpha_{2n}}$ は 1，奇置換であれば -1 とする．このとき，α 行 β 列の要素が $C_{\alpha\beta}$ の $2n$ 行 $2n$ 列の行列を C とかけば

$$\sum_{\alpha_1,\alpha_2,\cdots,\alpha_{2n}}\epsilon_{\alpha_1\alpha_2\cdots\alpha_{2n}}\prod_{\rho=1}^{2n}C_{\alpha_\rho\beta_\rho}=\sum_{\alpha_1,\alpha_2,\cdots,\alpha_{2n}}\epsilon_{\alpha_1\alpha_2\cdots\alpha_{2n}}\prod_{\rho=1}^{2n}C_{\beta_\rho\alpha_\rho}$$
$$=\epsilon_{\beta_1\beta_2\cdots\beta_{2n}}\det C \qquad (9.35)$$

となることが知られている．この式は(1.4)の一般化であって，むしろこれを$\det C$の定義式とみなすことができる．(9.34)の両辺に$\epsilon_{\alpha_1\alpha_2\cdots\alpha_{2n}}$をかけて$\alpha_1, \alpha_2, \cdots, \alpha_{2n}$について和をとれば，(9.35)より

$$(\det[\partial X/\partial x]-1)K = 0 \tag{9.36}$$

ただし

$$K \equiv \sum_{\beta_1,\beta_2,\cdots,\beta_{2n}} \epsilon_{\beta_1\beta_2\cdots\beta_{2n}} \prod_{r=1}^{n} M_{\beta_{2r-1},\beta_{2r}}$$

ここでKが0でないことは，Mの定義(9.14)を用いて計算すれば，$K=(-1)^{n(n-1)/2}2^n n!$となることから分かる．よって(9.36)より

$$\det[\partial X/\partial x] = 1 \tag{9.37}$$

が導かれた．

$[\partial X/\partial x]$は変数変換$x_r \to X_r\ (r=1, 2, \cdots, n)$のヤコビアンであるから，(9.37)より

$$\begin{aligned} dX_1 dX_2 \cdots dX_{2n} &= \det[\partial X/\partial x] dx_1 dx_2 \cdots dx_{2n} \\ &= dx_1 dx_2 \cdots dx_{2n} \end{aligned} \tag{9.38}$$

すなわち，相空間における体積要素は正準不変量である．

この節を終わる前に無限小変換について述べておく．ϵを任意の無限小パラメータとする変換

$$X_\alpha = x_\alpha + \epsilon f_\alpha(x, t) \qquad (\alpha=1, 2, \cdots, 2n) \tag{9.39}$$

が正準変換である場合，われわれはこれを**無限小正準変換**とよぶ．このときX_αは(9.21)をみたさなければならないから，$f_\alpha(x, t)$には制限がつく．それを求めてみよう．$\partial X_\alpha/\partial x_\beta = \delta_{\alpha\beta} + \epsilon \partial f_\alpha/\partial x_\beta$であるから，(9.21)と同等な式(9.24)に(9.39)を代入してϵの1次の項までとると

$$[\partial f/\partial x]^{\mathrm{T}} M + M[\partial f/\partial x] = 0 \tag{9.40}$$

ここで(9.16)を用いれば，この式は$(M^{-1}[\partial f/\partial x])^{\mathrm{T}} = M^{-1}[\partial f/\partial x]$となり，したがって$g_\alpha \equiv \sum_\beta (M^{-1})_{\alpha\beta} f_\beta$とすれば$\partial g_\alpha/\partial x_\beta = \partial g_\beta/\partial x_\alpha$とかくことができる．それゆえ，巻末付録の定理により$g_\alpha = \partial J/\partial x_\alpha$と表

わされ，f_α の表式として

$$f_\alpha(x,t)=\sum_\beta M_{\alpha\beta}\frac{\partial J(x,t)}{\partial x_\beta} \tag{9.41}$$

を得る．逆に(9.41)の f_α を用いると，(9.39)が無限小正準変換となることが確かめられるが，その証明は簡単なので読者が自らこれを試みていただきたい．その結果，無限小正準変換は

$$X_\alpha(t)=x_\alpha(t)+\epsilon\sum_\beta M_{\alpha\beta}\frac{\partial J(x(t),t)}{\partial x_\beta(t)} \tag{9.42}$$

の形のものに限られ，それは J によって特徴づけられる．J をこの無限小正準変換の**生成子**(generator)という．

無限小変換の応用として，λ をパラメータとする微分方程式

$$\frac{dx_\alpha(t,\lambda)}{d\lambda}=\sum_\beta M_{\alpha\beta}\frac{\partial J(x(t,\lambda),t,\lambda)}{\partial x_\beta(t,\lambda)} \tag{9.43}$$

の解 $X_\alpha(t)\equiv x_\alpha(t,\Lambda)$ の性質を調べよう．ただし，λ は 0 から任意の一定値 Λ まで変わるものとし，また初期値 $x_\alpha(t)\equiv x_\alpha(t,0)$ は時刻 t における正準変数とする．(8.20)のように整数 N を十分大きくとって Λ を N 等分し，$x^{(k)}(t)\equiv x(t,\epsilon k)$ とすれば，(9.43)は

$$x_\alpha{}^{(k+1)}(t)=x_\alpha{}^{(k)}(t)+\epsilon\sum_\beta M_{\alpha\beta}\frac{\partial J(x^{(k)}(t),t,\epsilon k)}{\partial x_\beta{}^{(k)}(t)}$$
$$(k=0,1,\cdots,N-1) \tag{9.44}$$

とかくことができる．$x_\alpha{}^{(k)}(t)$ が正準変数であれば(9.42),(9.44)から $x_\alpha{}^{(k+1)}(t)$ も正準変数，他方 $x_\alpha{}^{(0)}(t)$ は定義により正準変数であるから，$x_\alpha{}^{(1)}(t), x_\alpha{}^{(2)}(t), \cdots, x_\alpha{}^{(N)}(t)$ のそれぞれはすべて正準変数であることが分かる．すなわち正準変数 $x_\alpha(t)=x_\alpha(t,0)$ を初期値とする(9.43)の解 $X_\alpha(t)=x_\alpha(t,\Lambda)$ は正準変数となる．ここで正準変数はすべて，同一時刻 t における量として扱われていることに注意しよう．

さて，λ をパラメータとして時刻 t から $t+\Lambda$ にいたる系の運動を考えよう．それは，ハミルトンの方程式

$$\frac{dx_\alpha(t+\lambda)}{d\lambda} = \sum_\beta M_{\alpha\beta} \frac{\partial H(x(t+\lambda), t+\lambda)}{\partial x_\beta(t+\lambda)} \tag{9.45}$$

によって記述される．ここで $H(x(t), t)$ は $H(q(t), p(t), t)$ を意味する．(9.45) は (9.43) の $J(x(t, \lambda), t, \lambda)$ を単に $H(x(t+\lambda), t+\lambda)$ で置きかえたものであるから，直ちに $X_\alpha(t)=x_\alpha(t+\Lambda)$ が時刻 t における正準変数であることがわかる．

それゆえ，この $X_\alpha(t)$ と初期値 $x_\alpha(t)$ の間には (9.38) が成立する．Λ は勝手にとることができるから，これは時間の経過に伴い相空間における微小領域に変形や移動は起きたとしてもその体積は不変に保たれることを示している．これこそリウヴィルの定理の内容であることは明らかであろう．

(9.42) から分かるように，無限小正準変換による q_r, p_r の変化は，ポアソン括弧を用いて表わせば

$$\Delta q_r = \epsilon[q_r, J], \qquad \Delta p_r = \epsilon[p_r, J] \tag{9.46}$$

また物理量 $F=F(q, p, t)$ の変化は

$$\Delta F = \sum_r \left(\frac{\partial F}{\partial q_r}\Delta q_r + \frac{\partial F}{\partial p_r}\Delta p_r\right) = \epsilon[F, J] \tag{9.47}$$

とかくことができる．

9-3 母関数

正準変換 (9.2) の具体的な形を求めるために，W を与えておいて $q_r, p_r\,(r=1, 2, \cdots, n)$ を変数とする連立偏微分方程式 (9.6) を，Q_r, P_r について解くのは容易ではない．

しかし，$q_r, Q_r\,(r=1, 2, \cdots, n)$ を独立変数にとることができる場合には，話は簡単になる．W をこれらの関数として

$$W = -W_1(q, Q, t) \tag{9.48}$$

とおき，恒等式 (9.4) に代入して $\dot{q}_r, \dot{Q}_r$ の両辺における係数を比べると

$$
\left.\begin{aligned}
&p_r = \frac{\partial W_1}{\partial q_r}, \qquad P_r = -\frac{\partial W_1}{\partial Q_r} \qquad (r=1, 2, \cdots, n) \\
&K = H + \frac{\partial W_1}{\partial t}
\end{aligned}\right\} \tag{9.49}
$$

が得られる．上式の第1式を Q_r について解き，$Q_r = Q_r(q, p, t)$ を求めてこれを第2式右辺の Q_r に代入すれば，$P_r = P_r(q, p, t)$ が得られて正準変換が構成されることになる．このときもちろん第1式が解ける条件として $\det[\partial^2 W_1/\partial Q_r \partial q_s] \neq 0$ が成り立っていなければならない．

もし，q_r, P_r $(r=1, 2, \cdots, n)$ が独立変数にとれる場合は，

$$
W = \sum_r P_r Q_r - W_2(q, P, t) \tag{9.50}
$$

を(9.4)に代入して $\dot{q}_r, \dot{P}_r$ の係数を比べ，

$$
\left.\begin{aligned}
&p_r = \frac{\partial W_2}{\partial q_r}, \qquad Q_r = \frac{\partial W_2}{\partial P_r} \qquad (r=1, 2, \cdots, n) \\
&K = H + \frac{\partial W_2}{\partial t}
\end{aligned}\right\} \tag{9.51}
$$

によって，正準変換をつくることができる．ただし第1式から P_r が p_r, q_r の関数として求まるための条件として $\det[\partial^2 W_2/\partial P_r \partial q_s] \neq 0$ が要求される．

同様にして，p_r, Q_r $(r=1, 2, \cdots, n)$ が独立変数の場合は

$$
W = -\sum_r p_r q_r - W_3(p, Q, t) \tag{9.52}
$$

とおいて，

$$
\left.\begin{aligned}
&q_r = -\frac{\partial W_3}{\partial p_r}, \qquad P_r = -\frac{\partial W_3}{\partial Q_r} \qquad (r=1, 2, \cdots, n) \\
&K = H + \frac{\partial W_3}{\partial t}
\end{aligned}\right\} \tag{9.53}
$$

ただし $\det[\partial^2 W_3/\partial Q_r \partial p_s] \neq 0$.

また，p_r, P_r $(r=1, 2, \cdots, n)$ が独立変数であれば

$$W = -\sum_r (p_r q_r - P_r Q_r) - W_4(p, P, t) \tag{9.54}$$

として，

$$\left.\begin{aligned} q_r &= -\frac{\partial W_4}{\partial p_r}, \qquad Q_r = \frac{\partial W_4}{\partial P_r} \qquad (r=1, 2, \cdots, n) \\ K &= H + \frac{\partial W_4}{\partial t} \end{aligned}\right\} \tag{9.55}$$

ただし $\det[\partial^2 W_4/\partial P_r \partial p_s] \neq 0$，が導かれる．

このように，$W_1, \cdots, W_4$ を利用すると正準変換をつくり出すことができるので，これらは**母関数**(generating function)とよばれている．

母関数を利用する例として，次のような問題を考えてみよう．「$Q_r = Q_r(q, p, t)$ $(r=1, 2, \cdots, n)$ は正準変数 q_r, p_r $(r=1, 2, \cdots, n)$ の関数で，(i) $[Q_r(q, p, t), Q_s(q, p, t)] = 0$，(ii) $\det(\partial Q_r/\partial q_s) \neq 0$ をみたすとき，Q_r に対応した正準運動量 P_r $(r=1, 2, \cdots, n)$ は存在するか？」

そこでまず，(ii) により $Q_r = Q_r(q, p, t)$ は q_r について解くことができるから，その解を

$$q_r = F_r(p, Q, t) \tag{9.56}$$

とかこう．この式の両辺を q_u および p_u で微分すると

$$\sum_{v=1}^{n} \frac{\partial F_r}{\partial Q_v} \frac{\partial Q_v}{\partial q_u} = \delta_{ru} \tag{9.57}$$

$$\sum_{w=1}^{n} \frac{\partial F_s}{\partial Q_w} \frac{\partial Q_w}{\partial p_u} = -\frac{\partial F_s}{\partial p_u} \tag{9.58}$$

(9.57), (9.58) の積をつくり，u について和をとれば

$$\sum_{u,v,w}\frac{\partial F_r}{\partial Q_v}\frac{\partial F_s}{\partial Q_w}\frac{\partial Q_v}{\partial q_u}\frac{\partial Q_w}{\partial p_u}=-\frac{\partial F_s}{\partial p_r} \tag{9.59}$$

となる．この式で r と s を入れかえて差をとると

$$\sum_{v,w}\frac{\partial F_r}{\partial Q_v}\frac{\partial F_s}{\partial Q_w}[Q_v, Q_w]=\frac{\partial F_r}{\partial p_s}-\frac{\partial F_s}{\partial p_r} \tag{9.60}$$

となるが(i)により左辺はゼロ，したがって $\partial F_r/\partial p_s=\partial F_s/\partial p_r$，それゆえ，付録の定理により

$$F_r=-\frac{\partial W_3(p,Q,t)}{\partial p_r} \tag{9.61}$$

ならしめる W_3 が存在する．これより直ちに，W_3 を母関数として Q_r に共役な運動量 P_r が存在し

$$P_r=-\frac{\partial W_3(p,Q,t)}{\partial Q_r}\bigg|_{Q_r=Q_r(q,p,t)} \tag{9.62}$$

で与えられることが分かる．

上記の議論の特殊ケースとして，配位空間における点変換 $q_r\to Q_r=Q_r(q,t)$ がある．この場合(i)は自明，また(ii)は，点変換には逆変換が存在するという前提によってみたされている．$q_r=F_r(Q,t)$ とかくと，f を Q, t の任意関数として

$$W_3=-\sum_r F_r\cdot p_r-f(Q,t) \tag{9.63}$$

それゆえ，P_r は下のように表わされる．

$$P_r=\left(\sum_s\frac{\partial F_s}{\partial Q_r}p_s+\frac{\partial f(Q,t)}{\partial Q_r}\right)\bigg|_{Q_r=Q_r(q,t)} \tag{9.64}$$

ここでは母関数 W_3 を用いたが，上式はまた W_2 を母関数として

$$W_2(q,P_r)=\sum_r Q_r(q,t)P_r-g(q,t) \tag{9.65}$$

からも導かれることは容易に確かめられる．ただし $g(q,t)\equiv f(Q(q,t),t)$ である．

恒等変換は

$$W_2 = \sum_r q_r P_r \tag{9.66}$$

を母関数ととることにより生成される．これは(9.65)の特殊形であるが，あるいは(9.63)の特殊形 $W_3 = -\sum_r Q_r p_r$ を用いることもできる．実際いずれの場合も $Q_r = q_r$，$P_r = p_r$，$K(Q, P, t) = H(q, p, t)$ となることが分かる．

ϵ を無限小パラメータとして恒等変換の母関数(9.66)からわずかに形のずれた

$$W_2 = \sum_r q_r P_r + \epsilon J(q, P, t) \tag{9.67}$$

を母関数にとると，無限小正準変換が生成されて

$$\left.\begin{aligned} Q_r &= q_r + \epsilon \frac{\partial J(q, P, t)}{\partial P_r} \\ P_r &= p_r - \epsilon \frac{\partial J(q, P, t)}{\partial q_r} \end{aligned}\right\} \tag{9.68}$$

を得る．ここで ϵ の1次までを考慮するかぎり右辺の P_r は p_r でおきかえてよい．その結果は(9.42)と同じものとなる．

最後に，正準変換 $q_r \to Q_r$，$p_r \to P_r$ の母関数には，変換の形を変えずに t の任意関数 $f(t)$ をさらにこれに加え得るという自由度が，常に存在することに注意しよう．この自由度は，ハミルトニアン K に $\partial f(t)/\partial t$ なる付加項をもたらすことになる．

演 習 問 題

9.1 q, p (または q_1, q_2, p_1, p_2) を正準変数とするとき，次の変換が正準変換であることを示せ．ただし $\lambda\,(\neq 0)$，$\lambda_j\,(j=1,2,3)$ は実定数．

(1) $Q = \log\left(\dfrac{1}{q}\sin p\right)$, $\quad P = q \cot p$.

（2）　$Q = (\cos\lambda_1 \cosh\lambda_3 + \sin\lambda_1 \sinh\lambda_3)e^{\lambda_2}q$
$+(\cos\lambda_1 \sinh\lambda_3 - \sin\lambda_1 \cosh\lambda_3)e^{-\lambda_2}p,$
$P = (\cos\lambda_1 \sinh\lambda_3 + \sin\lambda_1 \cosh\lambda_3)e^{\lambda_2}q$
$+(\cos\lambda_1 \cosh\lambda_3 - \sin\lambda_1 \sinh\lambda_3)e^{-\lambda_2}p.$

（3）　$Q_1 = \dfrac{1}{2\lambda}\tan^{-1}\dfrac{q_1}{\lambda p_1},\qquad Q_2 = \dfrac{1}{2\lambda}\left(\tan^{-1}\dfrac{q_2}{\lambda p_2} - \tan^{-1}\dfrac{q_1}{\lambda p_1}\right),$
$P_1 = q_1{}^2 + q_2{}^2 + \lambda^2 p_1{}^2 + \lambda^2 p_2{}^2,\qquad P_2 = q_2{}^2 + \lambda^2 p_2{}^2.$

またそれぞれの変換の母関数 W_2 を求めよ.

9.2　前問(2)において，$\lambda_1, \lambda_2, \lambda_3$ を無限小パラメータとするとき

$$Q = q + \sum_{j=1,2,3}\lambda_j[q, J_j],\qquad P = p + \sum_{j=1,2,3}\lambda_j[p, J_j]$$

とかかれることを示せ．このとき，$[J_1, J_2], [J_2, J_3], [J_3, J_1]$ が，それぞれ J_3, J_1, J_2 に比例するようにできることを示せ.

9.3　$Q_1 = \{f_1(p_1, p_2)q_1 + g_1(p_1, p_2)\}^3$, $Q_2 = \{f_2(p_1, p_2)q_2 + g_2(p_1, p_2)\}^3$ とする．P_1, P_2 を q_1, q_2, p_1, p_2 の適当な関数に選ぶとき，これらが上式とともに正準変換を与えるためには，関数 $f_k(p_1, p_2)$, $g_k(p_1, p_2)\,(k=1, 2)$ はどのようなものでなければならないか．ただし $f_k(p_1, p_2) \neq 0$ とする．また，このとき P_j は q_1, q_2, p_1, p_2 の関数としてどのように表わされるか.

9.4　正準変数 $q_r, p_r\ (r=1, 2, \cdots, n)$ を u, v の関数とするとき

$$(u, v) \equiv \sum_{r=1}^{n}\left(\frac{\partial q_r}{\partial u}\frac{\partial p_r}{\partial v} - \frac{\partial p_r}{\partial u}\frac{\partial q_r}{\partial v}\right)$$

は正準不変量であることを示せ*).

9.5　N 体系において運動エネルギーは $T = \sum_{a=1}^{N} m_a \dot{\boldsymbol{r}}_a{}^2/2$，ポテンシャル・エネルギー V は相対座標のみの関数とする．時刻 t において，$\boldsymbol{v} = (v_1, v_2, v_3)$ をパラメータとする変換

$$\boldsymbol{r}_a \to \boldsymbol{r}_a{}' = \boldsymbol{r}_a - \boldsymbol{v}t,\qquad \dot{\boldsymbol{r}}_a \to \dot{\boldsymbol{r}}_a{}' = \dot{\boldsymbol{r}}_a - \boldsymbol{v}\qquad (a=1, 2, \cdots, N)$$

を考えよう．変換の前後でのラグランジアンをそれぞれ $L = L(\boldsymbol{r}, \dot{\boldsymbol{r}})$, $L' = L(\boldsymbol{r}', \dot{\boldsymbol{r}}')$ とするとき，$\boldsymbol{r}_a \to \boldsymbol{r}_a{}'$, $\boldsymbol{p}_a \to \boldsymbol{p}_a{}'$ が正準変換であることを示し，母関数 $W_2(\boldsymbol{r}, \boldsymbol{r}', t)$ を求めよ．ただし $\boldsymbol{p}_a, \boldsymbol{p}_a{}'$ はそれぞれ $\boldsymbol{r}_a, \boldsymbol{r}_a{}'$ に共役な正準運動量である．また $v_j\ (j=1, 2, 3)$ を無限小パラメータとしたときの正準変換の生成子 J_j を求めよ.

---

*)　(u, v) は**ラグランジュの括弧式**(Lagrange bracket)とよばれる.

9.6 $q_1, q_2, \cdots, q_n$, $p_1, p_2, \cdots, p_n$ と $Q_1, Q_2, \cdots, Q_n$, $P_1, P_2, \cdots, P_n$ が正準変換で結ばれているとき次式を導け.

$$\frac{\partial Q_r(q, p)}{\partial q_s} = \frac{\partial p_s(P, Q)}{\partial P_r}, \qquad \frac{\partial P_r(p, q)}{\partial p_s} = \frac{\partial q_s(P, Q)}{\partial Q_r}$$

$$\frac{\partial Q_r(q, p)}{\partial p_s} = -\frac{\partial q_s(P, Q)}{\partial P_r}, \qquad \frac{\partial P_r(p, q)}{\partial q_s} = -\frac{\partial p_s(P, Q)}{\partial Q_r}$$

10 ハミルトン・ヤコビの理論

10-1 ハミルトン・ヤコビの方程式

われわれは，前章9-2節の終りの部分で，時刻tにおいて正準変数$x_\alpha(t)$が与えられたとき，時刻$t+\varLambda$におけるハミルトンの方程式の解$x_\alpha(t+\varLambda)$を$x_\alpha(t)$の関数として表わせば，これもまた正準変数となることを見た．すなわち両者をつなぐ(時刻tにおける)正準変換が存在する．

われわれは，正準変数$x_\alpha(t+\varLambda)$を

$$X_\alpha(t) \equiv X_\alpha(x(t), t, \varLambda) \equiv x_\alpha(t+\varLambda) \tag{10.1}$$

とかこう．特に興味のあるのは

$$\varLambda = t_0 - t \tag{10.2}$$

とすると$X_\alpha(t)=x_\alpha(t_0)$となり，$X_\alpha(t)$は$t$に無関係になることである．正準変換$x_\alpha(t)\to X_\alpha(t)=x_\alpha(t_0)$の逆変換の存在することを考慮すれば

$$x_\alpha(t_0) = X_\alpha(x(t), t, t_0 - t) \tag{10.3}$$

は$x_\alpha(t)$について解くことができて

$$x_\alpha(t) = x_\alpha(t, x(t_0)) \tag{10.4}$$

これは，$x_\alpha(t_0)$を時刻t_0における初期値としたときのハミルトンの方程式の解に他ならない．したがって正準変換$x_\alpha(t)\to X_\alpha(t)=X_\alpha(x(t), t, t_0-t)$を具体的につくることができるならば，ハミルト

ンの方程式は解かれたことになる．われわれはそのための母関数を求めることにしよう．

以下，記号をもとに戻して $x_\alpha(t)$ に対しては $q_r(t), p_r(t)$ を，また $X_\alpha(t)$ に対しては $Q_r(t), P_r(t)$ を用いることにする．そして上記の正準変換の母関数を $W_2(q, P, t)$ とかこう．ここでは，q_r, P_r $(r=1, 2, \cdots, n)$ の独立性が前提とされているが，$t=t_0$ では $q_r=Q_r$ となるからもちろんこれらは独立，それゆえ少なくとも t_0 の近傍においてはこの前提は保証されている．t_0 をさらに離れて $t=t'$ にいたると，この独立性は犯されることがあるかも知れないが，われわれは独立性が成り立つ範囲内の時刻で問題を扱うことにする．ここで $q_r(t)$, $p_r(t)$ が解ければ，t についての解の連続性から t' を越えて解を拡張することもできるし，あるいは t' を改めて t_0 とみなし，同様の操作をくり返してもよい．ともかく，上記の範囲内において $W_2(q, P, t)$ は存在して(9.51)が成立する．$Q_r(t)=q_r(t_0)$, $P_r(t)=p_r(t_0)$ の t 微分はともに0であるから，Q_r, P_r に対するハミルトンの方程式(9.3)は

$$\frac{\partial K(Q, P, t)}{\partial Q_r} = \frac{\partial K(Q, P, t)}{\partial P_r} = 0 \tag{10.5}$$

となり，K は t のみの関数である．他方，前節の最後に述べたように，正準変換 $q_r \to Q_r$, $p_r \to P_r$ の形を変えずに，ハミルトニアン K には $\partial f(t)/\partial t$ なる付加項が任意に導入できる．ここで $f(t)$ を適当にとるならば，われわれは常に $K=0$ としてよい．すなわち(9.51)から

$$H\left(q, \frac{\partial W_2}{\partial q}, t\right) + \frac{\partial W_2}{\partial t} = 0 \tag{10.6}$$

$$q_r(t_0) = \frac{\partial W_2(q, p(t_0), t)}{\partial p_r(t_0)} \tag{10.7}$$

が得られる．これが W_2 のみたすべき方程式である．

そこで，(10.6)と同型の偏微分方程式

$$H\left(q, \frac{\partial S(q,t)}{\partial q}, t\right)+\frac{\partial S(q,t)}{\partial t} = 0 \qquad (10.8)$$

を考えよう．$S(q,t)$は$n+1$個の変数$q_1, q_2, \cdots, q_n, t$の関数である．われわれの目標は(10.8)の解の中からW_2と同等の資格をもつものを見出すことである．それができれば求める正準変換が構成される．(10.8)は**ハミルトン・ヤコビの方程式**(Hamilton-Jacobi equation)とよばれる．

10-2 完全解

ここでわれわれは，1階の偏微分方程式の**完全解**(complete solution)について述べなければならない．詳しいことは専門書にゆずるとして，その内容のみを記せば次のようになる．

「f変数$x_1, x_2, \cdots, x_f$の1階偏微分方程式

$$\mathscr{F}\left(x_1, x_2, \cdots, x_f, w, \frac{\partial w}{\partial x_1}, \frac{\partial w}{\partial x_2}, \cdots, \frac{\partial w}{\partial x_f}\right) = 0 \quad (10.9)$$

の解wには，f個の互いに独立な定数$\alpha_1, \alpha_2, \cdots, \alpha_f$を含む解

$$w = w(x_1, x_2, \cdots, x_f, \alpha_1, \alpha_2, \cdots, \alpha_f) \qquad (10.10)$$

が必ず存在する．これを(10.9)の完全解という.」

完全解の種類は1個だけとは限らないが，その相互関係はあとでふれる．ともかく偏微分方程式論によれば，完全解が1つ見つかると，(10.9)に属するすべての解，一般解や特異解といったものがこれから構成される．その意味で完全解は最も基本的な解ということができる．

さて，ハミルトン・ヤコビの方程式は$n+1$変数の1階の偏微分方程式であるから，その完全解は$n+1$個の任意定数を含む．Sは方程式の中では常に微分された形をとるので，Sが解であればこれに定数を加えたものも解になっている．完全解の$n+1$個の定数のう

ち1個はこのような付加定数であって，われわれは完全解からこれを除いた n 個の定数 $\alpha_1, \alpha_2, \cdots, \alpha_n$ を含む解 $S(q_1, q_2, \cdots, q_n, t, \alpha_1, \alpha_2, \cdots, \alpha_n)$ を考えることにする．これを $S(q, t, \alpha)$ と略記し，**付加定数を除いた完全解**(complete solution without additional constant)とよぶことにしよう．

このSを用いて

$$p_r = \frac{\partial S(q, t, \alpha)}{\partial q_r}, \qquad \beta_r = \frac{\partial S(q, t, \alpha)}{\partial \alpha_r} \qquad (r=1, 2, \cdots, n) \tag{10.11}$$

とする．ここで $\beta_r (r=1, 2, \cdots, n)$ は任意定数である．この式から，定数 β_r, α_r は正準変数であって，$q_r, p_r \to \beta_r, \alpha_r$ は S を母関数とする正準変換であることが分かる．$S(q, t, \alpha)$ において $q_1, \cdots, q_n, \alpha_1, \cdots, \alpha_n$ は独立であるから $\det[\partial^2 S(q, t, \alpha)/\partial q_r \partial \alpha_s] \neq 0$，それゆえ(10.11)の第2式は q_r について解くことができて

$$q_r = q_r(\beta, \alpha, t) \tag{10.12}$$

とかくことができる．これを(10.11)の第1式に代入すれば

$$p_r = p_r(\beta, \alpha, t) \tag{10.13}$$

を得る．

このようにして求めた q_r, p_r が，実は(8.6)の解になっていることを次のようにして示すことができる．まず(10.11)の両辺の時間微分をとると

$$\dot{p}_r = \sum_s \frac{\partial^2 S}{\partial q_r \partial q_s} \dot{q}_s + \frac{\partial^2 S}{\partial q_r \partial t} \tag{10.14}$$

$$0 = \sum_s \frac{\partial^2 S}{\partial q_s \partial \alpha_r} \dot{q}_s + \frac{\partial^2 S}{\partial \alpha_r \partial t} \tag{10.15}$$

他方，ハミルトン・ヤコビの方程式(10.8)を q_r および α_r のそれぞれで偏微分して

$$\left.\begin{aligned}\frac{\partial^2 S}{\partial q_r \partial t} &= -\frac{\partial H(q,p,t)}{\partial q_r} - \sum_s \frac{\partial H(q,p,t)}{\partial p_s}\frac{\partial^2 S}{\partial q_s \partial q_r} \\ \frac{\partial^2 S}{\partial \alpha_r \partial t} &= -\sum_s \frac{\partial H(q,p,t)}{\partial p_s}\frac{\partial^2 S}{\partial \alpha_r \partial q_s}\end{aligned}\right\} \tag{10.16}$$

ここで，p_r として(10.11)の第1式を用いた．これらを(10.14), (10.15)の右辺第2項に代入すれば

$$-\left(\dot{p}_r + \frac{\partial H}{\partial q_r}\right) + \sum_s \left(\dot{q}_s - \frac{\partial H}{\partial p_s}\right)\frac{\partial^2 S}{\partial q_r \partial q_s} = 0 \tag{10.17}$$

$$\sum_s \left(\dot{q}_s - \frac{\partial H}{\partial p_s}\right)\frac{\partial^2 S}{\partial \alpha_r \partial q_s} = 0 \tag{10.18}$$

を得る．さきに述べたように $\det[\partial^2 S/\partial\alpha_r\partial q_s] \neq 0$ であるから，(10.18)より $\dot{q}_s - \partial H/\partial p_s = 0$，これを(10.17)に用いれば $\dot{p}_r + \partial H/\partial q_r = 0$，すなわち(10.12), (10.13)の q_r, p_r はハミルトンの方程式(8.6)をみたすことが示された．

(10.12), (10.13)において $t = t_0$ とすれば

$$q_r(t_0) = q_r(\beta, \alpha, t_0), \qquad p_r(t_0) = q_r(\beta, \alpha, t_0) \tag{10.19}$$

となって，初期値 $q_r(t_0), p_r(t_0)$ と α_r, β_r の関係がつく．$\beta_r, \alpha_r \to q_r, p_r$ は正準変換(S を母関数とする正準変換の逆変換)であり，また $q_r, p_r \to q_r(t_0), p_r(t_0)$ は前節の W_2 を母関数とする正準変換である．そして(10.19)によって与えられる変換 $\beta_r, \alpha_r \to q_r(t_0), p_r(t_0)$ は，これら2つの正準変換の積であるから，また正準変換ということができる．

ハミルトン・ヤコビの方程式の付加定数を除いた完全解が他にもあったとして，それを $S'(q, t, \alpha')$ とかこう．(10.11)によって $p_r = \partial S'/\partial q_r$，$\beta_r' = \partial S'/\partial \alpha_r'$ とし，これから $q_r = q_r'(\beta', \alpha', t)$，$p_r = p_r'(\beta', \alpha', t)$ を求めると，前の議論と同様にしてこれらはハミルトンの方程式(8.6)をみたす．ここで $q_r(t_0) = q_r'(\beta', \alpha', t_0)$，$p_r(t_0) = p_r'(\beta', \alpha', t_0)$ であるから，β_r', α_r' と β_r, α_r は $q_r(t_0), p_r(t_0)$ を媒介にして，正準変換で結ばれていることが分かる．要するに付加定数を除

いた完全解としては，何をとってもよく，そこでの定数間には正準変換による違いがあるに過ぎない.

以上の結果として，ハミルトンの方程式を解く作業は，ハミルトン・ヤコビの方程式の付加定数を除いた完全解を1つ求めることによって達成されることが分かった.

$S(q,t,\alpha)$は**ハミルトンの主関数**(Hamilton's principal function)とよばれる.

$S(q,t,\alpha)$を時間微分し，(10.11)の第1式およびハミルトン・ヤコビの方程式を使うと

$$\begin{aligned}\frac{dS}{dt} &= \sum_r \frac{\partial S}{\partial q_r}\dot{q}_r + \frac{\partial S}{\partial t} \\ &= \sum_r p_r\dot{q}_r - H(q,p,t)\end{aligned} \tag{10.20}$$

を得る．ここで右辺は，(8.8)によればラグランジアンに他ならない．よって

$$S = \int^t L dt + \text{定数} \tag{10.21}$$

という興味ある関係が導かれる．しかし，これは，ラグランジアンが与えられれば，それから直ちにハミルトン・ヤコビの方程式の解が求まるということを意味しない．ここでの時間積分は(10.20)の右辺で，解 $q_r=q_r(\beta,\alpha,t)$, $p_r=p_r(\beta,\alpha,t)$を用いたときの t についての積分である．つまり，解が分かっていてはじめて積分を行なうことができ，その結果から β_r を消去してこれを $q_r(t), \alpha_r$ でかきかえ，積分定数を適当にとって付加定数を落したものが左辺の S である．解を求めるのに(10.21)を利用することはできない(演習問題10.5参照).

10-3 変数分離法

ハミルトン・ヤコビの方程式を解くことは，一般には容易ではな

いが，連立微分方程式で表わされたオイラー・ラグランジュの方程式を扱うよりも，この方が理論的な整備がはるかに進んでいるために，全体の見通しを立てたり近似計算を行なう上で好都合なことが多い．例えば摂動論その他の近似計算法も多くはこれをもとにして展開されるわけだが，しかし本書ではそこまで立ち入る余裕はない．以下ではハミルトン・ヤコビの方程式の最も基本的な扱い方である変数分離法について述べることにしよう．そのために，ハミルトニアン H が t を陽に含まない場合に話を限定する．

前節の議論によれば，どのような形のものにせよ付加定数を除いた完全解を1つつくればよい．そこで α_n を定数として

$$S(q,t) = W(q) - \alpha_n t \tag{10.22}$$

としよう．ここで $W(q)$ は $q_r(r=1,2,\cdots,n)$ のみの関数で，t を陽に含んでいないとする．その結果，ハミルトン・ヤコビの方程式(9.7)は

$$H\left(q, \frac{\partial W}{\partial q}\right) = \alpha_n \tag{10.23}$$

となり，t が消えて n 変数 $q_1, \cdots, q_n$ の偏微分方程式になる．そこでこの方程式の付加定数を除いた完全解を求めればよい．それは，すでに与えられている α_n に加えて新たに $n-1$ 個の独立な定数 $\alpha_1, \alpha_2, \cdots, \alpha_{n-1}$ を含み

$$W(q) = W(q_1, q_2, \cdots, q_n, \alpha_1, \alpha_2, \cdots, \alpha_{n-1}, \alpha_n) \tag{10.24}$$

とかくことができる．この W は**ハミルトンの特性関数**(Hamilton's characteristic function)とよばれる．定数 α_n は(10.23)からわかるように，全エネルギーである．(10.23)もまたハミルトン・ヤコビの方程式とよばれる．以下，定数 α_n を E とかき，α_n と対をつくる正準変数 β_n を単に β とかくことにする．

$n=1$ の場合には，(10.23)から $p=dW/dq \equiv p(q,E)$ を求め，不定積分を行なって $W=\int dq p(q,E)$ を得る．W からは付加定数は除か

れるので，定数をつけ加えた定積分を行なう必要はない．その結果，(10.22)と(10.11)の第2式より

$$\beta=\int dq\frac{\partial p(q,E)}{\partial E}-t \tag{10.25}$$

が導かれ，これを q について解けば，解 $q=q(E,t+\beta)$ を求めることができる．一例として，$L=(\dot{q}^2-\omega^2q^2)/2\ (\omega>0)$ を考えてみよう．このときは $H=(p^2+\omega^2q^2)/2$，したがって(10.23)は

$$\left(\frac{dW}{dq}\right)^2+\omega^2q^2=2E \tag{10.26}$$

となり，ゆえに

$$dW/dq=p=\sqrt{2E-\omega^2q^2} \tag{10.27}$$

これを積分した $W=\int dq\sqrt{2E-\omega^2q^2}$ を E で偏微分して

$$\beta+t=\int\frac{dq}{\sqrt{2E-\omega^2q^2}}=\frac{1}{\omega}\sin^{-1}(\omega q/\sqrt{2E}) \tag{10.28}$$

それゆえ

$$q=\frac{\sqrt{2E}}{\omega}\sin\omega(t+\beta) \tag{10.29}$$

が得られる．

ここで若干の注意をしておこう．(10.29)式を(10.27)式に代入すると $p=\sqrt{2E}\cos\omega(t+\beta)$ となって，$p=\dot{q}$ と一致するが，(10.28)式の右辺を $(1/\omega)\cos^{-1}(\omega q/\sqrt{2E})$ にとると(10.27)式からは $p=\sqrt{2E}\sin\omega(t+\beta)$ となり，これは $-\dot{q}$ になってしまう．したがってこのときには(10.27)式の右辺にマイナス符号をつけたものをとっておかなければならない．このように p まで考慮すると全体の辻褄があうように，dW/dq の符号にも神経を使わなければならないが，q を求めるだけならばこのことは問題にならない．このとき，もし p が必要であるならば，dW/dq によらずに得られた q を用いて $\partial L/\partial\dot{q}$ から求めればよいわけである．したがって以下では，プラス符

号のものだけを使用することにする．

次に $q_1, q_2, \cdots, q_l\,(l \leqq n-1)$ が循環座標の場合を考えよう．このとき，$\dot{q}_r\,(r=1,2,\cdots,n)$ は $q_{l+1}, q_{l+2}, \cdots, q_n, p_1, p_2, \cdots, p_n$ の関数となるので，$q_1, q_2, \cdots, q_l$ は H に含まれておらず

$$H = H(q_{l+1}, q_{l+2}, \cdots, q_n, p_1, p_2, \cdots, p_n) \tag{10.30}$$

とかくことができる．ここで

$$W = \sum_{j=1}^{l} \alpha_j q_j + \tilde{W}(q_{l+1}, q_{l+2}, \cdots, q_n, E) \tag{10.31}$$

とおこう．$\alpha_j\,(j=1,2,\cdots,l)$ はすべて任意定数，$\tilde{W}$ は $q_{l+1}, q_{l+2}, \cdots, q_n$ および定数 E の関数である．上式を(10.23)に代入すれば，(10.30)から

$$H\left(q_{l+1}, q_{l+2}, \cdots, q_n, \alpha_1, \alpha_2, \cdots, \alpha_l, \frac{\partial \tilde{W}}{\partial q_{l+1}}, \frac{\partial \tilde{W}}{\partial q_{l+2}}, \cdots, \frac{\partial \tilde{W}}{\partial q_n}\right) = E \tag{10.32}$$

となって，問題は $n-l$ 個の変数 $q_{l+1}, q_{l+2}, \cdots, q_n$ をもつ偏微分方程式の付加定数を除いた完全解を求めることに帰着する．すなわち，そのとき解 $\tilde{W}$ は新たに $n-l-1$ 個の独立な定数 $\alpha_{l+1}, \alpha_{l+2}, \cdots, \alpha_{n-1}$ をもつことになり，これらはさきに導入した $\alpha_1, \alpha_2, \cdots, \alpha_l, E$ とともにハミルトンの主関数 S における(付加定数を除く) n 個の任意定数を形成することになる．このようにして，われわれは変数の数を n から $n-l$ に減らしたが，目的を達成するためには残った変数 $q_{l+1}, q_{l+2}, \cdots, q_n$ に対して具体的に $\tilde{W}$ を求めなければならない．しかし $n-l \geqq 2$ のときに，この作業を一般論として行なうことは容易ではない．

ところが，$q_{l+1}, q_{l+2}, \cdots, q_n$ を上手に選んでおくと，たとえこれらが循環座標でなくても，$\tilde{W}$ に対し

$$\tilde{W} = \sum_{k=1}^{n-l} W_{l+k}(q_{l+k}) \tag{10.33}$$

の形を仮定して，完全解が決定される場合がある．ここで W_{l+k} は1変数 $q_{l+k}(k=1,2,\cdots,n-l)$ のみの関数である．それゆえ，循環座標 $q_j\,(j=1,2,\cdots,l\leqq n-1)$ に対して $W_j(q_j)=\alpha_j q_j$ とかけば，W は

$$W=\sum_{r=1}^{n}W_r(q_r) \tag{10.34}$$

となって，n 個の変数が完全に分離された形をとる．このようにして完全解が求まるとき，偏微分方程式は**変数分離**(separation of variable)可能といい，このとき下にみるように $W_{l+k}(q_{l+k})$ は1階の常微分方程式の解として与えられるので，W を求める問題は本質的に単純化される．下に変数分離が可能の例をあげよう．

シュタルク(J. Stark, 1874-1957)効果は，クーロン・ポテンシャルに束縛された電子に一様電場がかけられたときに生ずる現象で，そのラグランジアンは

$$L=\frac{m}{2}(\dot{x}^2+\dot{y}^2+\dot{z}^2)+\frac{k^2}{r}-\mathcal{E}z \tag{10.35}$$

で与えられる．ここで $\mathcal{E}$ は電子の電荷 e と z 方向を向いた一様電場の積で定数である．この問題を解くために次式で定義される放物座標 u,v,ϕ を導入し

$$\left.\begin{aligned} &x=\sqrt{uv}\cos\phi, \qquad y=\sqrt{uv}\sin\phi \\ &z=\frac{1}{2}(u-v) \qquad (u,v>0) \end{aligned}\right\} \tag{10.36}$$

を用いてラグランジアンをかきかえよう．その結果

$$L=\frac{m}{8}(u+v)\left(\frac{\dot{u}^2}{u}+\frac{\dot{v}^2}{v}\right)+\frac{muv}{2}\dot{\phi}^2+\frac{2k^2}{u+v}-\frac{\mathcal{E}}{2}(u-v) \tag{10.37}$$

これから u,v,ϕ に共役な運動量 p_u,p_v,p_ϕ を求めてハミルトニアンをつくると

$$H=\frac{2}{m(u+v)}(up_u{}^2+vp_v{}^2)+\frac{p_\phi{}^2}{2muv}-\frac{2k^2}{u+v}+\frac{\mathcal{E}}{2}(u-v) \tag{10.38}$$

が得られる．ϕ が循環座標であることを考慮し，ハミルトン・ヤコビの方程式は変数分離可能であると仮定して

$$W=\alpha_1\phi+W_u(u)+W_v(v) \tag{10.39}$$

とおけば，(10.32)より

$$\frac{2}{m(u+v)}\left\{u\left(\frac{dW_u}{du}\right)^2+v\left(\frac{dW_v}{dv}\right)^2\right\}+\frac{\alpha_1{}^2}{2muv}-\frac{2k^2}{u+v}+\frac{\mathcal{E}}{2}(u-v)=E \tag{10.40}$$

となる．ここで両辺に $u+v$ をかけて整理すると

$$\begin{aligned}&\frac{2u}{m}\left(\frac{dW_u}{du}\right)^2+\frac{\alpha_1{}^2}{2mu}-k^2+\frac{\mathcal{E}}{2}u^2-Eu\\&\quad=-\left\{\frac{2v}{m}\left(\frac{dW_v}{dv}\right)^2+\frac{\alpha_1{}^2}{2mv}-k^2-\frac{\mathcal{E}}{2}v^2-Ev\right\}\end{aligned} \tag{10.41}$$

左辺は u のみ，右辺は v のみの関数で u,v は独立であるから，これが成立するためには左，右両辺とも定数でなければならない．それを α_2 とかいて，dW_u/du, dW_v/dv を求め，積分すると

$$\left.\begin{aligned}W_u&=\int du\left\{\frac{m}{2}E-\frac{\alpha_1{}^2}{4u^2}+\frac{m}{2u}(\alpha_2+k^2)-\frac{m\mathcal{E}}{4}u\right\}^{1/2}\\W_v&=\int dv\left\{\frac{m}{2}E-\frac{\alpha_1{}^2}{4v^2}+\frac{m}{2v}(-\alpha_2+k^2)+\frac{m\mathcal{E}}{4}v\right\}^{1/2}\end{aligned}\right\} \tag{10.42}$$

となり，変数分離は可能となった．これを(10.11)の第2式に用いて

$$\left.\begin{aligned}&t+\beta=\partial(W_u+W_v)/\partial E\\&\beta_1=\phi+\partial(W_u+W_v)/\partial\alpha_1,\quad \beta_2=\partial(W_u+W_v)/\partial\alpha_2\end{aligned}\right\} \tag{10.43}$$

とすれば問題は完全に解けることになる．しかし u,v についての積

分は楕円積分となるので，本書ではこれ以上立ち入らない．

もう1つ例をあげておこう．それはリウヴィル型の系とよばれるもので，そのラグランジアンは

$$L=\frac{1}{2}u(q)\sum_{r=1}^{n}\dot{q}_r{}^2-\frac{w(q)}{u(q)} \tag{10.44}$$

で与えられる．ここで $u(q)\equiv\sum_{r=1}^{n}u_r(q_r)$, $w(q)\equiv\sum_{r=1}^{n}w_r(q_r)$ である．

この式から正準運動量を求めてハミルトニアンをつくると

$$H=\frac{1}{u(q)}\sum_{r=1}^{n}\left\{\frac{1}{2}p_r{}^2+w_r(q_r)\right\} \tag{10.45}$$

となる．それゆえ，変数分離ができたとして，$W=\sum_{r=1}^{n}W_r(q_r)$ とすれば

$$\frac{1}{u(q)}\sum_{r=1}^{n}\left\{\frac{1}{2}\left(\frac{dW_r(q_r)}{dq_r}\right)^2+w_r(q_r)\right\}=E \tag{10.46}$$

したがって

$$\sum_{r=1}^{n}\left[\left(\frac{dW_r(q_r)}{dq_r}\right)^2-2\{Eu_r(q_r)-w_r(q_r)\}\right]=0 \tag{10.47}$$

を得る．各項はそれぞれ $q_1, q_2, \cdots, q_n$ からなる1変数の関数であるから，(10.47)が成り立つためには各項は定数でなければならない．その第 r 項を定数 $\alpha_r\,(r=1,2,\cdots,n)$ とかけば，(10.47)から

$$\alpha_n=-\sum_{r=1}^{n-1}\alpha_r \tag{10.48}$$

となり，$\alpha_1, \alpha_2, \cdots, \alpha_{n-1}$ を独立な定数として用いることができる．その結果

$$\frac{dW_r}{dq_r}=\sqrt{2\{Eu_r(q_r)-w_r(q_r)\}+\alpha_r} \tag{10.49}$$

から

$$W=\sum_{r=1}^{n}\int dq_r\sqrt{2\{Eu_r(q_r)-w_r(q_r)\}+\alpha_r} \tag{10.50}$$

が導かれ，したがって $\beta=\partial W/\partial E-t$ より

$$\sum_{r=1}^{n}\int dq_r\frac{u_r(q_r)}{\sqrt{2\{Eu_r(q_r)-w_r(q_r)\}+\alpha_r}}=t+\beta \qquad (10.51)$$

また $\beta_r=\partial W/\partial\alpha_r\,(r=1,2,\cdots,n-1)$ より

$$\int\frac{dq_r}{\sqrt{2\{Eu_1(q_r)-w_r(q_r)\}+\alpha_r}}=\int\frac{dq_n}{\sqrt{2\{Eu_n(q_n)-w_n(q_n)\}+\alpha_n}}+2\beta_r$$
$$(r=1,2,\cdots,n-1) \qquad (10.52)$$

が得られる．配位空間における軌道は(10.52)から求められ，また時間の関数としての $q_r\,(r=1,2,\cdots,n)$ は(10.51)と(10.52)を用いて与えられる．

このようにして変数分離が可能のときは，求積法(quadrature)つまり1変数についての積分のみを用いてハミルトンの特性関数 W を求めることができる．しかしそれ以外は具体的な答を得るためには何らかの近似法に頼らなければならない．

*　　　*　　　*

議論の重点が力学の問題をいかに解くかということに移行したが，この章を締めくくるにあたって，ハミルトン・ヤコビの理論のもつもう1つの側面に簡単に触れておこうと思う．それは幾何光学とのアナロジーである．

第7章の終りで，最小作用の原理と2点を通過する光の径路を決定するフェルマの原理には，共通する性質があることを述べた．これを具体化するために，2点を通る粒子の軌道を与える式 $\delta\int_{P_1}^{P_2}ds=0$ をフェルマの原理に対応させて考えてみることにしよう．ここで粒子は運動エネルギー $T=m\dot{\boldsymbol{r}}^2/2$ をもってポテンシャル $V(\boldsymbol{r})$ の中を点 P_1 から P_2 まで運動するものとし，軌道に沿った線素を $dl=|d\boldsymbol{r}|$ とするならば，上式は(7.50)によって次の形をとる．

$$\delta\int_{\mathrm{P}_1}^{\mathrm{P}_2}\sqrt{2m(E-V)}\,dl=0 \tag{10.53}$$

他方，光の方は屈折率が一様でない媒質中を進むものと考えよう．その速さは振動数 ν と $\boldsymbol{r}$ の関数となり，それを $u=u(\boldsymbol{r},\nu)$ とかくならば*)，フェルマの原理は

$$\delta\int_{\mathrm{P}_1}^{\mathrm{P}_2}\frac{dl}{u}=0 \tag{10.54}$$

と表わすことができる．それゆえ，両者の間には

$$\underset{(\text{光学})}{u}\sim\underset{(\text{力学})}{\frac{1}{\sqrt{2m(E-V)}}} \tag{10.55}$$

なる対応がみられる．もっとも，ν と E との対応はまだ決まっていないので，上の関係にはあいまいさが残っているが，それはこれから精密化する．ところで，u は $\boldsymbol{r}$ における光のつくる波面の進む速さ，つまりそこでの位相速度の絶対値である．この波面が力学の何に当たるかを，まず探ってみよう．そこで時刻 t におけるハミルトンの主関数 $S(\boldsymbol{r},t)=W(\boldsymbol{r})-Et$ が，ある一定値(a とかく)となるような $\boldsymbol{r}$ の全体を考えてみる．これは3次元空間の中の曲面をつくる．この面を f_t とかこう．さらに，a の値を保ったまま微小時間 Δt が経過した時点での $\boldsymbol{r}$ のつくる面を $f_{t+\Delta t}$ とする．すなわち $f_t, f_{t+\Delta t}$ はそれぞれ $W(\boldsymbol{r})=a+Et$，$W(\boldsymbol{r})=a+E(t+\Delta t)$ によって与えられる面である．面 f_t 上の点 $\boldsymbol{r}$ においてこの面に法線を立て，$f_{t+\Delta t}$ との交点までの $\boldsymbol{r}$ からの距離を Δs とする(図10.1)．もちろん Δs は $\boldsymbol{r}$ の関数である．ここで，法線方向の単位ベクトルを $\boldsymbol{n}$ とかけば，$\boldsymbol{r}+\Delta s\boldsymbol{n}$ は $f_{t+\Delta t}$ 上にある．すなわち $W(\boldsymbol{r})=a+Et$ のとき $W(\boldsymbol{r}+\Delta s\boldsymbol{n})=a+E(t+\Delta t)$ が成り立ち，したがって両者の差をとると $(\boldsymbol{n}\cdot\nabla W)\Delta s$

---

*) $n(\boldsymbol{r},\nu)$ を振動数 ν の光の点 $\boldsymbol{r}$ における屈折率，c を真空中の光速とすると $u(\boldsymbol{r},\nu)=c/n(\boldsymbol{r},\nu)$．

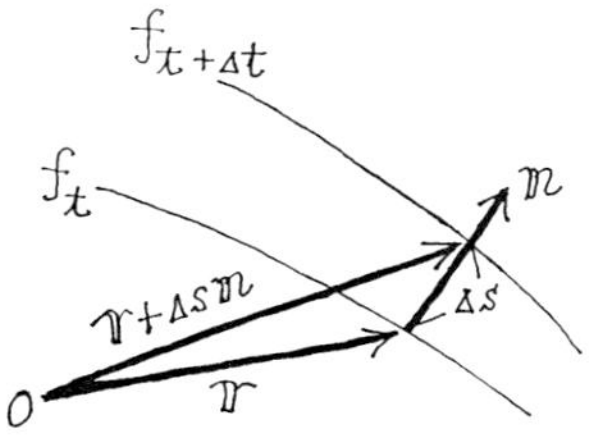

図 10.1

$=E\Delta t$, よって $\nabla W=\boldsymbol{n}|\nabla W|$ を考慮すれば

$$\tilde{u}(\boldsymbol{r}) \equiv \frac{\Delta s}{\Delta t} = \frac{E}{|\nabla W|} \tag{10.56}$$

を得る．このとき，$\boldsymbol{r}$ における面 f_t の伝播速度は $\boldsymbol{n}\tilde{u}(\boldsymbol{r})$ で与えられる．ハミルトン・ヤコビの方程式 $(\nabla W)^2/2m+V=E$ をここに用いれば，(10.56)はまた

$$\tilde{u} = \frac{E}{\sqrt{2m(E-V)}} \tag{10.57}$$

とかかれる．これを(10.55)と比較するとき，$\tilde{u}$ は光学の位相速度の大きさ u に対応する力学上の量であるということができよう．そして光の波面には，力学での $W(\boldsymbol{r})+Et=$ 定数 のつくる面が対応し，また光波の位相には，やはり力学の $W(\boldsymbol{r})+Et$ (に比例する量)が対応することになる．それゆえ振動数 ν は

$$\underset{(光学)}{\nu} \sim \underset{(力学)}{\frac{E}{h}} \tag{10.58}$$

なる対応関係をもつと考えられる．h は双方の次元をそろえるために導入した定数で作用の次元をもつ．量子力学によれば，これは**プランク**(M. Planck, 1858–1957)**の定数**とよばれ，微視的世界を特徴づける．

注意すべきことは，粒子の速度は $\boldsymbol{v}=\nabla W/m=\boldsymbol{n}v$ であって $\boldsymbol{n}$ 方向

を向いているが，(10.56)からわかるように，その大きさは

$$v = \frac{E}{m\tilde{u}} \tag{10.59}$$

となり，面の伝播速度に反比例する．

光学と力学の対応をさらに徹底することが許されるならば，幾何光学の背後に波動光学があったように，力学の背後には波動力学とでもいうべき分野があって，前者は後者のある特別な極限として実現されると考えてよいかも知れない．量子力学の発見は，ある意味でこの考えを支持したといえる．しかしながら，そこでの波動は，これまでに知られていた波とは全く異質の，確率波という新しい概念を内包した波であった．

演 習 問 題

10.1 a, b, c, e は定数とし，運動エネルギー T，ポテンシャル・エネルギー V が，それぞれ

$$T = \frac{\dot{q}_1{}^2}{2(a+bq_2)} + \frac{1}{2}q_2{}^2\dot{q}_2{}^2, \qquad V = c+eq_2$$

のとき，時刻 t における q_2 は，$(q_2-k)(q_2+2k)^2 = h(t-t_0)^2$ をみたすことを，ハミルトン・ヤコビの方程式を用いて示せ．ただし，k, h, t_0 は適当な定数．

10.2 ハミルトニアン H が $H=q_1p_1-q_2p_2-aq_1{}^2+bq_2{}^2$ のとき

$$q_1q_2 = \text{定数}, \qquad \log q_1 = t + \text{定数}$$

となることをハミルトン・ヤコビの方程式を用いて示せ．

10.3 $S(q, t, \alpha)$，$S(\bar{q}, \bar{t}, \alpha)$ はハミルトン・ヤコビの方程式(10.8)の時刻 $t, \bar{t}$ $(t \neq \bar{t})$ における(付加定数を除いた)完全解で，$p_r = \partial S(q, t, \alpha)/\partial q_r$，$\bar{p}_r = \partial S(\bar{q}, \bar{t}, \alpha)/\partial \bar{q}_r$，$\partial S(q, t, \alpha)/\partial \alpha_r = \partial S(\bar{q}, \bar{t}, \alpha)/\partial \alpha_r (=\beta_r)$ である．最後の式から α_r を解いて $\alpha_r = \alpha_r(q, \bar{q}, t, \bar{t})$ とし，これを用いて $S(q, t, \alpha) - S(\bar{q}, \bar{t}, \alpha)$ から α_r を消去したものを $S(q, \bar{q}, t, \bar{t})$ とすれば，これも(10.8)の完全解で，正準変換 $q_r, p_r \to \bar{q}_r, \bar{p}_r$ の母関数であることを示せ．

10.4 重力加速度 g のもとで運動する質点が，時刻 t において位置 $\boldsymbol{r}$ に，また $\bar{t}$ $(\neq t)$ において $\bar{\boldsymbol{r}}$ にあったとする．$t, \bar{t}$ における質点の運動量をそれ

ぞれ $\boldsymbol{p}, \bar{\boldsymbol{p}}$ とするとき，$(\boldsymbol{r}, \boldsymbol{p})$ と $(\bar{\boldsymbol{r}}, \bar{\boldsymbol{p}})$ を結ぶ正準変換の母関数 $S(\boldsymbol{r}, \bar{\boldsymbol{r}}, t, t')$ を求めよ．

10.5 前問の条件のもとに運動方程式の解を用いて $\int_{\bar{t}}^{t} dtL(\boldsymbol{r}, \dot{\boldsymbol{r}})$ を計算し，上の得られた $S(\boldsymbol{r}, \bar{\boldsymbol{r}}, t, \bar{t})$ と比較せよ．

10.6 2次元平面上における自由粒子(質量 m)の運動を考えよう．$\boldsymbol{r}=(x, y)$，$r=\sqrt{x^2+y^2}$，$\varphi=\tan^{-1}(y/x)$ とし，また $\boldsymbol{P}=(P_1, P_2)$，$\boldsymbol{P}'=(P_1', P_2')$ を定数ベクトルとするとき，下の $S_{\mathrm{I}}, S_{\mathrm{II}}$ はともにハミルトン・ヤコビの方程式 $(1/2m)\{(\partial S/\partial x)^2+(\partial S/\partial y)^2\}+\partial S/\partial t=0$ の完全解になっていることを示せ．

$$S_{\mathrm{I}} = \boldsymbol{r}\cdot\boldsymbol{P}-\frac{\boldsymbol{P}^2}{2m}t$$

$$S_{\mathrm{II}} = P_2'\left\{\sqrt{\frac{2mP_1'}{P_2'^2}r^2-1} -\tan^{-1}\sqrt{\frac{2mP_1'}{P_2'^2}r^2-1} +\varphi\right\}-P_1't$$

10.7 前問にて $Q_j\equiv\partial S_{\mathrm{I}}/\partial P_j$，$Q_j'\equiv\partial S_{\mathrm{II}}/\partial P_j'\ (j=1, 2)$ とする．このとき，Q_1', Q_2', P_1', P_2' のそれぞれを Q_1, Q_2, P_1, P_2 を用いて表わせ．またこの関係は (Q_1, Q_2, P_1, P_2) と (Q_1', Q_2', P_1', P_2') の間の正準変換になっていることを確かめよ．

11　束縛条件をもつハミルトン形式

11-1　整合性の条件

これまでの議論では，正準変数 q_r, p_r $(r=1, 2, \cdots, n)$ を互いに独立な変数であるとして扱ってきた．その保証は(8.2)が成り立つという仮定による．この章ではこれがみたされない場合，つまり

$$\det\left(\frac{\partial^2 L}{\partial \dot{q}_r \partial \dot{q}_s}\right) = 0 \qquad (r, s=1, 2, \cdots, n) \tag{11.1}$$

となるような特異ラグランジアンに基づく正準形式を考察することにしよう．

このときには，(8.1)を $\dot{q}_r$ について解き，これを p_r, q_r の関数として表わすことはもはやできない．このことは与えられた $q_1, q_2, \cdots, q_n$ に対し，$p_1, p_2, \cdots, p_n$ が独立にはとれないことを意味する．したがって p_r を(8.1)で定義するとき，それらを関係づける式が存在するはずである．そのような関係式の互いに独立なものが K_1 個あったとして，われわれは

$$\phi_m(q, p, t) = 0 \qquad (m=1, 2, \cdots, K_1) \tag{11.2}$$

とかこう．ただしこれらは，より基本的な関係式のセットが別に存在しその結果として導かれるようなものではないとする．そのようなセットが存在するならば，われわれはそれを(11.2)として用いることにしよう．また，あとの議論の便宜上，ϕ_m の $q_r, p_r (r=1, 2, \cdots,$

n)に関する任意階数の微分は，(11.2)で規定される相空間の領域内で(少なくとも有限個の点を除いて)定義されるものとしよう．例えば$\phi=0$という関係があったとき，ϕ_mとして$\sqrt{\phi}$を採用してよいかどうかは，これによって判定する．このようにして与えられた(11.2)は，ラグランジアンから直接導かれる条件で，**第1次束縛条件**(primary constraint)とよばれる*)．

特殊相対論に従う系や重力理論においては，(11.1)に従うラグランジアンは，必ずしも珍しくはないが，手近な所では，例えば(4.25)のL'において$\lambda_l(l=1,2,\cdots,h)$を$q_r(r=1,2,\cdots,n)$と同様に一般化座標として扱う場合がこれに当たる．このときL'には$\dot{\lambda}_l$が含まれないから，(11.1)が成立し，λ_lに対応した正準運動量は$p_{\lambda_l}(=\partial L'/\partial\dot{\lambda}_l)=0$となって，これは第1次束縛条件となる．その他の例についてはあとで述べる．

われわれは，特異ラグランジアンに対してもHを(8.3)と同様に

$$H\equiv\sum_{r=1}^{n}p_r\dot{q}_r-L(q,\dot{q},t) \tag{11.3}$$

で定義しよう．(8.1)を$\dot{q}_r$について解くことができれば，それを(11.3)の右辺に代入して$H=H(q,p,t)$と表わせるのは明らかであるが，それが不可能な場合でもHはやはり$\dot{q}_j$を含まないq_r,p_r(およびt)の関数として与えられることが次のようにして示される．時刻tにおいて$q_r,\dot{q}_r$を無限小量$\partial q_r,\partial\dot{q}_r$だけ変化させたとき，(8.1)によって$p_r$は$\partial p_r$だけ変化したとしよう．このとき$H$の変化$\partial H$は(11.3)から

$$\partial H=\sum_{r=1}^{n}\left(\dot{q}_r\partial p_r+p_r\partial\dot{q}_r-\frac{\partial L}{\partial q_r}\partial q_r-\frac{\partial L}{\partial\dot{q}_r}\partial\dot{q}_r\right)$$

---

*)　定義から明らかなように，第1次束縛条件のϕ_mがq_rだけの関数となることはあり得ない．必ずp_rを含む．

$$= \sum_{r=1}^{n}\left(\dot{q}_r\delta p_r - \frac{\partial L}{\partial q_r}\delta q_r\right) \tag{11.4}$$

となる．ここで上式第1行目右端の項に(8.1)を使った．$q_1, q_2, \cdots, q_n$ が与えられたとき互いに独立な p_r は $n-K_1$ 個である．したがって，H を p_r, q_r で表わす場合，消去しきれないいくつかの $\dot{q}_j$ が H の中に残るかも知れない．しかしもしそうであれば(11.4)の右辺に $\delta\dot{q}_j$ の項が現われるはずである．ところが右辺の無限小量は $\delta q_r, \delta p_r$ のみ，すなわち H は $\dot{q}_j$ を含まず $H=H(q, p, t)$ とかかれなければならない．

ところで，(11.4)の $\delta q_r, \delta p_r (r=1, 2, \cdots, n)$ は独立ではない．(11.2)から導かれる関係式

$$\sum_{r=1}^{n}\left(\frac{\partial \phi_m}{\partial p_r}\delta p_r + \frac{\partial \phi_m}{\partial q_r}\delta q_r\right) = 0 \tag{11.5}$$

に従うという制限が課せられている．そこで，第4章で述べたラグランジュの未定乗数法をこれに用いることにしよう．未定乗数 $u_1, u_2, \cdots, u_{K_1}$ を導入すれば，(11.4), (11.5)から導かれる関係

$$\delta H = \sum_{r=1}^{n}\left\{\left(\dot{q}_r - \sum_{m=1}^{K_1} u_m \frac{\partial \phi_m}{\partial p_r}\right)\delta p_r + \left(-\frac{\partial L}{\partial q_r} - \sum_{m=1}^{K_1} u_m \frac{\partial \phi_m}{\partial q_r}\right)\delta q_r\right\} \tag{11.6}$$

においては，あたかも $\delta q_r, \delta p_r$ を独立な微小量のようにみなすことができ(第4章参照)，しかも左辺の δH は $\delta H = \sum_r \{(\partial H/\partial q_r)\delta q_r + (\partial H/\partial p_r)\delta p_r\}$ であるから，両辺を比較して

$$\dot{q}_r - \sum_m u_m \frac{\partial \phi_m}{\partial p_r} = \frac{\partial H}{\partial p_r}, \qquad -\frac{\partial L}{\partial q_r} - \sum_m u_m \frac{\partial \phi}{\partial q_r} = \frac{\partial H}{\partial q_r} \tag{11.7}$$

が得られる．以上は，運動方程式に関する知識を必要としていないが，ここでオイラー・ラグランジュの方程式 $\dot{p}_r = \dfrac{d}{dt}\dfrac{\partial L}{\partial \dot{q}_r} = \dfrac{\partial L}{\partial q_r}$ を用いるならば，(11.7)からハミルトンの方程式に代るものとして

$$\dot{q}_r=\frac{\partial H}{\partial p_r}+\sum_{m=1}^{K_1}u_m\frac{\partial\phi_m}{\partial p_r},\qquad -\dot{p}_r=\frac{\partial H}{\partial q_r}+\sum_{m=1}^{K_1}u_m\frac{\partial\phi}{\partial q_r}\quad(11.8)^{*)}$$

が与えられる．またこれより直ちに q_r, p_r の関数 $F(q,p,t)$ の時間微分は下の形をとることが分かる．

$$\begin{aligned}\frac{dF}{dt}&=\frac{\partial F}{\partial t}+\sum_{r=1}^{n}\left(\frac{\partial F}{\partial q_r}\dot{q}_r+\frac{\partial F}{\partial p_r}\dot{p}_r\right)\\&=\frac{\partial F}{\partial t}+[F,H]+\sum_{m=1}^{K_1}u_m[F,\phi_m]\end{aligned}\qquad(11.9)$$

ただし，ここで $[F,\phi_m]$ の中の ϕ_m を単純に0において $[F,\phi_m]=0$ としてはならない．ポアソン括弧の定義からこれは $\sum_r(\partial F/\partial q_r\cdot\partial\phi_m/\partial p_r-\partial F/\partial p_r\cdot\partial\phi_m/\partial q_r)$ であって，ϕ_m が(11.2)を満たしていても一般に0にはならないからである．

(11.2)に従う相空間の点は $2n-K_1$ 次元の部分空間をつくる．この空間を $M^{(0)}$ とかくことにしよう．その定義から明らかなように，ポアソン括弧は本来 $2n$ 次元の相空間で定義されたものであって，より次元の低い $M^{(0)}$ の中だけに限ってこれを使用することは不可能である．つまり，すでに述べたようにポアソン括弧の中では ϕ_m が(11.2)に従うことを忘れなければならない．これを明記するために(11.2)の等号 $=$ の代りに $\approx$ を用いて

$$\phi_m(q,p,t)\approx 0\qquad(m=1,2,\cdots,K_1)\qquad(11.10)$$

とかくことにしよう．$\approx$ で結ばれる式を**弱等式**(weak equality)，記号 $\approx$ を**弱等号**とよぶことにする．

弱等式は一般に，相空間内の部分空間 M に依存して定義される．変数 q_r, p_r を M の中に限定したときの $F(q,p)$ を $F(q,p)|_M$ とかくならば，M に関して $F(q,p)\approx 0$ とは，$F(q,p)|_M=0$ を意味する．このとき $[\xi(q,p),F(q,p)]|_M\neq 0$ となるような $\xi(q,p)$ が存在してよい．

*) (11.2)を用い，a_m を q_r, p_r の関数として H を $H+\sum_m a_m\phi_m$ とかいてもよいが，この任意性はラグランジュの未定乗数の中にくり入れることができる．

もし存在しなければ，$F(q,p)=0$ とかける．したがって弱等式は等式を含むが逆は成り立たない．(11.10)は $M^{(0)}$ に関する弱等式である．

第1次束縛条件(11.10)はすべての時刻で成り立つ式であるから，任意の $k(=0,1,2,\cdots)$ に対し

$$\left.\frac{d^k\phi_m(q,p,t)}{dt^k}\right|_M=0 \qquad (m=1,2,\cdots,K_1) \qquad (11.11)$$

となるような M((11.11)をみたす最大の部分空間)が存在しなければならない．ここで $M\subseteq M^{(0)}$ であるが，その内容は以下の議論で明らかにされる．(11.11)を**整合性の条件**(consistency condition)という．ともかく，運動を通じて $\phi_m\approx 0$ は保たれるわけであるから，運動方程式(11.9)の右辺に $\sum_{m=1}^{K_1}a_m\phi_m$ のような項を加えても方程式の解には何の影響も及ばないことは明らかである．このように運動方程式の右辺においては = を ≈ に変えることなしに，上記のような項のたし引きを行なってよい．したがって系を記述するための全ハミルトニアン(total Hamiltonian)を

$$H_{\mathrm{T}}(q,p,t)=H(q,p,t)+\sum_{m=1}^{K_1}u_m\phi_m(q,p,t) \qquad (11.12)$$

とかくと，(11.9)は

$$\frac{dF}{dt}=\frac{\partial F}{\partial t}+[F,H_{\mathrm{T}}] \qquad (11.13)$$

ともかくことができる．ただし，ここでは u_m が具体的に分かっていないにもかかわらず，(8.25)を形式的に適用すれば

$$\begin{aligned}[F,u_m\phi_m]&=[F,u_m]\phi_m+u_m[F,\phi_m]\\&\approx u_m[F,\phi_m] \qquad (11.14)\end{aligned}$$

となることを用いた．

$\gamma_{mm'}(q,p)(m,m'=1,2,\cdots,K_1)$ を行列 γ の第 m 行第 m' 列の成分とし，かつ $\det\gamma\neq 0$ としよう．ここで

$$\phi_m' = \sum_{m'=1}^{K_1} \gamma_{mm'}\phi_{m'} \qquad (m=1, 2, \cdots, K_1) \tag{11.15}$$

とするならば，(11.10)の代りにこれと同等なものとして

$$\phi_m' \approx 0 \qquad (m=1, 2, \cdots, K_1) \tag{11.16}$$

を第1次束縛条件として採用することができる．このとき(11.9)，(11.12)のϕ_mはϕ_m'に，u_mは$u_m'\left(=\sum_{m'=1}^{K_1}\gamma^{-1}_{m'm}u_{m'}\right)$におきかえられる．

さて，整合性の条件(11.11)の吟味に入ろう．ただし，不必要な複雑さを避けるために差し当たり$\phi_m (m=1, 2, \cdots, K_1)$はいずれも$t$を陽に含まないものと仮定する．$t$を陽に含む場合は，後で補足的に述べることにしよう．

まず(11.11)で$k=1$とする．このとき

$$\dot{\phi}_m = [\phi_m, H] + \sum_{m'=1}^{K_1}[\phi_m, \phi_{m'}]u_{m'} \approx 0 \tag{11.17}$$

となり，これを満足する$u_{m'}$が存在しなければならない．そこで，線形代数でよく知られた次の事実を用いることにする*)．

「Aをd次の交代行列($A^{\mathrm{T}}=-A$)とするとき，その階数は偶数となり，正則な(逆行列がある)d次の正方行列Vを用いて

$$VAV^{\mathrm{T}} = \begin{array}{c} \\ \rho\{ \\ \rho\{ \\ \\ \end{array}\left[\begin{array}{cc:c} \overbrace{\mathbf{0}}^{\rho} & \overbrace{\mathbf{1}_\rho}^{\rho} & \\ \hdashline -\mathbf{1}_\rho & \mathbf{0} & \mathbf{0} \\ \hdashline \multicolumn{2}{c:}{\mathbf{0}} & \mathbf{0} \end{array}\right] \tag{11.18}$$

とかくことができる．ここで行列の成分はすべて実数値，$\mathbf{1}_\rho$はρ次の単位行列，$\mathbf{0}$のある所の行列の成分はすべて0，また2ρはAの階数である．」

ここで，Aの行列成分は$q_r, p_r\ (r=1, 2, \cdots, n)$の関数であるが，

---

*) 例えば，田坂隆士：『2次形式 II』(岩波講座「基礎数学」，線型代数 iii)，岩波書店(1976)，142ページ，系3.

$M^{(0)}$ に属する q_r, p_r に対しては行列 A の階数は一定であると仮定しよう．後で述べる(11. 34)の行列 B についても問題とする部分空間内での階数の値は一定とする．ただ，有限個の点でのみ異なる値を階数がとるときには，われわれはそのような点を除き，階数の値が一定のところを対象として議論をすることにしよう．実際，運動の連続性から考えれば，この仮定は決して無理なものではない．

さて，$d=K_1$，また A の第 m 行第 m' 列の成分を

$$A_{mm'}=[\phi_m, \phi_{m'}] \tag{11.19}$$

とし，次式によって $\phi_m{}^{(1)}$ を導入する．

$$\phi_m{}^{(1)}=\sum_{m'=1}^{K_1} V_{mm'}\phi_{m'} \tag{11.20}$$

V^{-1} の存在により ϕ_m の代りに $\phi_m{}^{(1)}$ を用いることができて，第1次束縛条件は $\phi_m{}^{(1)}\approx 0$ となり，H_{T} は

$$H_{\mathrm{T}}=H+\sum_{m=1}^{K_1} u_m{}^{(1)}\phi_m{}^{(1)} \tag{11.21}$$

とかかれる．ただし $u_m{}^{(1)}=\sum_{m'=1}^{K_1} V^{-1}_{m'm}u_{m'}$．(11. 19)および(11. 20)を(11. 18)に用いると

$$VAV^{\mathrm{T}}\approx[\phi_m{}^{(1)}, \phi_{m'}{}^{(1)}]\approx\left[\begin{array}{cc|c} \mathbf{0} & \mathbf{1}_\rho & \\ \hline -\mathbf{1}_\rho & \mathbf{0} & \mathbf{0} \\ \hline \multicolumn{2}{c|}{\mathbf{0}} & \mathbf{0} \end{array}\right]_{mm'} \tag{11.22}$$

また $\sum_{m'=1}^{K_1} V_{mm'}[\phi_{m'}, H]\approx[\phi_m{}^{(1)}, H]$ を考慮すれば，(11. 21)から

$$\dot{\phi}_m{}^{(1)}=[\phi_m{}^{(1)}, H]+\sum_{m'=1}^{K_1}[\phi_m{}^{(1)}, \phi_{m'}{}^{(1)}]u_{m'}{}^{(1)}\approx 0 \tag{11.23}$$

が導かれる．それゆえ，(11. 22)を用いることにより

$$\left.\begin{array}{r}[\phi^{(1)}_{\rho+i}, H]\approx u_i{}^{(1)} \\ -[\phi_i{}^{(1)}, H]\approx u^{(1)}_{\rho+i}\end{array}\right\}\quad (i=1, 2, \cdots, \rho) \tag{11.24}$$

および

$$[\phi_l^{(1)}, H] \approx 0 \qquad (l=2\rho+1, 2\rho+2, \cdots, K_1) \tag{11.25}$$

が得られる．(11.24)によって K_1 個の $u_m^{(1)}$ のうち 2ρ 個が決定された．したがって

$$H_1 = H + \sum_{i=1}^{\rho}([\phi_{\rho+i}^{(1)}, H]\phi_i^{(1)} - [\phi_i^{(1)}, H]\phi_{\rho+i}^{(1)}) \tag{11.26}$$

とすると

$$H_{\mathrm{T}} = H_1 + \sum_{l=2\rho+1}^{K_1} u_l^{(1)}\phi_l^{(1)} \tag{11.27}$$

とかくことができる．この段階では $u_l^{(1)}(l=2\rho+1, 2\rho+2, \cdots, K_1)$ は決められない．また，(11.22)から明らかなように，$\phi_l^{(1)}$ は

$$[\phi_m, \phi_l^{(1)}] \approx 0 \qquad (m=1, 2, \cdots, K_1;\ l=2\rho+1, 2\rho+2, \cdots, K_1) \tag{11.28}$$

を満たしている．(11.24)は部分空間 $M^{(0)}$ に対する弱等式である．次に(11.25)の吟味に移ろう．これは2つの場合に分けられる．すなわち

(I) $$[\phi_l^{(1)}, H]|_{M^{(0)}} = 0 \tag{11.29}$$

(II) $$[\phi_l^{(1)}, H]|_{M^{(0)}} \neq 0 \tag{11.30}$$

(I)は第1次束縛条件のもとで $[\phi_l^{(1)}, H] \approx 0$ が自動的に成立することを意味するもので，ここからは新しい知見を得ることはできない．他方，(II)については，関係(11.30)に従うような $[\phi_l^{(1)}, H]$ のうち独立なものが K_2 個あったとし，それらを $\chi_a^{(1)}(q, p)$ とかこう．そのとき(11.25)から，既知の束縛条件以外の新たな束縛条件

$$\chi_a^{(1)} \approx 0 \qquad (a=1, 2, \cdots, K_2) \tag{11.31}$$ *)

が存在すべきことが導かれる．運動方程式を介して導かれた，第1

*) $\chi_a^{(1)}$ に $q_r, p_r\,(r=1, 2, \cdots, n)$ を含まないものがあったとすると $1 \approx 0$ となって，理論は否定される．これはオイラー・ラグランジュの方程式がすでに矛盾をもっていることを意味するもので，われわれはこのような場合は扱わない．

次束縛条件とは別の，この種の条件はすべて**第2次束縛条件**(secondary constraint)とよばれる．(11.31)の結果 q_r, p_r の属する部分空間の次元は減少する．この空間を $M^{(1)}(\subset M^{(0)})$ とかこう．

次に $k=2$ のときの整合性の条件 $\ddot{\phi}_m{}^{(1)} \approx 0$ を吟味しよう．$\phi_m{}^{(1)}$ が (11.24) における $\phi_{\rho+i}^{(1)}, \phi_i{}^{(1)}$，および (11.29) の $\phi_l{}^{(1)}$ のときは，(11.23) よりそのような $\phi_m{}^{(1)}$ の時間微分 $\dot{\phi}_m{}^{(1)}$ は $\phi_{m'}{}^{(1)}$ $(m'=1,2,\cdots,K_1)$ の1次結合となるので，$\ddot{\phi}_m{}^{(1)} \approx 0$ はすでに成立している $\dot{\phi}_{m'}{}^{(1)} \approx 0$ から導かれる．もし，このとき(II)に該当する $\phi_l{}^{(1)}$ が存在せず，したがって $K_2=0$ であれば話はここで完結し，すべての k について (11.11) は $M=M^{(0)}$ として自動的に満たされることになる．

しかし，$K_2 \neq 0$ つまり $\phi_m{}^{(1)}$ が (11.30) に従う $\phi_l{}^{(1)}$ であれば，$\dot{\phi}_l{}^{(1)}$ は (11.23) によって $\phi_m{}^{(1)}$ の1次結合と $\chi_a{}^{(1)}$ との和として表わされ，その結果，$\ddot{\phi}_l{}^{(1)} \approx 0$ は新たに

$$\dot{\chi}_a{}^{(1)} \approx 0 \qquad (a=1, 2, \cdots, K_2) \tag{11.32}$$

を要求することになる．このとき (11.27) より次式を得る．

$$\dot{\chi}_a{}^{(1)} = [\chi_a{}^{(1)}, H_1] + \sum_{l=2\rho+1}^{K_1} [\chi_a{}^{(1)}, \phi_l{}^{(1)}] u_l{}^{(1)} \approx 0 \tag{11.33}$$

そこで，この式に従う $u_l{}^{(1)}(l=2\rho+1, 2\rho+2, \cdots, K_1)$ を吟味するために，われわれは線形代数でこれもよく知られた次の結果を利用しよう[*]．

「B を d_1 行 d_2 列の行列，その階数を R とするとき，

$$YBZ^{\mathrm{T}} = R\left\{\begin{bmatrix} \overbrace{\mathbf{1}_R}^{R} & \mathbf{0} \\ \hdashline \mathbf{0} & \mathbf{0} \end{bmatrix}\right\}d_1 \atop \underbrace{}_{d_2} \tag{11.34}$$

---

[*] 例えば，彌永昌吉・杉浦光夫：『応用数学者のための代数学』，岩波書店 (1960)，43ページ，定理 10.

となるような，それぞれが d_1 次，d_2 次の正則な正方行列 Y, Z が存在する．ただし行列の成分はすべて実数値.」

いま $d_1=K_2$，$d_2=K_1-2\rho$，B を

$$B_{al}=[\chi_a, \phi_l^{(1)}] \qquad (a=1,2,\cdots,K_2;\ l=2\rho+1, 2\rho+2, \cdots, K_1) \tag{11.35}$$

その階数を R_1 としよう．ここで

$$\left.\begin{aligned}\chi_a^{(1)\prime} &= \sum_{a'=1}^{K_2} Y_{aa'}\chi_{a'}^{(1)} \qquad (a=1,2,\cdots,K_2)\\ \phi_l^{(2)} &= \sum_{l'=2\rho+1}^{K_1} Z_{ll'}\phi_{l'}^{(1)} \qquad (l=2\rho+1, 2\rho+2, \cdots, K_1)\end{aligned}\right\} \tag{11.36}$$

とすれば，(11.33)は

$$[\chi_a^{(1)\prime}, H_1]+\sum_{l=2\rho+1}^{K_1}[\chi_a^{(1)\prime}, \phi_l^{(2)}]u_l^{(2)} \approx 0 \tag{11.37}$$

しかも

$$[\chi_a^{(1)\prime}, \phi_l^{(2)}] \approx \left[\begin{array}{c:c} \mathbf{1}_{R_1} & \mathbf{0} \\ \hdashline \mathbf{0} & \mathbf{0} \end{array}\right] \tag{11.38}$$

とすることができる．ただし

$$u_l^{(2)} = \sum_{l'=2\rho+1}^{K_1} Z^{-1}_{l'l} u_{l'}^{(1)} \tag{11.39}$$

である．その結果，われわれは

$$-[\chi_j^{(1)\prime}, H_1] \approx u^{(2)}_{2\rho+j} \qquad (j=1,2,\cdots,R_1) \tag{11.40}$$

および

$$[\chi_s^{(1)\prime}, H_1] \approx 0 \qquad (s=R_1+1, R_1+2, \cdots, K_2) \tag{11.41}$$

を得る．(11.40)によって R_1 個の $u^{(2)}_{2\rho+j}$ が決定する．残りの $u^{(2)}_{2\rho+R_1+1}$, $u^{(2)}_{2\rho+R_1+2}, \cdots, u_{K_1}^{(2)}$ はこの段階では未定である．ここで決定した $u^{(2)}_{2\rho+j}$ $(j=1,2,\cdots,R_1)$ を使って

$$H_2 = H_1 - \sum_{j=1}^{R_1} [\chi_j{}^{(1)\prime}, H_1] \phi_{2\rho+j}^{(2)} \tag{11.42}$$

とすれば，(11.27)から H_T は

$$H_\mathrm{T} = H_2 + \sum_{s=2\rho+R_1+1}^{K_1} u_s{}^{(2)} \phi_s{}^{(2)} \tag{11.43}$$

とかくことができる．ここに現われる $\phi_s{}^{(2)}$ は，(11.28)と(11.36)，および(11.38)を考慮すれば

$$[\phi_m, \phi_s{}^{(2)}] \approx 0, \qquad [\chi_a{}^{(1)}, \phi_s{}^{(2)}] \approx 0$$
$$(m=1, 2, \cdots, K_1;\ a=1, 2, \cdots, K_2;$$
$$s=2\rho+R_1+1, 2\rho+R_1+2, \cdots, K_1) \tag{11.44}$$

を満たしていることが分かる．

(11.41)は，ふたたび2つの場合(I)，(II)にわかれる．

(I) $$[\chi_s{}^{(1)\prime}, H_1]|_{M^{(1)}} = 0 \tag{11.45}$$

(II) $$[\chi_s{}^{(1)\prime}, H_1]|_{M^{(1)}} \neq 0 \tag{11.46}$$

前と同様，(I)からは新しい知見は与えられない．しかし(II)の $[\chi_s{}^{(1)\prime}, H_1]$ のうち独立なものが K_3 個あるとして $\chi_b{}^{(2)}$ $(b=1, 2, \cdots, K_3)$ とかくと，新たな第2次束縛条件

$$\chi_b{}^{(2)} \approx 0 \qquad (b=1, 2, \cdots, K_3) \tag{11.47}$$

の存在が要求される．その結果として次元数の減った q_r, p_r の属する部分空間を $M^{(2)}$ $(\subset M^{(1)})$ とかくことにする．

もっとも，$K_3=0$ であれば整合性の条件(11.11)は，$\ddot{\phi}_m{}^{(1)} \approx 0$ を論じたときと同様の理由により，$M=M^{(1)}$ としてすべての k に関しその成立が保証される．しかし $K_3 \neq 0$ であるならば，前と同様の議論により，$k=3$ の整合性の条件 $\dddot{\phi}_m{}^{(2)}|_M=0$ は $\dot{\chi}_b{}^{(2)} \approx 0$ $(b=1, 2, \cdots, K_3)$ を要求する．これについての吟味は(11.32)の $\dot{\chi}_a{}^{(1)} \approx 0$ の吟味と全く同様に行なえることは明らかであろう．

この過程をくり返していけば，第2次束縛条件 $\chi_c{}^{(3)} \approx 0$，$\chi_d{}^{(4)} \approx 0$，… が次々現われることになるが，しかし，独立な束縛条件の総数が

いか程でも多くなるということはあり得ないから，有限回の操作でこの作業は完了する．このとき(11.11)の M は，第1次束縛条件およびこのようにして完全に汲みつくされた第2次束縛条件の全体が与える部分空間になることが分かる．そして，整合性の条件(11.11)はすべての k について成り立つことになる．

以上が，束縛条件を導くためのアルゴリズムである．実は，下の例1，例2の[注]にみられるように，これをすこし変える可能性があるが，それは11-3節の後半で議論することにし，ここではこれまでの結果をまとめておく．議論の便宜上導入した ϕ, χ, u の上つきの添字を落し，また第1次，第2次の束縛条件の総数をそれぞれ K, J とすれば，

$$\text{第1次束縛条件：}\quad \phi_m \approx 0 \qquad (m=1,2,\cdots,K) \tag{11.48}$$

$$\text{第2次束縛条件：}\quad \chi_b \approx 0 \qquad (b=1,2,\cdots,J) \tag{11.49}$$

ハミルトニアン H_{T} は

$$H' = H + \sum_{\alpha=1}^{K'} u_\alpha \phi_\alpha \tag{11.50}$$

として

$$H_{\mathrm{T}} = H' + \sum_{\sigma=K'+1}^{K} u_\sigma \phi_\sigma \tag{11.51}$$

とかくことができる．ここに $u_\alpha(\alpha=1,2,\cdots,K')$ は q_r, p_r の関数であって，整合性の条件から決定されており，他方 $u_\sigma(\sigma=K'+1, K'+2,\cdots,K)$ は完全に任意である．これの扱いについては11-3節で論ずる．容易に分かるように ϕ_σ は(11.28), (11.44)を一般化した弱等式

$$[\phi_m, \phi_\sigma] \approx 0, \qquad [\chi_b, \phi_\sigma] \approx 0$$
$$(m=1,2,\cdots,K;\ \sigma=K'+1, K'+2,\cdots,K;\ b=1,2,\cdots,J) \tag{11.52}$$

を満足する．整合性の条件(11.11)は，$\dot{\phi}_m \approx \dot{\chi}_b \approx 0$ となり，これは

$$[\phi_m, H]+\sum_{\alpha=1}^{K'}[\phi_m, \phi_\alpha]u_\alpha \approx 0 \qquad (m=1,2,\cdots,K) \quad (11.53)$$

$$[\chi_b, H]+\sum_{\alpha=1}^{K'}[\chi_b, \phi_\alpha]u_\alpha \approx 0 \qquad (b=1,2,\cdots,J) \quad (11.54)$$

と同等である．この式を満たす$u_\alpha(\alpha=1,2,\cdots,K')$が(弱等式として)一意的であることはこれまでの議論から了解される．

われわれは，簡単のために束縛条件がtに陽に依存しないと仮定したが，そうでない場合に話を拡張することは容易である．実際，(11.9)から分かるように，tを陽に含まないときの$[\phi_m, H]$, $[\chi_b, H]$を，それぞれ$[\phi_m, H]+\partial\phi_m/\partial t$, $[\chi_b, H]+\partial\chi_b/\partial t$に置きかえればよい．

以上，われわれは一般の場合における整合性条件の吟味と(11.51)にみられるH_{T}の導出についての議論を行なった．そのため話がやや大げさになったが，具体的な様子をみるために，以下に簡単な例をあげることにしよう．

例 1 $\qquad L=\dfrac{1}{2}(\dot{q}_1+q_1\dot{q}_2)^2+cq_2\dot{q}_3 \qquad (c:\ 定数)$

（i） $c\neq 0$の場合

このときは，$p_1=\dot{q}_1+q_1\dot{q}_2$, $p_2=q_1(\dot{q}_1+q_1\dot{q}_2)$, $p_3=cq_2$, ゆえに第1次束縛条件は

$$\phi_1=q_1p_1-p_2\approx 0, \qquad \phi_2=p_3-cq_2\approx 0 \qquad (11.55)$$

また$H=\sum_{r=1}^{3}p_r\dot{q}_r-L=p_1^2/2$となるので，(11.17)より

$$\dot{\phi}_1=p_1^2-cu_2\approx 0, \qquad \dot{\phi}_2=cu_1\approx 0 \qquad (11.56)$$

ここでは第2次束縛条件は現われず，整合性は上式から得られる$u_1=0$, $u_2=p_1^2/c$によって完全に保証される．したがって(11.55)と

$$H_{\mathrm{T}}=\frac{p_1^2}{2}+\frac{p_1^2}{c}(p_3-cq_2) \qquad (11.57)$$

によって理論は記述されることになる．

（ii） $c=0$ の場合

このときは変数 q_3 が消えて第1次束縛条件は $\phi_1=q_1p_1-p_2\approx 0$ だけ，また $H=p_1{}^2/2$ となるから

$$H_{\mathrm{T}}=\frac{p_1{}^2}{2}+u_1\phi_1 \tag{11.58}$$

これから

$$\dot{\phi}_1=[\phi_1, p_1{}^2/2]+u_1[\phi_1, \phi_1]=p_1{}^2\approx 0 \tag{11.59}$$

ゆえに u_1 は決定されず，第2次束縛条件

$$\chi_1=p_1{}^2\approx 0 \tag{11.60}$$

が導入される．さらに $\ddot{\phi}_1=\dot{\chi}_1=-2u_1\chi_1$，したがって $\ddot{\phi}_1\approx 0$ は(11.60)により自動的に保証され，第2次束縛条件は，これのみとなる．このモデルでは u_1 は任意である．

［注］ (11.60)の代りに $\chi_1=p_1\approx 0$ をとることもできる．実際この条件のもとで，$d^k\phi_1/dt^k\approx 0$, $d^k\chi_1/dt^k\approx 0$ が成り立つことが容易に確かめられる．

例2
$$L=\frac{1}{2}\dot{q}_1{}^2+\frac{1}{2}q_1{}^2q_2$$

これは(4.25)の特殊な場合である．第1次束縛条件は

$$\phi_1=p_2\approx 0 \tag{11.61}$$

また，$p_1=\dot{q}_1$ で，$H=(p_1{}^2-q_1{}^2q_2)/2$ となるから

$$H_{\mathrm{T}}=\frac{1}{2}(p_1{}^2-q_1{}^2q_2)+u_1\phi_1 \tag{11.62}$$

したがって

$$\left.\begin{aligned}
&\dot{\phi}_1=[p_2, H_{\mathrm{T}}]=\frac{1}{2}q_1{}^2\approx 0\\
&\ddot{\phi}_1=q_1\dot{q}_1=q_1p_1\approx 0\\
&\dddot{\phi}_1=\dot{q}_1p_1+q_1\dot{p}_1=p_1{}^2+q_1{}^2q_2\approx 0\Longrightarrow p_1{}^2\approx 0\\
&\ddddot{\phi}_1\approx 2p_1\dot{p}_1=2p_1q_1q_2\approx 0
\end{aligned}\right\} \tag{11.63}$$

ここでは，第2次束縛条件 $\chi_1=q_1{}^2\approx0$，$\chi_2=q_1p_1\approx0$，$\chi_3=p_1{}^2\approx0$ が次々に導入され，$\overset{....}{\phi}_1$ にいたってはじめてこれを ≈0 と置けることが前式($\chi_2\approx0$)から保証されて，整合性の吟味が完了する．このモデルでも u_1 の任意性が残される．

［注］ (11.63)の第1式を得たところで，第2次束縛条件として $\chi_1=\sqrt{2\dot{\phi}}=q_1\approx0$ を採用したらどうであろうか．$d^k\phi_1/dt^k\approx0$，$d^k\chi_1/dt^k\approx0$ がこのときの整合性の条件となるが，これは $\chi_2=\dot{q}_1=p_1\approx0$ を導入することによって満たされることが分かる．すなわち，ここでは第2次束縛条件は2個である．上記の $d^k\phi_1/dt^k\approx0$ のみを整合性の条件とした場合と同様，この場合も正しい運動方程式が与えられる．このように束縛条件の作り方が必ずしも1通りでないことに関連した議論は11-3節で行なわれる．

例 3
$$L=-mc^2\sqrt{\dot{x}_0{}^2-(\dot{\boldsymbol{x}}/c)^2}$$

これは質量 m の相対論的な自由粒子の記述で，第7章7-3節の場合のように時間 $t\equiv x_0$ を力学変数とみなしたときのラグランジアンである．ただし c は光速，またここでは $\dot{x}_0\equiv dx_0/d\tau$，$\dot{\boldsymbol{x}}\equiv(dx_1/d\tau, dx_2/d\tau, dx_3/d\tau)$ である．

$$\left.\begin{aligned} p_0&=\frac{\partial L}{\partial\dot{x}_0}=-\frac{mc^2\dot{x}_0}{\sqrt{\dot{x}_0{}^2-(\dot{\boldsymbol{x}}/c)^2}} \\ p_j&=\frac{\partial L}{\partial\dot{x}_j}=\frac{m\dot{x}_j}{\sqrt{\dot{x}_0{}^2-(\dot{\boldsymbol{x}}/c)^2}} \qquad (j=1,2,3)\end{aligned}\right\} \tag{11.64}$$

より，第1次束縛条件は

$$\phi_1=p_0{}^2-(\boldsymbol{p}^2c^2+m^2c^4) \tag{11.65}$$

しかも $H=\dot{x}_0p_0+\dot{\boldsymbol{x}}\boldsymbol{p}-L=0$ となるので

$$H_{\mathrm{T}}=u_1\phi_1 \tag{11.66}$$

したがって $\dot{\phi}_1=u_1[\phi_1,\phi_1]=0$ となって，第2次束縛条件は現われない．このときも u_1 は不定のまま残る．なお(11.64)の第1式から p_0 の符号は決められないので，(11.65)の右辺を $p_0+\sqrt{\boldsymbol{p}^2c^2+m^2c^4}$,

または $p_0-\sqrt{\boldsymbol{p}^2c^2+m^2c^4}$ とおくのは，理論を制限することになる．

11-2 ディラック括弧

q_r, p_r の関数 f が，第1次，第2次束縛条件におけるすべての ϕ_m, χ_b $(m=1,2,\cdots,K;\ b=1,2,\cdots,J)$ と

$$[\phi_m, f]\approx 0, \qquad [\chi_b, f]\approx 0 \tag{11.67}$$

なる関係をみたすとき，ディラックはこのような f を**第1種**(first class)**の量**，またそれ以外を**第2種**(second class)**の量**とよんだ．第1種の量 f が束縛条件

$$f\approx 0 \tag{11.68}$$

を与えるとき，これを**第1種の束縛条件**(first class constraint)といい，また f が第2種の量であれば**第2種の束縛条件**(second class constraint)という．さらに(11.68)が第1種(第2種)の束縛条件のとき，ここでの f を第1種(第2種)の**束縛条件量**とよぶことにしよう．

(11.52)からみられるように ϕ_σ $(\sigma=K'+1, K'+2, \cdots, K)$ は第1種の束縛条件量である．これに対して(11.50)の ϕ_α $(\alpha=1,2,\cdots,K')$ の任意の1次結合 $\phi_\alpha{}'=\sum_{\beta=1}^{K'}\gamma_{\alpha\beta}\phi_\beta$ (ただし $\det\gamma\neq 0$)はすべて第2種の束縛条件量となる．これは次のようにして分かる．$\phi_1, \phi_2, \cdots, \phi_K, \chi_1, \chi_2, \cdots, \chi_J$ を $\Phi_1, \Phi_2, \cdots, \Phi_{K+J}$ とかいて，$D_{i\alpha}=[\Phi_i, \phi_\alpha]$ $(i=1,2,\cdots,K+J;\ \alpha=1,2,\cdots,K')$ とすれば，(11.53)，(11.54)は $[\Phi_i, H]+\sum_{\alpha=1}^{K'}D_{i\alpha}u_\alpha\approx 0$ となるが，すでに述べたように，解 u_α $(\alpha=1,2,\cdots,K')$ は弱等式の意味で一意的，したがって行列 D の階数は K' である．いま $D_{i\alpha}{}'=[\Phi_i, \phi_\alpha{}']$ とかけば，行列 D' は $D'\approx D\gamma$ となって，$\det\gamma\neq 0$ であるから D' の階数もまた K' である．しかし，もし $\phi_\alpha{}'$ のあるもの例えば $\phi_{\bar{\alpha}}{}'$ が第1種の束縛条件量とすると，D' の第 $\bar{\alpha}$ 列に属する行列要素はすべて0になり，D' の階数は K' より小さくなって矛盾を生ずる．すなわち，すべての $\phi_\alpha{}'$ は第2種の束縛条件量

でなければならない．

しかし，一般には第2種の量の1次結合は，第1種の量になることがあるので，$\Phi_i (i=1,2,\cdots,K+J)$ の1次結合からでき得るかぎり多くの独立な第1種の束縛条件量をつくり，それらを $\psi_\beta (\beta=1,2,\cdots,S_1)$ とかくことにする．もちろん $\phi_\sigma (\sigma=K'+1,K'+2,\cdots,K)$ はこのなかに含まれるので，便宜上 H_T に含まれる第1種の束縛条件量を

$$\psi_j = \phi_{K'+j} \qquad (j=1,2,\cdots,K-K') \tag{11.69}$$

としよう．このようにして全体としての

$$\text{第1種の束縛条件：}\quad \psi_\beta \approx 0 \qquad (\beta=1,2,\cdots,S_1) \tag{11.70}$$

が与えられる．残りの束縛条件は

$$\text{第2種の束縛条件：}\quad \varphi_\kappa \approx 0 \qquad (\kappa=1,2,\cdots,S_2=K+J-S_1) \tag{11.71}$$

となる．定義により φ_κ のいかなる1次結合も第1種の束縛条件量になることはない．それゆえ，第 κ 行第 κ' 列が

$$\varDelta_{\kappa\kappa'} = [\varphi_\kappa, \varphi_{\kappa'}] \tag{11.72}$$

であるような，S_2 次の交代行列 $\varDelta$ をつくるとその階数は S_2 で $\det \varDelta \neq 0$，すなわち $\varDelta^{-1}$ が存在する．いうまでもなく S_2 は偶数で(奇数なら $\det \varDelta = 0$)

$$S_2 = K+J-S_1 = 2\bar{S} \tag{11.73}$$

われわれは，弱等号 $\approx$ を次の2つのタイプ $\underset{1}{\approx}$ および $\underset{2}{\approx}$ に分類しよう．

$$f = g + \sum_\beta c_\beta \psi_\beta \Longrightarrow f \underset{1}{\approx} g \tag{11.74}$$

$$f = g + \sum_\kappa c_\kappa' \varphi_\kappa \Longrightarrow f \underset{2}{\approx} g \tag{11.75}$$

右側にかかれた関係のうち前者を第1種の弱等式，後者を第2種の弱等式とよぶことにするが，以下の議論にみられるように，第2種の弱等号 $\underset{2}{\approx}$ を理論から消去することができる．

物理量$F(q,p,t)$において，q_r, p_rは常に部分空間Mのなかにあるから，Fと$F_\perp \equiv F-\sum_\kappa \bar{c}_\kappa \varphi_\kappa$は物理的には全く区別がない．そこで$F$の代りに$F_\perp$を使うことにし，$\bar{c}_\kappa$としては

$$[\varphi_\kappa, F_\perp] \underset{2}{\approx} 0 \tag{11.76}$$

を満たすものを採用しよう．容易にわかるように，(11.72)で与えられた行列$\varDelta$に逆行列があることを考慮すれば

$$\bar{c}_\kappa = \sum_{\kappa'} [F, \varphi_{\kappa'}] \varDelta^{-1}_{\kappa'\kappa} \tag{11.77}$$

ととることができるので，これを用いて

$$F_\perp = F - \sum_{\kappa,\kappa'} [F, \varphi_\kappa] \varDelta^{-1}_{\kappa\kappa'} \varphi_{\kappa'} \tag{11.78}$$

を定義する．このとき次の関係の成立することが確かめられる．それは簡単な計算なので読者にやってもらうことにしよう．

$$\begin{aligned}[F_\perp, G] \underset{2}{\approx} [F, G_\perp] &\underset{2}{\approx} [F_\perp, G_\perp] \\ &\underset{2}{\approx} [F, G] - \sum_{\kappa,\kappa'} [F, \varphi_\kappa] \varDelta^{-1}_{\kappa\kappa'} [\varphi_{\kappa'}, G]\end{aligned} \tag{11.79}$$

さて，$G_\perp - G \underset{2}{\approx} 0$であるから，$f \underset{2}{\approx} 0$であれば上式第1行目より

$$[F_\perp, f] \underset{2}{\approx} [F, f_\perp] \underset{2}{\approx} [F_\perp, f_\perp] \underset{2}{\approx} 0 \tag{11.80}$$

つまりポアソン括弧の中の少なくとも一方の量に$\perp$がついていれば，そのようなポアソン括弧の計算の前後では第2種の弱等号$\underset{2}{\approx}$が保たれていることが分かる．もともと弱等号を導入しなければならなかったのは，例えば$f \underset{2}{\approx} 0$に対して$[F, f]|_M \neq 0$となることがあるからであった．したがって上のような場合には$\underset{2}{\approx}$を$=$で置きかえても何の支障も起こらないことが分かる．すなわち，このときは第2種の束縛条件(11.69)を

$$\varphi_\kappa = 0 \qquad (\kappa = 1, 2, \cdots, 2\bar{S}) \tag{11.81}$$

とおき，さらに(11.79)の第2種の弱等号$\underset{2}{\approx}$を通常の等号に改めた

$$[F_\perp, G] = [F, G_\perp] = [F_\perp, G_\perp]$$

$$= [F, G] - \sum_{\kappa, \kappa'} [F, \varphi_\kappa] \Delta^{-1}_{\kappa, \kappa'} [\varphi_{\kappa'}, G] \tag{11.82}$$

が成立する．それゆえ，(11.82)の右辺を用いて新たに括弧式

$$[F, G]^* \equiv [F, G] - \sum_{\kappa, \kappa'} [F, \varphi_\kappa] \Delta^{-1}_{\kappa\kappa'} [\varphi_{\kappa'}, G] \tag{11.83}$$

を導入すれば，左辺の＊のついた括弧の中では，(11.81)をそのまま用いることができる．$[\ \ ,\ \ ]^*$ は**ディラック括弧**(Dirac bracket)とよばれる．興味あることに，(8.23)～(8.26)に示されたポアソン括弧の性質が，そのままディラック括弧に対しても成立する．

(i)
$$[A, B]^* = -[B, A]^* \tag{11.84}$$

(ii) λ_1, λ_2 を正準変数を含まない量とするとき

$$[A, \lambda_1 B + \lambda_2 C]^* = \lambda_1 [A, B]^* + \lambda_2 [A, C]^* \tag{11.85}$$

(iii)
$$[AB, C]^* = A[B, C]^* + [A, C]^* B \tag{11.86}$$

(iv)
$$[[A, B]^*, C]^* + [[B, C]^*, A]^* + [[C, A]^*, B]^* = 0 \tag{11.87}$$

(i), (ii)は(11.83)の定義から導かれる．(iii)も同様であるが，ディラック括弧がポアソン括弧の少なくとも一方の量に ⊥ をつけたものと等しいことを考慮し，(8.25)を用いれば

$$\begin{aligned}[AB, C]^* &= [AB, C_\perp] = A[B, C_\perp] + [A, C_\perp] B \\ &= A[B, C]^* + [A, C]^* B\end{aligned} \tag{11.88}$$

となって，簡単に導かれる．また(iv)は，$[[A, B]^*, C]^* = [[A_\perp, B_\perp], C_\perp]$ を利用し，右辺の2重ポアソン括弧にヤコビの恒等式(8.26)を適用すれば，導かれる．

任意のディラック括弧は，正準変数のディラック括弧 $[q_r, q_s]^*$, $[p_r, p_s]^*$, $[q_r, p_s]^*$ を用いて表わすことができる．それをみるために，第9章9-2節の(9.13), (9.14)で導入した x_α $(\alpha = 1, 2, \cdots, 2n)$ やシンプレクティック行列 M を用いることにしよう．(9.30)および M の定義により次式が成り立つ．

$$\left.\begin{aligned}[F, G] &= \sum_{\alpha,\beta=1}^{2n} \frac{\partial F}{\partial x_\alpha} M_{\alpha\beta} \frac{\partial G}{\partial x_\beta} = \sum_{\alpha,\beta=1}^{2n} \frac{\partial F}{\partial x_\alpha}[x_\alpha, x_\beta]\frac{\partial G}{\partial x_\beta} \\ [F, \varphi_\kappa] &= \sum_{\alpha,\beta=1}^{2n} \frac{\partial F}{\partial x_\alpha} M_{\alpha\beta} \frac{\partial \varphi_\kappa}{\partial x_\beta} = \sum_{\alpha=1}^{2n} \frac{\partial F}{\partial x_\alpha}[x_\alpha, \varphi_\kappa] \\ [\varphi_{\kappa'}, G] &= \sum_{\alpha,\beta=1}^{2n} \frac{\partial \varphi_{\kappa'}}{\partial x_\alpha} M_{\alpha\beta} \frac{\partial G}{\partial x_\beta} = \sum_{\beta=1}^{2n} [\varphi_{\kappa'}, x_\beta]\frac{\partial G}{\partial x_\beta}\end{aligned}\right\} \tag{11.89}$$

それゆえこれを(11.83)の右辺に代入し，q_r, p_r を用いて表わせば

$$\begin{aligned}[F, G]^* = \sum_{r,s=1}^{n} \Big\{ &\frac{\partial F}{\partial q_r}\frac{\partial G}{\partial q_s}[q_r, q_s]^* + \frac{\partial F}{\partial q_r}\frac{\partial G}{\partial p_s}[q_r, p_s]^* \\ &+ \frac{\partial F}{\partial p_r}\frac{\partial G}{\partial q_s}[p_r, q_s]^* + \frac{\partial F}{\partial p_r}\frac{\partial G}{\partial p_s}[p_r, p_s]^* \Big\}\end{aligned} \tag{11.90}$$

を得る．正準変数に関するディラック括弧を**基本ディラック括弧** (fundamental Dirac bracket) といい，これが与えられれば，束縛条件を顧慮することなしに(11.90)によりすべてのディラック括弧を求めることができる．

ついでに，ディラック括弧の定義(11.83)は，正準変数のとり方に無関係であることを注意しておこう．実際，(11.83)の右辺はポアソン括弧のみを用いてかかれており，(9.12)にみられるように，これらは正準変数のとり方には関係しないからである．すなわち

$$[F, G]^*_{(q,p)} = [F, G]^*_{(Q,P)} \tag{11.91}$$

次に運動方程式をディラック括弧を用いてかきかえることを考えよう．前節に述べたように，q_r, p_r の運動は M の中に限られるので，運動方程式の右辺において $\approx$ を $=$ として問題はない．これを考慮して，(11.83)を用いて式を変形すれば

$$\dot{q}_r = [q_r, H_{\mathrm{T}}] = [q_r, H_{\mathrm{T}}]^* - \sum_{\kappa,\kappa'} \frac{\partial \varphi_\kappa}{\partial p_r} \Delta^{-1}_{\kappa\kappa'} \frac{\partial \varphi_{\kappa'}}{\partial t} \tag{11.92}$$

ここでは整合性の条件 $\dot{\varphi}_\kappa = [\varphi_\kappa, H_{\mathrm{T}}] + \partial\varphi_\kappa/\partial t \approx 0$ を用いて $[\varphi_{\kappa'}, H_{\mathrm{T}}]$ を $-\partial\varphi_{\kappa'}/\partial t$ にかきかえた．同様にして

$$\dot{p}_r = [p_r, H_{\mathrm{T}}] = [p_r, H_{\mathrm{T}}]^* + \sum_{\kappa,\kappa'} \frac{\partial \varphi_\kappa}{\partial q_r} \Delta^{-1}_{\kappa\kappa'} \frac{\partial \varphi_{\kappa'}}{\partial t} \tag{11.93}$$

となる．

φ_κ が時間 t を陽に含む場合は上式右辺第2項のようなやや複雑な付加項が現われるが，実際上は束縛条件が t を陽に含む場合はあまりない．したがって，t を陽に含む $\varphi_\kappa, \psi_\beta$ を扱う必要のある場合は別に考えることにして，以下では断りがないかぎり，すべての κ, β について $\partial\varphi_\kappa/\partial t = \partial\psi_\beta/\partial t = 0$ を仮定しよう．このとき(11.92), (11.93)は

$$\dot{q}_r = [q_r, H_{\mathrm{T}}]^*, \qquad \dot{p}_r = [p_r, H_{\mathrm{T}}]^* \tag{11.94}$$

となり，$F(q, p, t)$ に対しては

$$\dot{F} = \frac{\partial F}{\partial t} + [F, H_{\mathrm{T}}]^* \tag{11.95}$$

が得られる．他方，(11.69)の記号を用いると(11.51)の H_{T} は

$$H_{\mathrm{T}} = H' + \sum_{j=1}^{K-K'} v_j \psi_j \underset{2}{\approx} H + \sum_{j=1}^{K-K'} v_j \psi_j \tag{11.96}$$

の形をとる．したがって(11.95)はまた

$$\dot{F} = \frac{\partial F}{\partial t} + [F, H]^* + \sum_{j=1}^{K-K'} v_j [F, \psi_j]^* \tag{11.97}$$

とかくことができる．

このようにして，われわれはポアソン括弧に代えてディラック括弧を用いることにより，第2種の弱等号 $\underset{2}{\approx}$ を消去することができた．しかし，これを拡張して第1種の弱等号 $\underset{1}{\approx}$ をも消去することは不可能である．実際(11.72)の Δ の定義に φ_κ と共に ψ_β をも動員すると，$\det \Delta \approx 0$ となって弱等号の消去に必要な Δ^{-1} の存在が否定されることになる．

われわれは第2種の束縛条件との単純な両立化を計るためにディラック括弧を形式的に導入したが，以下ではやや視点を変えて，そ

れのもつ意味をさらに考えてみようと思う．(11.18)によれば，$\varDelta$ は $2\bar{S}$ 次の正則行列 V を用いて

$$\varDelta' \equiv V\varDelta V^{\mathrm{T}} = \left(\begin{array}{c|c} \mathbf{0} & \mathbf{1}_{\bar{S}} \\ \hline -\mathbf{1}_{\bar{S}} & \mathbf{0} \end{array}\right) \tag{11.98}$$

とすることができる．このことは，φ についての最低ベキが2次以上の適当な関数

$$f^{\kappa} = \sum_{\kappa', \kappa''=1}^{2\bar{S}} c^{\kappa}_{\kappa'\kappa''}(q, p)\varphi_{\kappa'}\varphi_{\kappa''} + \cdots$$

を導入すれば

$$\varphi_{\kappa}' = \sum_{\kappa'=1}^{2\bar{S}} V_{\kappa\kappa'}\varphi_{\kappa'} + f^{\kappa} \qquad (\kappa=1, 2, \cdots, 2\bar{S}) \tag{11.99}$$

のつくるポアソン括弧 $[\varphi_{\kappa}', \varphi_{\kappa'}']$ が $\varDelta'_{\kappa\kappa'}$ に等しくできることを意味する．それゆえ

$$q_a' = \varphi_a', \qquad p_a' = \varphi'_{a+\bar{S}} \qquad (a=1, 2, \cdots, \bar{S}) \tag{11.100}$$

とかくならば，(11.98)より

$$\left.\begin{array}{l} [q_a', q_b'] = [p_a', p_b'] = 0 \\ [q_a', p_b'] = \delta_{ab} \end{array}\right\} \qquad (a, b=1, 2, \cdots, \bar{S}) \tag{11.101}$$

が成立する．そこで，$q_r, p_r (r=1, 2, \cdots, n)$ に適当な正準変換をほどこし，その結果得られた正準変数に上記の $q_a', p_a' (a=1, 2, \cdots, \bar{S})$ が含まれるようにしよう．すなわち新しい正準変数を $q_1^*, q_2^*, \cdots, q^*_{n-\bar{S}}, p_1^*, p_2^*, \cdots, p^*_{n-\bar{S}}, q_1', q_2', \cdots, q_{\bar{S}}', p_1', p_2', \cdots, p_{\bar{S}}'$ とかく．いうまでもなくこれらは，(11.101)に加えて

$$\left.\begin{array}{l} [q_\xi^*, q_\zeta^*] = [p_\xi^*, p_\zeta^*] = [q_\xi^*, q_a'] = [p_\xi^*, q_a'] \\ \qquad = [q_\xi^*, p_a'] = [p_\xi^*, p_a'] = 0 \\ [q_\xi^*, p_\zeta^*] = \delta_{\xi, \zeta} \\ \qquad (\xi, \zeta=1, 2, \cdots, n-\bar{S};\ a=1, 2, \cdots, \bar{S}) \end{array}\right\} \tag{11.102}$$

をみたす.

ここで新正準変数に対するディラック括弧を考えてみよう.(11.99), (11.100)より明らかなように, 第2種束縛条件は次のようにかかれる.

$$q_a' \underset{2}{\approx} 0, \qquad p_a' \underset{2}{\approx} 0 \tag{11.103}$$

しかもディラック括弧はすでに述べたように正準変数のとり方には依存しないから, それらは容易に求めることができる. 例えば,(11.102)を用いれば

$$\begin{aligned}[q_\xi^*, p_\zeta^*]^* = [q_\xi^*, p_\zeta^*] - \sum_{a,b=1}^{\bar{S}}([q_\xi^*, q_a']\Delta'^{-1}_{ab}[q_b', p_\zeta^*] \\ +[q_\xi^*, q_a']\Delta'^{-1}_{a,b+\bar{S}}[p_b', p_\zeta^*] \\ +[q_\xi^*, p_a']\Delta'^{-1}_{a+\bar{S},b}[q_b', p_\zeta^*] \\ +[q^*, p_a']\Delta'^{-1}_{a+\bar{S},b+\bar{S}}[p_b', p_\zeta^*]) = \delta_{\xi\zeta}\end{aligned} \tag{11.104}$$

同様にして

$$[q_\xi^*, q_\zeta^*]^* = [p_\xi^*, p_\zeta^*]^* = 0 \tag{11.105}$$

また q_a', p_a' を含むディラック括弧は, (11.103)を括弧内に用いれば, すべて0になる. それゆえ(11.104), (11.105)を(11.90)に代入すれば

$$[F, G]^* = \sum_{\xi=1}^{n-\bar{S}}\left(\frac{\partial F}{\partial q_\xi^*}\frac{\partial G}{\partial p_\xi^*} - \frac{\partial F}{\partial p_\xi^*}\frac{\partial G}{\partial q_\xi^*}\right) \tag{11.106}$$

が得られる. ここでは両辺に $q_a'=p_a'=0$ を用いることができるので, F, G は $q_\xi^*, p_\xi^*(\xi=1, 2, \cdots, n-\bar{S})$ のみの関数として扱ってよい. q_ξ^*, p_ξ^* は, 第2種の束縛条件を使って $2\bar{S}$ 個の変数を消去した後に残った独立な変数である. しかも, その消去はそれらが正準変数になるように行なわれた. その結果, (11.106)にみられるように, ディラック括弧は第2種の束縛条件には拘束されない独立な正準変数 q_ξ^*, p_ξ^* を用いてのポアソン括弧に帰着したわけである. いわば, 上述の消去を行なえば, 第2種の束縛条件を考える必要がなくなり,

通常と同様にポアソン括弧での議論ができる．そのポアソン括弧を消去以前の変数を用いてかいたものがディラック括弧に他ならない．

第2種の束縛条件に左右されない独立な正準変数をとりだすこの方法は**消去法**といわれる．消去法は形式的には議論の道筋を簡明にするが，具体的にこれを適用するとなると，しばしば計算を複雑にする．むしろ無理に消去せずに，ディラック括弧を用いた方が便利なことが多い．基本ディラック括弧は量子論への移行に際して，不可欠な役割をもつことが知られている．

11-3　ゲージの自由度

この節では，第1種束縛条件の性質を検討するとともに，これと関連してこれまでの議論の不備を補うことにする．(11.70)に示される S_1 個の第1種束縛条件量 φ_β のうち，$K-K'$ 個の第1次の量は H_{T} に現われる．(11.96)にならって，これを

$$H_{\mathrm{T}} = H' + \sum_{j=1}^{K-K'} v_j \varphi_j \qquad (11.107)$$

とかこう．v_j は，これまでの議論から明らかなように，理論の整合性からは決定することができない．つまりこのような理論は本質的に不定性を内包するものであって，それはすでにオイラー・ラグランジュの方程式の解に含まれていたものが，ハミルトン形式で顔を出したといえる．

例えば，11-1節の例1(ii)のラグランジアン $L=(\dot{q}_1+q_1\dot{q}_2)^2/2$ は運動方程式

$$\frac{d}{dt}(\dot{q}_1+q_1\dot{q}_2) - \dot{q}_2(\dot{q}_1+q_1\dot{q}_2) = 0 \qquad (11.108)$$

$$\dot{q}_1(\dot{q}_1+q_1\dot{q}_2) + q_1\frac{d}{dt}(\dot{q}_1+q_1\dot{q}_2) = 0 \qquad (11.109)$$

を与える．第1式に q_1 をかけて第2式との差をとれば $\dot{q}_1+q_1\dot{q}_2=0$

を得るが，これは容易に積分できて

$$q_1 = ae^{-q_2} \qquad (a\text{: 定数}) \tag{11.110}$$

これがオイラー・ラグランジュの方程式(11.108), (11.109)の一般解である．ここでは q_2 あるいは q_1 が時刻 t の関数としてどのようになるかが決定されず，与えられるのは両者の関係だけである．したがって，われわれは q_2 の時間依存性を勝手に設定してよい．例えば $q_2=f(t)$ とおけば*)，(11.110)によって $q_1=a\exp[-f(t)]$ となり，これらはもちろん(11.108), (11.109)を満足する．そして $f(t)$ のとり方のこのような任意性は，ハミルトン形式でいえば，(11.58)の u_1 の任意性に対応するものである．実際，(11.58)からハミルトンの方程式をつくると

$$\left.\begin{array}{ll} \dot{q}_1 = p_1 + u_1 q_1, & \dot{q}_2 = -u_1 \\ \dot{p}_1 = -u_1 p_1, & \dot{p}_2 = 0 \end{array}\right\} \tag{11.111}$$

となり，これを束縛条件 $q_1p_1=p_2$ および $p_1{}^2=0$ (または $p_1=0$) のもとで解けばよい．束縛条件に弱等号を使わないのは，もはやそれらのポアソン括弧を考える必要がないからである．直ちにわかるように，束縛条件によって $p_1=p_2=0$，これを(11.111)に用いれば第2行目の2つの式は自動的にみたされ，第1行目の式は，$\dot{q}_1=u_1q_1$ と $\dot{q}_2=-u_1$ になって，$\dot{q}_1+q_1\dot{q}_2=0$ を与えるとともに，前記の f は u_1 との間に $f(t)=-\int^t dtu_1$ なる関係をもつ．ラグランジュ形式とハミルトン形式が同等である以上，解のもつ不定性についてこの種の関係が成り立つのは当然といえる．

時刻 $t=0$ で q_r, p_r が与えられたとき，(11.107)の v_j の関数形のとり方に応じて，時刻 t における q_r, p_r は，運動方程式を解くことによって決定する．しかし v_j をどうとるかは人為的な操作であるから，このようにして得られた同一の初期値をもつさまざまな q_r, p_r

---

*) $q_2=f(q_1,t)$ としてもよい．これと(11.110)を連立させれば q_1, q_2 が t の関数として求まる．

は，すべて物理的には同一の状態を表わすと考えるべきである．例えば，一般に物理量 $F=F(q(t), p(t), t)$ の時刻 $t+\tau$ における値を $F^{\tau}=F(q(t+\tau), p(t+\tau), t+\tau)$ とかくと

$$F^{\tau} = F+\dot{F}\tau+\cdots = F+\left([F, H_{\mathrm{T}}]+\frac{\partial F}{\partial t}\right)\tau+\cdots$$
$$= F+\left([F, H']+\sum_{j} v_j[F, \phi_j]+\frac{\partial F}{\partial t}\right)\tau+\cdots \quad (11.112)$$

を得る．これと v_j の代りに v_j' を用いたものとの差をつくると

$$\Delta F = \sum_{j} \tau(v_j-v_j')[F, \phi_j]+\cdots$$
$$= \sum_{j} \epsilon_j[F, \phi_j]+\cdots \quad (11.113)$$

それゆえ，τ すなわち $\epsilon_j\,(\equiv\tau(v_j-v_j'))$ を微小量とみなすとき，ΔF は $\phi_j\,(j=1, \cdots, K-K')$ を生成子とする無限小正準変換によって与えられることが分かる．ΔF は，時刻 t に同一初期値 F をもつ二つの量の時刻 $t+\tau$ における差である．それゆえ F に対するのと同様に q_r, p_r に対してこのような変換を行なっても，前述の意味で物理的な状態は変わらないと考えなければならない．

次に，この変換を2度続けて行なってみよう．つまり t から $t+\tau$ までは v_j で，また $t+\tau$ から $t+\tau+\tau'$ までは v_j' で行なわれる時間的変化を考察する．ただし簡単のために，v_j, v_j' はそれぞれの時間間隔内で一定値をとるものとしよう．そのとき

$$F^{\tau} = F+\dot{F}\tau+\frac{1}{2}\ddot{F}\tau^2+\cdots$$
$$= F+\left([F, H_{\mathrm{T}}]+\frac{\partial F}{\partial t}\right)\tau+\frac{1}{2}\left([[F, H_{\mathrm{T}}], H_{\mathrm{T}}]\right.$$
$$\left.+\left[F, \frac{\partial H_{\mathrm{T}}}{\partial t}\right]+2\left[\frac{\partial F}{\partial t}, H_{\mathrm{T}}\right]+\frac{\partial^2 F}{\partial t^2}\right)\tau^2+\cdots \quad (11.114)$$

$$F^{\tau+\tau'} = F^{\tau}+\left([F^{\tau}, H_{\mathrm{T}}{}^{\tau}]+\frac{\partial F^{\tau}}{\partial t}\right)\tau'+\frac{1}{2}\left([[F^{\tau}, H_{\mathrm{T}}{}^{\tau}], H_{\mathrm{T}}{}^{\tau}]\right.$$

$$+\left[F^{\tau}, \frac{\partial H_{\mathrm{T}}{}^{\tau}}{\partial t}\right]+2\left[\frac{\partial F^{\tau}}{\partial t}, H_{\mathrm{T}}{}^{\tau}\right]+\frac{\partial^2 F^{\tau}}{\partial t^2}\Bigg)\tau'^2+\cdots \qquad (11.115)$$

ここで

$$H_{\mathrm{T}}{}^{\tau} = H'^{\tau}+\sum_j v_j'\phi_j{}^{\tau}$$
$$= H_{\mathrm{T}}'+\left([H_{\mathrm{T}}', H_{\mathrm{T}}]+\frac{\partial H_{\mathrm{T}}'}{\partial t}\right)\tau+\cdots \qquad (11.116)$$

かつ

$$H_{\mathrm{T}}' \equiv H'+\sum_j v_j'\phi_j, \qquad \frac{\partial H_{\mathrm{T}}'}{\partial t} = \frac{\partial H'}{\partial t}+\sum_j v_j'\frac{\partial \phi_j}{\partial t} \qquad (11.117)$$

である．(11.115) の F^{τ} に (11.114) を代入し，(11.116) および (11.117)を考慮して $F^{\tau+\tau'}$ を τ, τ' の 2 次の項まで求めると

$$F^{\tau+\tau'} = F+\Bigg\{\left([F, H_{\mathrm{T}}]+\frac{\partial F}{\partial t}\right)\tau+\frac{1}{2}\Bigg([[F, H_{\mathrm{T}}], H_{\mathrm{T}}]+\left[F, \frac{\partial H_{\mathrm{T}}}{\partial t}\right]$$
$$+2\left[\frac{\partial F}{\partial t}, H_{\mathrm{T}}\right]+\frac{\partial^2 F}{\partial t^2}\Bigg)\tau^2+\cdots\Bigg\}+\Bigg\{\left([F, H_{\mathrm{T}}']+\frac{\partial F}{\partial t}\right)\tau'$$
$$+\frac{1}{2}\Bigg([[F, H_{\mathrm{T}}'], H_{\mathrm{T}}']+\left[F, \frac{\partial H_{\mathrm{T}}'}{\partial t}\right]$$
$$+2\left[\frac{\partial F}{\partial t}, H_{\mathrm{T}}'\right]+\frac{\partial^2 F}{\partial t^2}\Bigg)\tau'^2+\cdots\Bigg\}+\Bigg\{\Bigg([[F, H_{\mathrm{T}}], H_{\mathrm{T}}']$$
$$+[F, [H_{\mathrm{T}}', H_{\mathrm{T}}]]+\frac{\partial}{\partial t}[F, H_{\mathrm{T}}+H_{\mathrm{T}}']+\frac{\partial^2 F}{\partial t^2}\Bigg)\tau\tau'+\cdots\Bigg\} \qquad (11.118)$$

次に，τ と τ' の役割を変えて，上式で $\tau\leftrightarrow\tau'$，$v_j\leftrightarrow v_j'$ の入れ換えをしたものと，上の $F^{\tau+\tau'}$ との差をつくると

$$\Delta F = ([[F, H_{\mathrm{T}}], H_{\mathrm{T}}']+[F, [H_{\mathrm{T}}', H_{\mathrm{T}}]]$$
$$-[[F, H_{\mathrm{T}}'], H_{\mathrm{T}}]-[F, [H_{\mathrm{T}}, H_{\mathrm{T}}']])\tau\tau'+\cdots$$
$$= [F, [H_{\mathrm{T}}', H_{\mathrm{T}}]]\tau\tau'+\cdots$$

$$= \sum_{j=1}^{K-K'} \tau\tau'(v_j - v_j')[F, [H', \phi_j]] - \sum_{i,j=1}^{K-K'} \tau\tau' v_i v_j'[F, [\phi_i, \phi_j]] + \cdots \tag{11.119}$$

が得られる．ここでヤコビの恒等式を使った．したがって，τ, τ' を微小量とするならば，このときの F の変化は，$[H', \phi_j]$ および $[\phi_i, \phi_j]$ $(i, j = 1, 2, \cdots, K-K')$ を生成子とする無限小正準変換で与えられる．もちろん，q_r, p_r にこの変換を行なっても物理的な状態は変わらない．

ここで，ϕ_j は第1種の束縛条件量であるから定義より $[\phi_i, \phi_j] \approx 0$，また整合性の条件 $\dot{\phi}_i = [\phi_i, H'] + \sum_j v_j[\phi_i, \phi_j] \approx 0$ より $[H', \phi_j] \approx 0$ となるので，これらの生成子はすべて束縛条件量である．しかも，これが第1種の束縛条件量であることは次のようにして分かる．まず φ_κ を(11.71)で与えられた第2種の束縛条件量とするとき，整合性の条件 $\dot{\varphi}_\kappa \approx 0$ より $[H', \varphi_\kappa] \approx 0$，それゆえ H' は第1種の量となり，これと任意の束縛条件量とのつくるポアソン括弧は0となる．したがってヤコビの恒等式を用いれば

$$\left.\begin{aligned} [\varphi_\kappa, [H', \phi_j]] &= -[H', [\phi_j, \varphi_\kappa]] - [\phi_j, [\varphi_\kappa, H']] \approx 0 \\ [\phi_\beta, [H', \phi_j]] &= -[H', [\phi_j, \phi_\beta]] - [\phi_j, [\phi_\beta, H']] \approx 0 \end{aligned}\right\} \tag{11.120}$$

が導かれる．ここで ϕ_β は(11.70)で与えた任意の第1種の束縛条件量である．すなわち $[H', \phi_j]$ が第1種の束縛条件量であることが示された．容易にわかるように全く同様にして $[\phi_i, \phi_j]$ も第1種の束縛条件量であることを見ることができる．

以上の結果，われわれはハミルトニアン H_{T} を一般化して

$$H_{\mathrm{T}} + \sum_{j=1}^{K-K'} w_j[H', \phi_j] + \sum_{i,j=1}^{K-K'} w_{ij}[\phi_i, \phi_j] \tag{11.121}$$

を用いてもよいことになる．ここで w_j, w_{ij} は任意関数である．実

際，このハミルトニアンを用い(11. 113)に従って q_r, p_r を変換しても，w_j, w_{ij} の任意性は物理的状態の変化をもたらさないからである．しかも，(11. 114)式以下の議論をここに適用すれば，$H', \varphi_j, [\varphi_i, \varphi_\kappa]$, $[H', \varphi_k]$ $(i, j, k=1, 2, \cdots, K-K')$ から選んだ任意の2個の量のつくるポアソン括弧は，すべて第1次の束縛条件量となり，これらを生成子とする無限小正準変換はやはり物理的な状態の変化を与えないことになる*)．それゆえこの操作を次々とくり返すならば，その結果としてわれわれは次のようにいうことができる．

ハミルトニアンとして，われわれは $H_{\rm T}$ を一般化(generalized)した

$$H_{\rm G} \equiv H' + \sum_g v_g \varphi_g \tag{11.122}$$

を用いることができる．ただし v_g は任意関数．また φ_g は第1種の束縛条件量で

$$\left.\begin{aligned} [\varphi_g, \varphi_{g'}] &= \sum_{g''} \gamma_{gg', g''} \varphi_{g''} \\ [H', \varphi_g] &= \sum_{g'} h_{gg'} \varphi_{g'} \end{aligned}\right\} \tag{11.123}$$

に従い，かつ φ_g の全体は第1次の第1種束縛条件量 φ_j $(j=1, 2, \cdots, K-K')$ を含む最小の集合である．ここで $\gamma_{gg', g''}, h_{gg'}$ は一般に p_r, q_r の関数である．このとき，φ_g を生成子とする無限小変換

$$\varDelta F = \sum_g \epsilon_g [F, \varphi_g] \tag{11.124}$$

は，物理的状態の変化を与えない．

$H_{\rm G}$ に含まれるべき φ_g を判定する式(11. 123)は**ディラックのテスト**(Dirac's test)といわれる．

---

*) これは，$H_{\rm T}$ を用いた場合，(11. 114)以下の式で $+\cdots$ とかかれた高次項を考察することによっても導かれることは明らかであろう．

(11.124)は**無限小ゲージ**(infinitesimal gauge)**変換**とよばれ*),物理的内容に変更を与えないこの種の変換の自由度は,**ゲージの自由度**とよばれている.もちろん,観測の対象となる量は,v_g に依存してはならない.それゆえこのような観測量 F に対しては

$$[F, \phi_g] \fallingdotseq 0 \tag{11.125}$$

が成り立つ必要がある.このとき F は**ゲージ不変**(gauge invariant)であるという.

(11.123)の ϕ_g の中には,H_{T} に含まれていない第1種の第2次束縛条件量が存在する可能性がある.ディラックは,自らの経験に基づいて ϕ_g の全体には第1次,第2次を問わず第1種の束縛条件量がすべて含まれるであろうと予想した(参考文献[14]).11-1節によれば,すべての束縛条件は,第1次の束縛条件が任意の時刻で成立するべしという要求,つまり整合性の条件(11.11)をかきかえることによって導かれ,他方 ϕ_g は,上述のように,系の時間的な発展を逐次追い求めることによって与えられた.両者は H_{T} にもとづく時間的経過の内容を忠実に記述するという意味で共通であり,したがってディラックの予想(Dirac's conjecture)は至極当然と思われるが,彼自身が手がけた曲がった時空間での正準形式や電磁気学以外の具体例が考察されるに及んで,注釈の必要性が生じてきた**).それは束縛条件を11-1節のアルゴリズムに従って求めたそのままの形でなく,これを修正して用いる可能性のあることと関連する.

まず,11-1節の例1,(ii)の場合を眺めてみよう.以下ではこの節で用いてきた記号を使う.束縛条件量は2個あり,ともに第1種で,$\phi_1 = q_1 p_1 - p_2$, $\phi_2 = p_1^2$, 前者が第1次,後者が第2次の束縛条件量

---

*) これは電磁気学でのゲージ変換の一般化に当たるが,時刻 t における正準変換であるので,このままの形ではラグランジアン形式でのゲージ変換に必ずしもなっていないことに注意しよう(演習問題11.5,11.7参照).

) G. R. Allcock, *Philos. Trans. R. Soc. London* **A279, 487(1974). R. Cawley, *Phys. Rev. Lett.* **42**, 413(1979); **D21**, 2988(1980). A. Frenkel, *Phys. Rev.* **D21**, 2986(1980). R. G. Distefano, *Phys. Rev.* **D27**, (1983).

である．このときディラックのテスト(11.123)から

$$H_G = \frac{1}{2}p_1{}^2 + v_1\phi_1 + v_2\phi_2 \qquad (11.126)$$

となり，ディラック予想を満たす．また $q_r, p_r (r=1,2)$ に対する無限小ゲージ変換は，(11.124)より，ϕ_1 を生成子とするものが

$$\left.\begin{array}{ll} q_1 \to (1-\epsilon_1)q_1, & q_2 \to q_2+\epsilon_1 \\ p_1 \to (1+\epsilon_1)p_1, & p_2 \to p_2 \end{array}\right\} \qquad (11.127)$$

また，ϕ_2 を生成子とするものが

$$\left.\begin{array}{ll} q_1 \to q_1-2\epsilon_2 p_1, & q_2 \to q_2 \\ p_1 \to p_1, & p_2 \to p_2 \end{array}\right\} \qquad (11.128)$$

となる．

ϵ_1 を t の関数とし(11.127)をくり返して有限の変換に拡張すれば，$q_1 \to q_1 e^{-\Lambda(t)}$，$q_2 \to q_2+\Lambda(t)$，$p_1 \to p_1 e^{-\Lambda(t)}$，$p_2 \to p_2$ となる．これは，(11.110)のすぐあとに述べた q_2 の時間依存性は物理的な内容を変えることなしに勝手にとることができる，という事実を表わしている．上記の有限の変換のうち最後の2つは，束縛条件のもとでは単に $0 \to 0$ である．

ところで，(11.128)の変換における ϵ_2 に対応する任意性は，すでにみたオイラー・ラグランジュの方程式の解の中には存在していない．しかし，$p_1|_M=0$ を考慮すれば，(11.128)は恒等変換に過ぎないわけで，これはむしろ当然のことといえよう．つまり $\phi_2=p_1{}^2$ によるゲージ変換は無内容の変換である．

それなら例1の[注]に述べたように，第2次の束縛条件として $\phi_2=p_1\approx 0$ を用いたらどうであろうか．これも第1種の束縛条件である．このとき，任意の F に対して $[F, p_1{}^2]|_M=0$ となるので $p_1{}^2=0$ としてよい．その結果ディラックのテストにより ϕ_g として採用されるのは $\phi_1=q_1p_1-p_2$ のみとなり*)，無内容なゲージ変換は排除さ

*) $p_1{}^2=0$ により $H_G=v_1\phi_1$ とかいてよい．

れる．しかし ϕ_2 が H_{G} の中に含まれないために，ディラックの予想は成立しない．なおこの場合，ディラックのテストを無視して，ϕ_2 が第1種の束縛条件量であるという理由だけから機械的にこれも H_{G} に含ませ，$H_{\mathrm{G}}=v_1\phi_1+v_2\phi_2$ とすると，ここから導かれる運動方程式はオイラー・ラグランジュの方程式と両立しない．後者にない自由度 v_2 を(無内容でない形で)前者がもつことになるからである．ϕ_2 を H_{G} に含ませる根拠は，ここではもともとなかったわけで，それをあえて行なったのであるから，このような矛盾の出現は当然といえる．

ついで，11-1節の例2を吟味しよう．このとき第1次束縛条件量は $\phi_1=p_2$，第2次束縛条件量は $\phi_2=q_1{}^2$，$\phi_3=q_1p_1$，$\phi_4=p_1{}^2$ ですべて第1種，そして $H'=(p_1{}^2-q_1{}^2q_2)/2$ であるので，ディラックのテストから $H_{\mathrm{G}}=H'+\sum_{g=1}^{4}v_g\phi_g$ とかかれて，ディラックの予想は成立している．一方，オイラー・ラグランジュの方程式は

$$\ddot{q}_1-q_1q_2=0, \qquad q_1{}^2=0 \tag{11.129}$$

となり，その解は $q_1=0$，および $q_2=$不定．ところで ϕ_1 による無限小ゲージ変換は

$$q_1\to q_1,\ \ q_2\to q_2+\epsilon_1,\ \ p_1\to p_1,\ \ p_2\to p_2 \tag{11.130}$$

であるから，この変換の自由度は上記の q_2 の不定性を表わす．また ϕ_2, ϕ_3, ϕ_4 による変換は，それぞれ

$$q_1\to q_1,\ \ q_2\to q_2,\ \ p_1\to p_1-2\epsilon_2q_1,\ \ p_2\to p_2 \tag{11.131}$$

$$q_1\to(1+\epsilon_3)q_1,\ \ q_2\to q_2,\ \ p_1\to(1-\epsilon_3)p_1,\ \ p_2\to p_2 \tag{11.132}$$

$$q_1\to q_1+2\epsilon_4p_1,\ \ q_2\to q_2,\ \ p_1\to p_1,\ \ p_2\to p_2 \tag{11.133}$$

となるものの，これらの自由度に対応した任意性は解の中にはない．しかし束縛条件のもとではこれらはすべて恒等変換を表わすので，ゲージ変換としては無内容のものになっているので矛盾はない．

他方，例2の[注]のように，第2次束縛条件として $\varphi_1=q_1\approx 0$，φ_2

$=p_1\approx 0$を採用したときを考えてみよう．こんどはこれらは第2種の束縛条件となり*)，ϕ_1だけが第1種でそのゲージ変換が解の任意性を担う．そして，無内容なゲージ変換が排除されるばかりか，$H_G=H_T$となるので，このときはディラックの予想が成立している．

以上の考察の結果としていえることは，束縛条件の設定の方法が2通りあることである．それを[A], [B]と名づけると，

［A］ 11-1節のアルゴリズムに従って束縛条件を設定する．このときはディラックの予想は成立すると考えられるが，無内容のゲージ変換すなわち

$$[q_r, \phi_g]|_M=[p_r, \phi_g]|_M=0 \qquad (r=1, 2, \cdots, n) \tag{11.134}$$

ならしめるϕ_gがH_Gに含まれることがある．

［B］ 無内容なゲージ変換の存在を避けるために，いくつかの基本的な束縛条件を導入し，これらによって11-1節のアルゴリズムによる第1種の束縛条件はすべて導かれるようにする．ここで基本的束縛条件とは，(i) どの束縛条件も他の束縛条件から導かれないこと，(ii) (11.134)のϕ_gの代りにどの束縛条件量を代入しても(11.134)が成立しないこと**)，(iii) どの束縛条件も整合性の条件を満足すること，(iv) その全体は以上の性質をみたす最小の集合であることである．このときには，すでにみたようにディラックの予想が成立しない場合が起こる．

11-1節の例1，例2の[注]の方法は[B]の最も簡単な場合である．[A], [B]ともに正準形式としては矛盾がなく，運動方程式は同一の解を導くので，古典論においてはどちらを用いてもよい．しかし

---

*) ここでは，第2種の束縛条件に対する消去法がそのまま適用できて，$p_1=q_1=0$とおくことができ，ディラック括弧とポアソン括弧は一致して$H_T=v_1p_2$とかける．

**) もちろん，p_r，またはq_rとのポアソン括弧の値がMにおいて存在しない(不定，または$\pm\infty$)ものであってはならない．

[B]は，束縛条件を最も基本的な形に還元しているので，論理的な優位性をもつといえよう．量子力学では[B]が適応性をもつ．

すでにみてきたように，無内容でないゲージの自由度が存在するときには，初期値を与えても制御することのできない任意性がオイラー・ラグランジュの方程式の解に含まれる．このことは，ここで述べたハミルトン形式でのゲージ変換をラグランジュ形式での変換に読み替えたとき，オイラー・ラグランジュの方程式はこの変換のもとで不変に保たれるが，解の方は変換を受け，その結果上記の任意性が入ってくることを意味する．注意すべきことは，ゲージ変換で不変なのはオイラー・ラグランジュの方程式であって必ずしもラグランジアンではないことである．もちろんラグランジアンがゲージ不変になることはあるが，一般にその保証はない．例えば(11.130)の $q_1 \to q_1' = q_1$, $q_2 \to q_2' = q_2 + \epsilon_1$ のもとで運動方程式(11.129)は不変であるが，ラグランジアン $L = (\dot{q}_1{}^2 + q_1{}^2 q_2)/2$ は，$L \to L + \epsilon_1 q_1{}^2/2$ の変換を受ける．ラグランジアンが不変かどうかは，そのつど吟味しなければならないことである．

最後に**ゲージの固定化**(gauge fixing)について述べよう．v_g は観測の対象となる量には含まれないので，v_g の関数形を適当に固定して議論を行なってよい．このように v_g を具体的に設定することをゲージの固定化という．特に，H_G に無内容なゲージ変換の生成子が含まれないときには，ゲージの固定化と同時に H_G の中の ϕ_g をすべて第2種の束縛条件量に転化することができる．これは次のようにして示される．

g のとる値を $1, 2, \cdots, \bar{G}$ とし，新たに束縛条件

$$\chi_g \approx 0 \qquad (g = 1, 2, \cdots, \bar{G}) \tag{11.135}$$

を導入し，行列 D の第 g 行第 g' 列の成分を $D_{gg'} = [\chi_g, \phi_{g'}]$ $(g, g' = 1, 2, \cdots, \bar{G})$ で定義して

$$\det D|_M \neq 0 \tag{11.136}$$

ならしめる．χ_g は整合性の条件を満たさなければならないから

$$\dot{\chi}_g = \frac{\partial \chi_g}{\partial t} + [\chi_g, H'] + \sum_{g'} D_{gg'} v_{g'} \approx 0 \qquad (11.137)$$

ゆえに

$$v_g = -\sum_{g'} D_{gg'}^{-1} \left(\frac{\partial \chi_{g'}}{\partial t} + [\chi_{g'}, H'] \right) \qquad (11.138)$$

となってゲージが固定化される．束縛条件(11.135)の導入は v_g の任意性を固定する役割を演ずるだけで，(11.137)が成立している以上理論的に何の問題もない．しかし(11.136)によって ϕ_g は χ_g とともに第2種の束縛条件量に転化することになる．したがって ϕ_g, χ_g に対してディラック括弧が導入できて $\phi_g \approx 0, \chi_g \approx 0$ の弱等号を等号にすることができる*)．このとき

$$\varDelta = \begin{pmatrix} \overbrace{\mathbf{0}}^{\phi_g} & \overbrace{-D^T}^{\chi_g} \\ D & \diagdown\diagdown \end{pmatrix} \begin{matrix} \}\phi_g \\ \}\chi_g \end{matrix} \qquad (11.139)$$

であって，$\det \varDelta = (\det D)^2 \neq 0$ となる．

簡単な例として，例1(ii)の[注]の場合，ゲージ固定化のための束縛条件として $\chi = q_2 - f(t) \approx 0$ を導入すれば，$H_G = v\phi$（ただし $\phi = q_1 p_1 - p_2$）と(11.138)から $v = -\dot{f}(t)$ を得る．なお，このとき

$$\varDelta = \begin{pmatrix} \overset{\phi}{0} & \overset{\chi}{1} \\ -1 & 0 \end{pmatrix} \begin{matrix} \phi \\ \chi \end{matrix} \qquad (11.140)$$

ゆえに基本ディラック括弧は

$$\left. \begin{array}{l} [q_1, p_1]^* = 1, \quad [q_1, p_2]^* = q_1, \quad [p_1, p_2]^* = -p_1 \\ [q_1, q_2]^* = [q_2, p_1]^* = [q_2, p_2]^* = 0 \end{array} \right\}$$

---

*) それゆえ，ディラック括弧を設定すれば H_G の中の $v_g \phi_g$ は0におけるので，(11.137), (11.138)によって v_g を求める必要はなくなる．

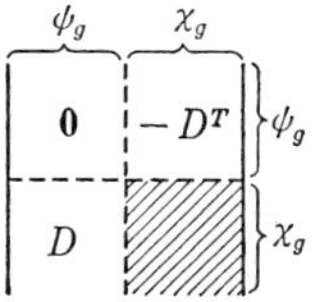

(11.141)

となる．そして $H_{\mathrm{G}}=H_{\mathrm{T}}=0$，束縛条件は $q_2=f(t)$，$p_2=q_1p_1$，$p_1\approx 0$ となる．注意すべきことは，束縛条件が t を陽に含んでいるので，ディラック括弧を用いた運動方程式は(11.92)，(11.93)の形をとる．すなわち，若干の計算によって

$$\left.\begin{aligned}\dot{q}_1 &= -\dot{f}q_1, & \dot{q}_2 &= \dot{f}\\ \dot{p}_1 &= \dot{f}p_1, & \dot{p}_2 &= 0\end{aligned}\right\} \tag{11.142}$$

もちろんこれは，$H_{\mathrm{G}}=-\dot{f}\psi_1$ としてポアソン括弧を用いて得られる運動方程式と同一である(187ページ注参照)．

この例では等号化できない弱等式 $p_1\approx 0$ が残るが，相対論その他での実用上の興味ある問題では，ほとんどがディラックの予想を満足し，すべての ψ_g がゲージ変換の生成子として無内容のものではなくなっている．このとき χ_g を用いてゲージの固定化を行なえば，ディラック括弧の導入により，すでに存在する第2種の束縛条件 $\varphi_\kappa \underset{2}{\approx} 0\ (\kappa=1,2,\cdots,2\bar{S})$ をはじめ，すべての束縛条件を等式化することが可能となる．

演 習 問 題

11.1 ラグランジアン $L=\dot{x}\dot{z}+(1/2)yz^2$ で記述される系のハミルトン形式を[B]の方法に従って求め，ディラックの予想およびゲージの自由度を吟味せよ．

11.2 11-1節の例1(i)の場合に消去法を適用し，適当な正準変換を導入して，第2種の束縛条件に影響されない正準変換を見出せ．

11.3 11-1節の例1(i)の場合の基本ディラック括弧を求めよ．

11.4 ラグランジアン $L=\dfrac{1}{2}\dot{x}^2+\dfrac{1}{2}\dfrac{y^2}{1+x^2}-y$ から正準形式を求め，消去法をこれに用いて独立な正準変数でかかれたハミルトンの方程式を導け．この結果を，(7.32)式の前後に述べた修正ラグランジアン $\langle L\rangle$ に基づく正準形式と比較せよ．

11.5 ラグランジアン $L=\dot{q}^2/(2\dot{q}_0)-\dot{q}_0V(q)$ ((6.41)式の特殊形)に基づ

く正準形式を導き，ゲージ変換を検討せよ．このとき $\chi=q_0-t$ によってゲージの固定化を行なえば，ラグランジアン $L=\dot{q}^2/2-V(q)$ を用いたときの，正準形式に帰着することを示せ．

11.6 ラグランジアン $L=\dfrac{1}{2}\left(\dfrac{x\dot{y}-y\dot{x}}{x^2+y^2}\right)^2$ より正準形式を求め，$\chi=x^2+y^2-1\approx 0$ としてゲージを固定化したときの基本ディラック括弧を計算せよ．

11.7 ラグランジアン $L=(1/2)\{(\dot{x}-zy)^2+(\dot{y}+zx)^2\}$ にもとづく正準形式においては，正準変数に対する(無限小)ゲージ変換はどのように表わされるか．また，これを用いてラグランジュ形式におけるゲージ変換を求めよ．

付録　グリーンの定理の一般化

本文でしばしば用いた次の定理を証明しよう．

「$q_1, q_2, \cdots, q_n$ を変数とする n 個の関数 $V_r(q)\,(r=1,2,\cdots,n)$ に対し

$$\frac{\partial V_r(q)}{\partial q_s} = \frac{\partial V_s(q)}{\partial q_r} \qquad (r, s=1,2,\cdots,n) \tag{A.1}$$

が成り立つとき

$$V_r(q) = \frac{\partial W(q)}{\partial q_r} \qquad (r=1,2,\cdots,n) \tag{A.2}$$

となるような $W(q)$ が存在する．」

議論を明確にするために $V_r(q)$ の定義域 $D^{(n)}$ は n 次元の単連結領域とし，その中の点の座標を $(q_1, q_2, \cdots, q_n)$ とかくことにする．n 次元領域 $D^{(n)}$ が単連結とは，$D^{(n)}$ 内の任意の 2 点に対して，(i) これらを結ぶ曲線が $D^{(n)}$ 内に存在し，(ii) しかもそのような任意の 2 つの曲線は $D^{(n)}$ から外に出ないような連続的な変形によって一方から他方に常に移行できることをいう．$V_r(q)$ はこのような領域での微分可能な関数である．

(A.2)を導く準備として線積分を定義しておこう．そのために $D^{(n)}$ 内に 2 点 P′, P″ をとり，両者を結ぶ線分 l もまた $D^{(n)}$ 内にあるとしよう．P′, P″ がある程度近くにあれば，これはいつでも可能である．P′, P″ の座標をそれぞれ $(q_1', q_2', \cdots, q_n')$, $(q_1'', q_2'', \cdots, q_n'')$ とするとき，l 上の点の座標は $q_r = q_r' + \lambda(q_r'' - q_r')\,(r=1,2,\cdots,n;\ 0 \leqq \lambda \leqq 1)$ で与えられる．これを用いて，$V_r(q)$ に関する l に沿っての線積分を

$$\int_{\mathrm{P}' \to \mathrm{P}'';\, l} dq \cdot V(q) \equiv \sum_{r=1}^{n} \int_{\mathrm{P}' \to \mathrm{P}'';\, l} dq_r V_r(q)$$

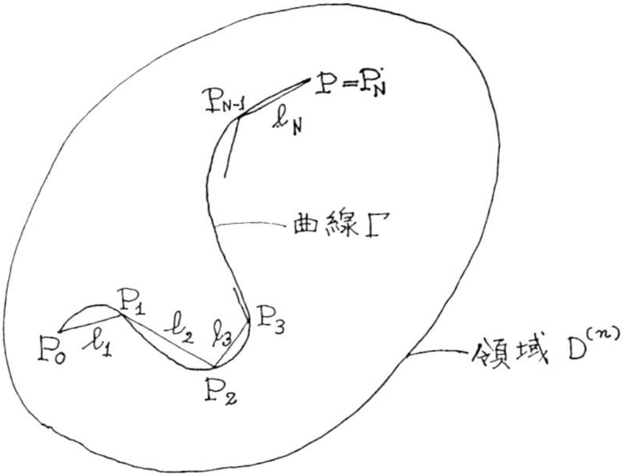

図 A.1

$$\equiv \sum_{r=1}^{n}\int_0^1 (q_r''-q_r')V_r(q'+\lambda(q''-q'))d\lambda \quad \text{(A. 3)}$$

で定義しよう．次に $D^{(n)}$ 内に P_0 を始点，P を終点とする曲線 Γ を考え，上式を一般化して Γ に沿っての線積分を導入する．そのために図 A.1 のように Γ を N 点に分割し，分割点を結ぶ線分 $l_k(k=1,2,\cdots,N)$ に沿って線積分を行なって，それらの和をつくろう．ここで N を大きくとって分割点を密にしていき，l_k の長さがすべて 0 になる極限として Γ に沿っての線積分を定義する．下の $\lim_{N\to\infty}$ はそのような意味での極限である．

$$\int_{\mathrm{P}_0\to\mathrm{P};\Gamma} dq\cdot V(q) \equiv \sum_{r=1}^{n}\int_{\mathrm{P}_0\to\mathrm{P};\Gamma} dq_r V_r(q)$$
$$\equiv \lim_{N\to\infty}\sum_{k=1}^{N}\int_{\mathrm{P}_{k-1}\to\mathrm{P}_k;l_k} dq\cdot V(q) \quad \text{(A. 4)}$$

このとき，次の定理は(A. 2)を導く上でのかなめとなる．

定理 A

「$D^{(n)}$ において $V_r(q)$ は(A. 1)をみたすとする．このとき P_0 から P にいたる $D^{(n)}$ 内の曲線 Γ に沿っての $V_r(q)$ に関する線積分の値は，Γ の形には無関係となり，P_0 と P の座標の関数として与えられる.」

証明はあとで行なうことにして，まずこの定理を認めると，(A. 2)が容易に導かれることが次のようにして分かる．P_0, P の座標をそれぞれ

$(q_1^{(0)}, q_2^{(0)}, \cdots, q_n^{(0)})$, $(q_1, q_2, \cdots, q_n)$とすれば，P_0からPに至る上記の線積分はこれらの関数として$W(q, q^{(0)})$とかかれる．同様にしてP_0からPの近傍の点$\bar{P}=(q_1+\Delta q_1, q_2+\Delta q_2, \cdots, q_n+\Delta q_n)$にいたる線積分を$W(q+\Delta q, q^{(0)})$とかくことにしよう．この積分値も$P_0$と$\bar{P}$を結ぶ曲線の形には無関係であるから，$P_0$からPまでまず$\Gamma$に沿って積分し，ついでPから$\bar{P}$までは直線に沿って積分してこの値が得られたものと考えよう．そうすると

$$W(q+\Delta q, q^{(0)})-W(q, q^{(0)})=\int_{P\to\bar{P};\bar{l}} d\bar{q}\cdot V(\bar{q}) \qquad \text{(A. 5)}$$

が導かれる．ここで$\bar{l}$はPと$\bar{P}$を結ぶ線分である．Δq_rを微小量としてその1次までをとれば，上式左辺は$\sum_{r=1}^{n}\Delta q_r\partial W(q)/\partial q_r$，右辺は(A. 3)により$\sum_{n=1}^{n}\Delta q_r V_r(q)$となるから

$$\sum_{r=1}^{n}\Delta q_r\left\{V_r(q)-\frac{\partial W(q, q_0)}{\partial q_r}\right\}=0 \qquad \text{(A. 6)}$$

この式はΔq_rを任意の微小量として成り立つものであるから，これから直ちに$W(q)\equiv W(q, q^{(0)})$とおいて(A. 2)をみたすWが与えられる．

ここでこの関数は，始点$P^{(0)}$を固定したまま，Pを動かすことによって与えられるq_rの関数であることに注意しよう．始点を$P^{(0)\prime}$に変えるならば，$W(q, q^{(0)\prime})=W(q, q^{(0)})+W(q^{(0)}, q^{(0)\prime})$となって，$W$は定数だけ変化する．もちろん，$W$の定義のこのような任意性は(A. 2)の成立には影響しない．われわれは任意に1つ$P^{(0)}$を決めたときのWを一貫して用いればよいわけである．

そこで定理Aの証明に移ろう．その出発点としてベクトル解析でよく知られた**グリーン**(G. Green, 1793–1841)**の定理**，すなわち「$D^{(2)}$を2次元単連結領域，その内部の点の座標を(x_1, x_2)とする．Cを$D^{(2)}$内の閉曲線，SをCに囲まれた領域，また$U_1(x_1, x_2), U_2(x_1, x_2)$を$D^{(2)}$における微分可能な関数とするとき，

$$\oint_C (dx_1U_1+dx_2U_2)=\iint_S\left(\frac{\partial U_1}{\partial x_2}-\frac{\partial U_2}{\partial x_1}\right)dx_1dx_2 \qquad \text{(A. 7)}$$

が成立する」，を用いることにしよう．左辺は(A. 4)で定義した意味での2次元における線積分で，Cを左回りに1周して行なわれる．

さて，$D^{(n)}$内において3点A, B, Cを頂点とする3角形を考え，この3頂点を通る$D^{(n)}$内の平面をfとかこう．f上に座標を設けるために，fへ

の垂直成分がゼロで互いに直交する単位長さの2個のベクトル $n^{(j)}$ $(j=1,2)$ を導入する．$D^{(n)}$ において $n^{(j)}$ を成分でかくと $n^{(j)}=(n_1{}^{(j)}, n_2{}^{(j)}, \cdots, n_n{}^{(j)})$，また A の座標を $(q_1{}^{(a)}, q_2{}^{(a)}, \cdots, q_n{}^{(a)})$ とすれば，f 上の点 $(q_1, q_2, \cdots, q_n)$ は，x_1, x_2 をパラメータとして

$$q_r = q_r{}^{(a)} + \sum_{j=1,2} x_j n_r{}^{(j)} \tag{A.8}$$

で表わされる．ここでわれわれは f 上の関数 $U_j(x_1, x_2)$ $(j=1,2)$ を次式で与え，これにグリーンの定理を適用することを試みよう．すなわち

$$U_j(x_1, x_2) \equiv \sum_{r=1}^{n} n_r{}^{(j)} V_r(q^{(a)} + x_1 n^{(1)} + x_2 n^{(2)}) \tag{A.9}$$

とする．このとき

$$\left.\begin{aligned} \frac{\partial U_1}{\partial x_2} &= \sum_{r,s=1}^{n} n_r{}^{(1)} n_s{}^{(2)} \left\langle \frac{\partial V_r(q)}{\partial q_s} \right\rangle \\ \frac{\partial U_2}{\partial x_1} &= \sum_{r,s=1}^{n} n_r{}^{(1)} n_s{}^{(2)} \left\langle \frac{\partial V_s(q)}{\partial q_r} \right\rangle \end{aligned}\right\} \tag{A.10}$$

を得る．ただし $\langle\cdots\rangle$ は変数 q_r を(A.8)の右辺で置き換えることを意味する．それゆえ，(A.1)を考慮すれば $\partial U_1/\partial x_2 = \partial U_2/\partial x_1$ が成り立つので，f 上でのグリーンの定理により 3 角形 ABC の辺を 1 周する線積分は 0 になることが分かる．

$$\oint_{\triangle ABC} (dx_1 U_1 + dx_2 U_2) = 0 \tag{A.11}$$

他方，$dq_r = \sum_{j=1,2} dx_j n_r{}^{(j)}$ とかかれるから，(A.9)によって

$$dx_1 U_1 + dx_2 U_2 = \sum_{r=1}^{n} dq_r V_r(q^{(a)} + x_1 n^{(1)} + x_2 n^{(2)}) \tag{A.12}$$

これを(A.11)に用い(A.3)を考慮すれば，結局(A.11)は $D^{(n)}$ 内において，3 角形 ABC を 1 周する線積分がゼロとなることを示す．すなわち

$$\oint_{\triangle ABC} dq \cdot V(q) = 0 \tag{A.13}$$

が成り立つ．

次に，$D^{(n)}$ 内に P_0 と P を結ぶ 2 つの曲線 Γ, Γ' をえがき，それぞれを N 個に分割して図 A.2 のように分割点を線分で結び，3 角形 $P_0P_1P_1'$, $P_1P_2'P_1'$, $P_2P_2'P_1$, $\cdots$, $P_{N-1}PP'_{N-1}$ をつくる．これらは全部で $2N$ 個，Γ' が

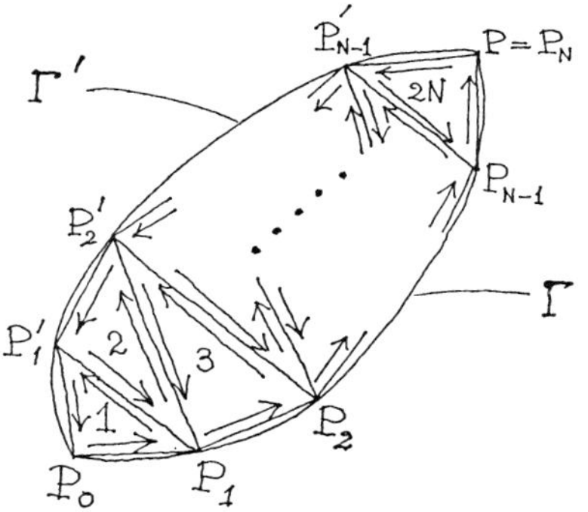

図 A.2

ある程度 Γ の近くにあれば，すべて $D^{(n)}$ 内にある．われわれはこのような場合を考察の対象としよう．P_0 に近い方から3角形に番号をつけて，$\triangle_1, \triangle_2, \cdots, \triangle_{2N}$ とかき，図の矢印方向に各3角形の辺を1周して V_r についての線積分を行なうと(A.13)によって積分値は0，またこれら線積分の総和をつくると，Γ, Γ' それぞれの分割点を結ぶ線分上の線積分からの寄与は，往きと帰りで打ち消し合うので

$$0 = \sum_{m=1}^{2N} \oint_{\triangle_m} dq \cdot V(q)$$
$$= \sum_{k=1}^{N} \int_{\mathrm{P}_{k-1} \to \mathrm{P}_k ; l_k} dq \cdot V(q) - \sum_{k=1}^{N} \int_{\mathrm{P}'_{k-1} \to \mathrm{P}_k' ; l_k'} dq \cdot V(q) \qquad (\mathrm{A.14})$$

が得られる．ここで，l_k(または l_k')は P_{k-1} と P_k(または P'_{k-1} と P_k')を結ぶ線分，また $\mathrm{P}_0 \equiv \mathrm{P}_0'$, $\mathrm{P} \equiv \mathrm{P}_N \equiv \mathrm{P}_N'$ である．ゆえに，$N \to \infty$ として分割点を密にする極限をとれば，(A.4)により

$$\int_{\mathrm{P}_0 \to \mathrm{P} ; \Gamma} dq \cdot V(q) = \int_{\mathrm{P}_0 \to \mathrm{P} ; \Gamma'} dq \cdot V(q) \qquad (\mathrm{A.15})$$

が導かれる．すなわち Γ を Γ' に変形しても $V_r(q)$ に関する線積分の値は変わらない．したがってこのような変形を次々と行なっていけば，$D^{(n)}$ が単連結であることによって，有限回の連続的な変形で P_0 を始点とし P を終点とする $D^{(n)}$ 内の任意の曲線に到達する．そして，上の議論により隣り合う2個の曲線のそれぞれに沿っての $V_r(q)$ に関する線積分は相等しく，その結果，P_0 から P にいたるすべての線積分は Γ の形のいかんに関せず

等しくなる．このようにして定理 A は証明された．

よってすでに述べた理由により (A. 2) をみたす $W(q)$ が存在する．

$D^{(n)}$ が単連結でないと，この結果は導けない．物理においては多くの場合，$V_r(q)$ の定義域の単連結性は暗黙の了解となっているが，稀には単連結でない場合もあるので注意を要する．

演習問題略解

第1章

1.1　R を i-j 成分が R_{ij} の行列，R^{T} をその転置行列とすれば，(1.8)は $RR^{\mathrm{T}}=\mathbf{1}$(単位行列)，$\to R^{\mathrm{T}}=R^{-1}$，$\to R^{\mathrm{T}}R=\mathbf{1}$．∴ $\sum_i R_{ij}R_{ik}=\delta_{jk}$．問題後半の第1式にはこれを用いればよい．(1.4)より $\sum_{i,j,k}\epsilon_{ijk}R_{il}R_{jm}R_{kn}$ は，第1, 2, 3行がそれぞれ$(R^{\mathrm{T}}_{l1}, R^{\mathrm{T}}_{l2}, R^{\mathrm{T}}_{l3})$，$(R^{\mathrm{T}}_{m1}, R^{\mathrm{T}}_{m2}, R^{\mathrm{T}}_{m3})$，$(R^{\mathrm{T}}_{n1}, R^{\mathrm{T}}_{n2}, R^{\mathrm{T}}_{n3})$の行列式，∴ $\sum_{i,j,k}\epsilon_{ijk}R_{il}R_{jm}R_{kn}=\epsilon_{lmn}\det(R^{\mathrm{T}})=\epsilon_{lmn}\det(R)=\epsilon_{lmn}$．これに R_{sl} をかけて l の和をとり(1.8)を用いれば $\sum_{j,k}\epsilon_{sjk}R_{jm}R_{kn}=\sum_l R_{sl}\epsilon_{lmn}$，これに A_mB_n をかけて m, n につき和をとると，問題後半の第2式を得る．

1.2　$F_{ijkl}=A_i\epsilon_{jkl}-A_j\epsilon_{kli}+A_k\epsilon_{lij}-A_l\epsilon_{ijk}$ とかけば，F_{ijkl} は任意の2個の添字の入れ換えで符号を変える．ゆえに2個同じ添字をもてば0．しかるに添字はすべて，1, 2, 3の値をとるだけであるから，4個の添字全部が異なることはあり得ない．∴ $F_{ijkl}=0$．

1.3　直接の計算により $\alpha_{ij}=n_in_j+(\delta_{ij}-n_in_j)\cos\beta+\sum_k\epsilon_{ijk}n_k\sin\beta$．これを用いて $\det\alpha$，$\alpha\alpha^{\mathrm{T}}$ を計算すればよい．あるいは，$U(\beta)=\cos\beta/2+i\sum_j(\sigma_jn_j)\sin\beta/2$，$D(\boldsymbol{x})=\sum_j\sigma_jx_j$ とかくと $U(\beta)D(\boldsymbol{x})U^{-1}(\beta)=D(\boldsymbol{x}')$，∴ $\det[U(\beta)D(\boldsymbol{x})U^{-1}(\beta)]=\det D(\boldsymbol{x})=\det D(\boldsymbol{x}')$，$\to\boldsymbol{x}^2=\boldsymbol{x}'^2$．∴ $\alpha\alpha^{\mathrm{T}}=\mathbf{1}$，また $U(\beta)D(\boldsymbol{y})U^{-1}(\beta)=D(\boldsymbol{y}')$，$U(\beta)D(\boldsymbol{z})U^{-1}(\beta)=D(\boldsymbol{z}')$として積をつくると $U(\beta)D(\boldsymbol{x})D(\boldsymbol{y})D(\boldsymbol{z})U^{-1}(\beta)=D(\boldsymbol{x}')D(\boldsymbol{y}')D(\boldsymbol{z}')$．両辺のトレース(対角線成分の和；tr とかく)をとれば，$\mathrm{tr}\,AB=\mathrm{tr}\,BA$ だから，$\mathrm{tr}\,(D(\boldsymbol{x})D(\boldsymbol{y})D(\boldsymbol{z}))=\mathrm{tr}\,(D(\boldsymbol{x}')D(\boldsymbol{y}')D(\boldsymbol{z}'))$．∴ $(\boldsymbol{x}\times\boldsymbol{y})\cdot\boldsymbol{z}=(\boldsymbol{x}'\times\boldsymbol{y}')\cdot\boldsymbol{z}'$．∴ $\det\alpha=1$．

第2章

2.1　$dW/dt=\sum_r(\partial W/\partial q_r)\dot{q}_r+\partial W/\partial t$．∴ $d/dt\cdot[\partial(dW/dt)/\partial\dot{q}_r]=\sum_s(\partial^2W/\partial q_s\partial q_r)\dot{q}_s+\partial^2W/\partial q_r\partial t=\partial(dW/dt)/\partial q_r$．∴ $d/dt\cdot[\partial(dW/dt)/\partial\dot{q}_r]-\partial(dW/dt)$

$/\partial q_r = 0 \to$ 運動方程式不変.

2.2 $m\ddot{x} = mg - \gamma\dot{x}$.

2.3 $f_x = \partial f/\partial x$, $f_y = \partial f/\partial y$ の記号を用いると, $\dot{z} = f_x\dot{x} + f_y\dot{y}$ より, $L = m(\dot{x}^2 + \dot{y}^2 + \dot{z}^2)/2 - mgz = (m/2)\{(1+f_x{}^2)\dot{x}^2 + 2f_xf_y\dot{x}\dot{y} + (1+f_y{}^2)\dot{y}^2\} - mgf$.

2.4 図1において, 質点Pの位置を(x, y, z)とすると $r = z\tan\alpha$, $x = z\tan\alpha\cos\varphi$, $y = z\tan\alpha\sin\varphi$. ∴ z, φ を一般化座標として, $T = m(\dot{x}^2 + \dot{y}^2 + \dot{z}^2)/2 = (m/2)(\dot{z}^2/\cos^2\alpha + z^2\dot{\varphi}^2\tan^2\alpha)$, $V = m\mu/2r^2 = m\mu(2\tan^2\alpha\cdot z^2)^{-1}$ より $L = T - V$. (この運動で z 軸のまわりの角運動量が $m\sqrt{\mu}\tan\alpha$ のときは, 質点は離心率 $\sec\alpha$ の双曲線上を運動することが示される. 第5章を学んだ後にこれを解いてみよ.)

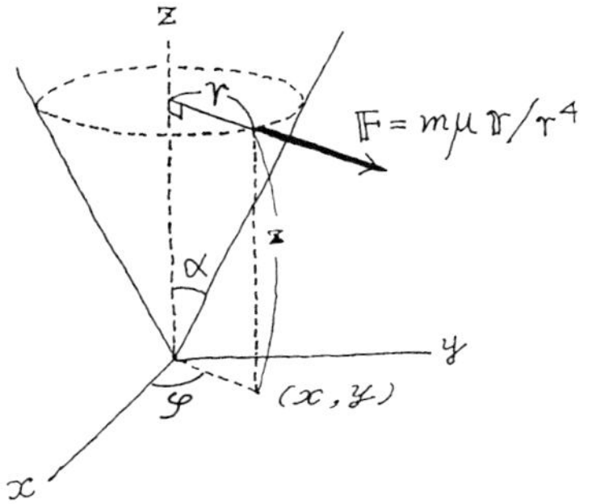

図1

2.5 Pの位置を $\bar{x} = a(\bar{\varphi} + \sin\bar{\varphi})$, $\bar{y} = a(1 + \cos\bar{\varphi})$ (ただし $|\bar{\varphi}| \leqq \pi$) とする. $\bar{\varphi} > 0\,(<0)$ のとき, PはCA(CB)上にある. $\bar{\varphi} > 0$ のときは, 弧長 $\mathrm{CP} = \int_0^{\bar{\varphi}} d\varphi\sqrt{(dx/d\varphi)^2 + (dy/d\varphi)^2} = a\int_0^{\bar{\varphi}} d\varphi\sqrt{2(1+\cos\varphi)} = 2a\int_0^{\bar{\varphi}} d\varphi\cos(\varphi/2) = 4a\sin(\bar{\varphi}/2)$. 同様にして $\bar{\varphi} < 0$ のときは $4a|\sin(\bar{\varphi}/2)|$.

第3章

3.1 回転のマトリックスは,

$$R^{(3)}(\psi)R^{(1)}(\theta)R^{(3)}(\phi) = \begin{pmatrix} -\sin\phi\cos\theta\sin\psi + \cos\phi\cos\psi & \cos\phi\cos\theta\sin\psi + \sin\phi\cos\psi & \sin\theta\sin\psi \\ -\sin\phi\cos\theta\cos\psi - \cos\phi\sin\psi & \cos\phi\cos\theta\cos\psi - \sin\phi\sin\psi & \sin\theta\cos\psi \\ \sin\phi\sin\theta & -\cos\phi\sin\theta & \cos\theta \end{pmatrix}$$

これは(3.2)に(3.4)をほどこしたものに等しい．この事情は，$R^{(3)}(\pi/2)R^{(2)}(\theta)R^{(3)}(-\pi/2)=R^{(1)}(\theta)$に着目すれば，これの左，右から$R^{(3)}(\psi)$, $R^{(3)}(\varphi)$をかけて$R^{(3)}(\psi+\pi/2)R^{(2)}(\theta)R^{(3)}(\varphi-\pi/2)=R^{(3)}(\psi)R^{(1)}(\theta)R^{(3)}(\varphi)$となることから容易に分かる．

3.2　$\omega_i=\sum_j R_{ij}^{-1}(\phi,\theta,\psi)\bar{\omega}_j=\sum_j R_{ji}(\phi,\theta,\psi)\bar{\omega}_j$，および(3.33)より，$\omega_1=-\sin\phi\cdot\dot{\theta}+\cos\phi\sin\theta\cdot\dot{\psi}$，$\omega_2=\cos\phi\cdot\dot{\theta}+\sin\phi\sin\theta\cdot\dot{\psi}$，$\omega_3=\dot{\phi}+\cos\theta\cdot\dot{\psi}$.

3.3　重心を原点にとると，仮定により$\int_{\bar{V}}\rho(\bar{\mathbf{r}})(\delta_{ij}\bar{\mathbf{r}}^2-\bar{r}_i\bar{r}_j)d\bar{V}=\delta_{ij}I^{(i)}$. 原点を慣性主軸の第1軸上で重心から$a$だけ離れたところにとれば，慣性テンソルは$I'_{ij}=\int_{\bar{V}}\rho'(\bar{\mathbf{r}}')(\delta_{ij}\bar{\mathbf{r}}'^2-\bar{r}_i'\bar{r}_j')d\bar{V}'$；$\rho'(\bar{\mathbf{r}}')=\rho(\bar{\mathbf{r}})$，$\bar{r}_i'=\bar{r}_i-a\delta_{1i}$. $\therefore\ I'_{ij}=\delta_{ij}I^{(i)}+\delta_{ij}a^2\int_{\bar{V}}(\rho(\bar{\mathbf{r}})-\delta_{1i})d\bar{V}+a\int_{\bar{V}}\rho(\bar{\mathbf{r}})(-2\delta_{ij}\bar{r}_1+\delta_{1j}\bar{r}_i+\delta_{1i}\bar{r}_j)d\bar{V}$. 他方，仮定より$\int_{\bar{V}}\rho(\bar{\mathbf{r}})r_i d\bar{V}=0$. ゆえに上式第3項が落ちるので，慣性主軸の向きは不変．

3.4　水平面をx–y面，球の半径をa，球の中心の座標を(x,y,a)とし，問題3.2の結果を用いれば，$a\omega_1=-dy/dt$，$a\omega_2=dx/dt$. $\therefore\ -a\sin\phi\cdot d\theta+a\cos\phi\sin\theta\cdot d\psi+dy=0$，$a\cos\phi\cdot d\theta+a\sin\phi\cdot\sin\theta\cdot d\psi-dx=0$が束縛条件．これが積分できたとして$f_i(\phi,\theta,\psi,x,y)=0\ (i=1,2)$とすると，$\partial f_i/\partial\phi\cdot d\phi+\partial f_i/\partial\theta\cdot d\theta+\partial f_i/\partial\psi\cdot d\psi+\partial f_i/\partial x\cdot dx+\partial f_i/\partial y\cdot dy=0$. これらが$d\phi$を含まない上記の2個の独立な式を与えるためには$\partial f_i/\partial\phi=0\rightarrow$矛盾($\phi$と無関係な$f_i$から$\phi$を含む条件式は導けない！)．

3.5　図2のように，輪のつくる面がx軸となす角をφ，棒の重心Cの極座標角をθ,φとする．輪のz軸のまわりの回転運動のエネルギー$=(MR^2/4)\dot{\varphi}^2$. 棒の重心座標をX,Y,Zとすれば，棒の重心の運動エネルギー$=(m/2)(\dot{X}^2+\dot{Y}^2+\dot{Z}^2)$，棒の重心のまわりの回転のエネル

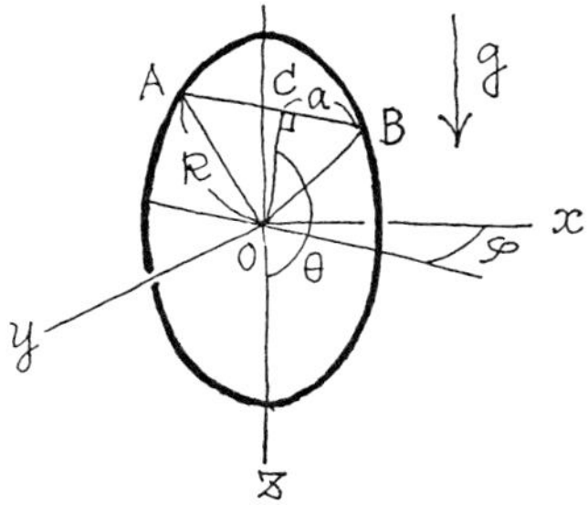

図2

ギー $=(ma^2/6)(\dot{\theta}^2+\dot{\varphi}^2\cos^2\theta)$，しかるに，$X=\sqrt{R^2-a^2}\sin\theta\cos\varphi$，$Y=\sqrt{R^2-a^2}\sin\theta\sin\varphi$，$Z=\sqrt{R^2-a^2}\cos\theta$，ゆえに全運動のエネルギーは，$T=MR^2\dot{\varphi}^2/4+m(R^2-a^2)(\dot{\theta}^2+\dot{\varphi}^2\sin^2\theta)/2+ma^2(\theta^2+\dot{\varphi}^2\cos^2\theta)/6$，ポテンシャル・エネルギーは $V=-mg\sqrt{R^2-a^2}\cos\theta$．これより $L=T-V$．

3.6 系は図3のようになっており，OA, AB それぞれの重心のまわりの回転運動のエネルギーは，ともに $(ma^2/6)(\dot{\theta}^2+\dot{\phi}^2\sin^2\theta)$．一方 OA, AB の重心の座標を (X_1, Y_1, Z_1)，(X_2, Y_2, Z_2) とすれば，重心の運動エネルギーはそれぞれ $m(\dot{X}_1{}^2+\dot{Y}_1{}^2+\dot{Z}_1{}^2)/2$，$m(\dot{X}_2{}^2+\dot{Y}_2{}^2+\dot{Z}_2{}^2)/2$，またポテンシャル・エネルギー $V=-mg(Z_1+Z_2)$，ここで $X_1=X_2=a\sin\theta\cos\phi$，$Y_1=Y_2=a\sin\theta\sin\phi$，$Z_1=Z_2/3=a\cos\theta$ を用い，$L=T-V=(4ma^2/3)\{\dot{\theta}^2(1+3\sin^2\theta)+\dot{\phi}^2\sin^2\theta\}+4mag\cos\theta$．

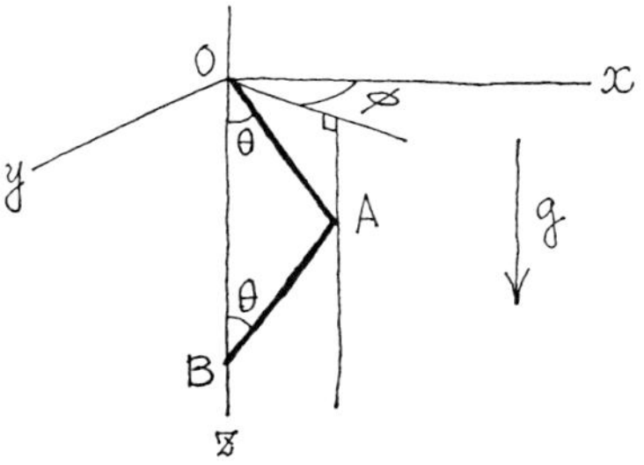

図 3

第 4 章

4.1 N を十分大とし，$\Delta x=1/N$，$x_k=k\Delta x\ (k=1, 2, \cdots, N)$ を用い，$\int_0^1 c_r{}^{(l)}(x)\eta_r(x)dx=\sum_{k=1}^{N} c_r{}^{(l)}(x_k)\eta_r(x_k)\Delta x$，$\int_0^1 A_r(x)\eta_r(x)dx=\sum_{k=1}^{N} A_r(x_k)\eta_r(x_k)\Delta x$ と和の形に直して，本文の議論を行なえばよい．

4.2 仮定により $dF=\sum_{r=1}^{n}\partial F/\partial x_r\cdot dx_r=0$，また dx_r の従う条件は $df_l=\sum_{r=1}^{n}\partial f_l/\partial x_r\cdot dx_r\ (l=1, 2, \cdots, h)$，ゆえに未定乗数法により $\partial F/\partial x_r=\sum_{l=1}^{h}\lambda_l\,\partial f_l/\partial x_r$．

4.3 $\nabla_a=(\partial/\partial r_{a,1}, \partial/\partial r_{a,2}, \partial/\partial r_{a,3})$ とかくとき，運動方程式は未定乗数法により $m_a\ddot{\boldsymbol{r}}_a+\nabla_a V=\sum_{l=1}^{h}\lambda_l\nabla_a f_l$．∴ $dE/dt=\sum_{a=1}^{N}\dot{\boldsymbol{r}}_a\cdot(m_a\ddot{\boldsymbol{r}}_a+\nabla_a V)=\sum_{l=1}^{h}\sum_{a=1}^{N}\lambda_l\dot{\boldsymbol{r}}_a\cdot\nabla_a f_l=\sum_{l=1}^{h}\lambda_l df_l/dt=0$．$V, f_l$ が t を陽に含むと $dE/dt=\partial V/\partial t+\sum_{l=1}^{h}\sum_{a=1}^{N}\lambda_l\dot{\boldsymbol{r}}_a\cdot\nabla_a f_l=\partial V/\partial t-\sum_{l=1}^{h}\lambda_l\cdot\partial f_l/\partial t\neq 0$．

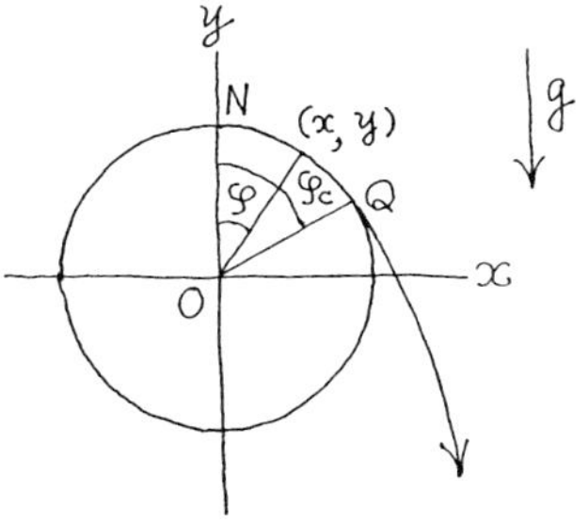

図 4

4.4 まず，質点は球面に滑らかに束縛されているとする．問題の初期条件のもとでは質点は鉛直面(x-y 面)と球との交線上を運動するから，図4のように x, y 軸をとり $x=r\sin\varphi$, $y=r\cos\varphi$ とすると，$T=m(\dot{x}^2+\dot{y}^2)/2=m(\dot{r}^2+r^2\dot{\varphi}^2)/2$, $V=mgr\cos\varphi$，束縛条件 $r=a$．ゆえに(4.15)より $m(\ddot{r}-r\dot{\varphi}^2+g\cos\varphi)=\lambda$, $m(d/dt)(r^2\dot{\varphi})-mgr\sin\varphi=0$ となり，λ が束縛力で r 方向を向く．運動方程式に $r=a$ を用いると，$m(-a\dot{\varphi}^2+g\cos\varphi)=\lambda\cdots(1)$, $a\ddot{\varphi}-g\sin\varphi=0\cdots(2)$．(2) に $\dot{\varphi}$ をかけて $a\dot{\varphi}\ddot{\varphi}-g\dot{\varphi}\sin\varphi=(d/dt)(a\dot{\varphi}^2/2+g\cos\varphi)=0$. $\therefore$ $a\dot{\varphi}^2/2+g\cos\varphi=$定数(これはエネルギー保存則; am をかければ全エネルギーになる)．初期値 $\varphi=0$, $a\dot{\varphi}=v_0$ より，定数$=v_0{}^2/2a+g$. $\therefore$ $a\dot{\varphi}^2=2g(1-\cos\varphi)+v_0{}^2/a$．これを(1)に代入すると $\lambda=-m\{g(2-3\cos\varphi)+v_0{}^2/a\}$．$v_0$ がそれほど大きくなければ $\varphi=\varphi_c(=\angle\mathrm{NOQ})$ で $\lambda=0$ となり，本文に記したように質点はここで球を離れる．$\therefore$ $2-3\cos\varphi_c<0$, $\therefore$ $\varphi_c<\cos^{-1}(2/3)$.

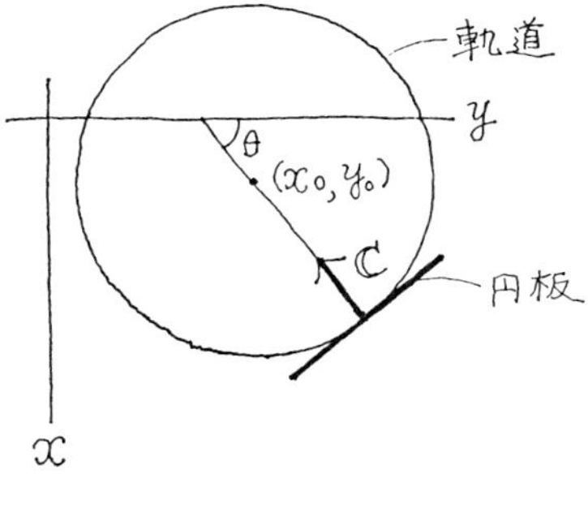

図 5

4.5 解(4.22)〜(4.24)を(4.19)に代入すると $C_\theta=C_\phi=0$, $C_x=-M\omega\bar{\omega}a\sin(\omega t+\theta_0)$, $C_y=-M\omega\bar{\omega}a\cos(\omega t+\theta_0)$, 従って束縛力は円板に垂直(それゆえ円形軌道に垂直)に円の中心に向かって, 大きさ $Ma|\omega\bar{\omega}|$ の力として働く(図5).

第5章

5.1 棒上 s の点の座標を$(x(s), y(s), z(s))$とすれば, $x(s)=X+(s-s_0)\sin\theta\cos\varphi$, $y(s)=Y+(s-s_0)\sin\theta\sin\varphi$, $z(s)=Z+(s-s_0)\cos\theta$, ゆえに運動のエネルギー $T=(1/2)\int_0^l\rho(s)\,ds\{\dot{x}(s)^2+\dot{y}(s)^2+\dot{z}(s)^2\}=(1/2)\int_0^l\rho(s)ds\{\dot{X}^2+\dot{Y}^2+\dot{Z}^2+(s-s_0)^2(\dot{\theta}^2+\dot{\varphi}^2\sin^2\theta)\}+\int_0^l(s-s_0)\rho(s)ds\cdot\{\dot{X}(\dot{\theta}\cos\theta\cos\varphi-\dot{\varphi}\sin\theta\sin\varphi)+\dot{Y}(\dot{\theta}\cos\theta\sin\varphi+\dot{\varphi}\sin\theta\cos\varphi)-\dot{Z}\dot{\theta}\sin\theta\}$. 問題の要求より, $\int_0^l(s-s_0)\rho(s)ds=0$, $\to s_0=M^{-1}\int_0^l s\rho(s)ds$. ∴ (i) Pは棒の重心. このとき (ii) $T=M(\dot{X}^2+\dot{Y}^2+\dot{Z}^2)/2+\left(\int_0^l s^2\rho(s)ds-Ms_0{}^2\right)(\dot{\theta}^2+\dot{\varphi}^2\sin^2\theta)/2$.

5.2
$$\left.\begin{aligned}\partial L/\partial\dot{x} &= mc\dot{x}/\sqrt{c^2-\dot{x}^2-\dot{y}^2-\dot{z}^2}=k_x \quad (\text{定数})\\ \partial L/\partial\dot{y} &= mc\dot{y}/\sqrt{c^2-\dot{x}^2-\dot{y}^2-\dot{z}^2}=k_y \quad (\text{定数})\end{aligned}\right\}\qquad(1)$$
$$\therefore\quad k_x\dot{x}+k_y\dot{y}=mc(\dot{x}^2+\dot{y}^2)/\sqrt{c^2-\dot{x}^2-\dot{y}^2-\dot{z}^2}$$
$$\therefore\quad \hat{L}=L-k_x\dot{x}-k_y\dot{y}=-mc(c^2-\dot{z}^2)/\sqrt{c^2-\dot{x}^2-\dot{y}^2-\dot{z}^2}-V$$

(1)より $m^2c^2(\dot{x}^2+\dot{y}^2)/(c^2-\dot{x}^2-\dot{y}^2-\dot{z}^2)=k_x{}^2+k_y{}^2$

$$\therefore\quad mc/\sqrt{c^2-\dot{x}^2-\dot{y}^2-\dot{z}^2}=\sqrt{(m^2c^2+k_x{}^2+k_y{}^2)/(c^2-\dot{z}^2)}$$
$$\therefore\quad \hat{L}=-\sqrt{m^2c^2+k_x{}^2+k_y{}^2}\sqrt{c^2-\dot{z}^2}-V(z).$$

5.3 (5.37)に $\dot{r}=\dot{\varphi}(dr/d\varphi)=m^{-1}lr^{-2}(dr/d\varphi)$を用いれば, $l^2/(2mr^4)\cdot\{(dr/d\varphi)^2+r^2\}+V(r)=E$. 仮定より $r=D\cos\varphi$. ∴ $V(r)=E-l^2D^2/(2mr^4)$. ∴ 中心力 $\boldsymbol{F}=-\nabla V(r)=-(2l^2D^2/m)(\boldsymbol{r}/r)r^{-5}$.

5.4 $y=f(x)$を逆に解いたものを $x=F(y)$とする. 仮定により $dF(y)/dy|_{y=0}=0$. $T=m^2(\dot{x}^2+\dot{y}^2)/2=m\dot{y}^2\{1+(dF(y)/dy)^2\}/2$, $V=mgy$. $(2/m)\times$(全エネルギー)$=v^2=\dot{y}^2\{1+(dF(y)/dy)^2\}+2gy$. さらに仮定により $\dot{y}=v$. ∴ $(dF(y)/dy)^2=-2gy/v^2$, $\to x=F(y)=2\sqrt{2g}(-y)^{3/2}/3v$. ∴ $y=f(x)=-(1/2)(9v^2/g)^{1/3}x^{2/3}$.

5.5 Oを座標原点, x 軸を $t=0$ のときのOAを結ぶ直線にとるならば, Pの座標(x, y)は $x=R(\cos\omega t+\cos(\omega t-\theta))$, $y=R(\sin\omega t+\sin(\omega t-\theta))$

$\cdots(1)$. $\therefore\ T=L=m(\dot{x}^2+\dot{y}^2)/2=mR^2\{\dot{\theta}^2-2\omega(1+\cos\theta)\dot{\theta}+2\omega^2(1+\cos\theta)\}/2$. これは t を陽に含まぬゆえ，$\dot{\theta}(\partial L/\partial\dot{\theta})-L=mR^2\{\dot{\theta}^2-2\omega^2(1+\cos\theta)\}/2=$定数．他方，仮定より $t=0$ で $x=2R$, $\dot{x}=\dot{y}=0$. ゆえに(1)より，$t=0$ で $\theta=0$, $\dot{\theta}=2\omega$. これで定数を決めると，定数$=0$. $\therefore\ \dot{\theta}^2=2\omega^2(1+\cos\theta)$. 次にこの式から $\dot{\theta}=2\omega\cos(\theta/2)$. $t=0$ で $\theta=0$ の条件のもとに積分すると $\theta=2\,\mathrm{Tan}^{-1}(\sinh\omega t)$. $\therefore\ t;\ 0\to\infty$ で，$\theta;\ 0\to\pi$. よってPは反時計回りの渦を巻きつつ，座標原点に急速に接近していく(図6).

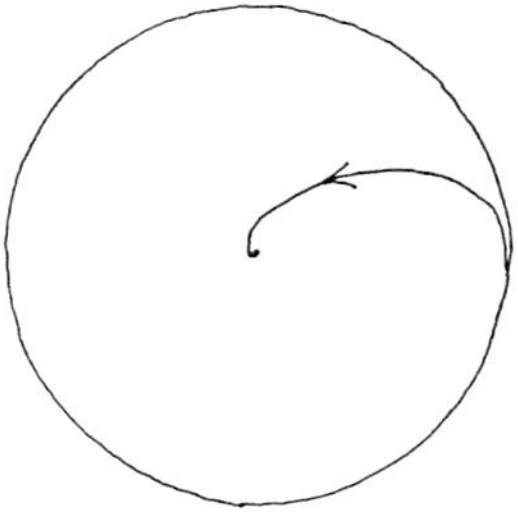

図 6

5.6 輪がPから受ける力を $\boldsymbol{F}=(F_x, F_y)$ とすれば，$F_x=-m\ddot{x}$, $F_y=-m\ddot{y}$(束縛力とは逆向き！)．右辺は前問の(1)式および $\dot{\theta}=2\omega\cos(\theta/2)$ から計算できて，$F_x=mR\omega^2\{\cos\omega t+(1-2\cos(\theta/2))^2\cos(\omega t-\theta)+\sin\theta\sin(\omega t-\theta)\}$, $F_y=mR\omega^2\{\sin\omega t+(1-2\cos(\theta/2))^2\sin(\omega t-\theta)-\sin\theta\cos(\omega t-\theta)\}$. $\therefore$ $\boldsymbol{F}$ の輪への法線成分(外向き)$\equiv F_N=F_x\cos(\omega t-\theta)+F_y\sin(\omega t-\theta)=2mR\omega^2\cos(\theta/2)\{3\cos(\theta/2)-2\}$. 輪への接線成分$\equiv F_T=-F_x\sin(\omega t-\theta)+F_y\cos(\omega t-\theta)=0$, よって(外側に向かう)法線方向に大きさ $2mR\omega^2\cos(\theta/2)\{3\cos(\theta/2)-2\}$ の力を受ける．仮定により $\theta=\theta_0$ でこの力は0, ゆえに $\cos(\theta_0/2)=2/3$(ω とは無関係！).

5.7 前半は(5.19)を用いれば明らか．後半は $\delta\dot{q}=\epsilon\{q(\cos^2 t-\sin^2 t)+\ddot{q}\cos^2 t-\dot{q}\sin t\cos t\}$, $\delta L=\dot{q}\delta\dot{q}-q\delta q$ より，$W(q,\dot{q},t)=(\dot{q}^2\cos^2 t-q^2\sin^2 t)/2$ を得る．よって保存量は $Q=(\dot{q}\cos t+q\sin t)^2/2$.

第6章

6.1 x_1, x_2, x_3 の代りに重心座標 $X=(1/4)(x_1+x_2+2x_3)$, 相対座標 $y_1=x_3-x_1$ および $y_2=x_3-x_2$ を用いると，$T=2m\dot{X}^2+(m/8)(3\dot{y}_1{}^2-2\dot{y}_1\dot{y}_2+$

$3\dot{y}_2{}^2)$，$V=k(y_1{}^2-y_1y_2+y_2{}^2)$ となり，重心は等速運動．また相対座標 y_1，y_2 はそれとは無関係に安定平衡の場所 $y_1=y_2=0$ の近傍で振動運動をする．よって(6.22)により λ を求めれば，$\lambda_1=3k/m$，$\lambda_2=2k/m$，これに対応して $f^{(1)}\propto(1,-1)$，$f^{(2)}\propto(1,1)$ を得る．これより，$y_1=A_1\cos(\sqrt{3k/m}\,t+\beta_1)+A_2\cos(\sqrt{2k/m}\,t+\beta_2)$，$y_2=-A_1\cos(\sqrt{3k/m}\,t+\beta_1)+A_2\cos(\sqrt{2k/m}\,t+\beta_2)$．仮定により $y_1(0)=2l$，$y_2(0)=l$，$\dot{y}_1(0)=\dot{y}_2(0)=0$，ゆえに $A_i, \beta_i\,(i=1,2)$ を求めると，$y_1=x_3-x_1=(l/2)\{\cos(\sqrt{3k/m}\,t)+3\cos(\sqrt{2k/m}\,t)\}$．

6.2 $V=(1/6)(1-2g)(x_1+x_2+x_3)^2+\{(1+g)/6\}\{(x_1-x_2)^2+(x_2-x_3)^2+(x_3-x_1)^2\}$ であるから，$x_1=x_2=x_3=0$ は安定平衡の場所．(6.22)より $\lambda_1=\lambda_2=1+g$，$\lambda_3=1-2g$，したがって3個の固有振動のうち2個は振動数が同じで周期は $T_1=T_2=2\pi/\sqrt{1+g}$，他は $T_3=2\pi/\sqrt{1-2g}$．

6.3 正 n 角形は x-y 平面上，その中心を座標原点，x 軸は頂点の1つを通るように選ぶ．$p\,(=1,2,\cdots,n)$ 番目の頂点の座標は $x_p=R\cos(2\pi p/n)$，$y_p=R\sin(2\pi p/n)$，$z_p=0$．また質点の座標を x,y,z とすれば $T=(m/2)(\dot{x}^2+\dot{y}^2+\dot{z}^2)$，$V=(k/2)\sum_{p=1}^{n}\{\sqrt{(x-x_p)^2+(y-y_p)^2+z^2}-l\}^2=(k/2)\sum_{p=1}^{n}\{\sqrt{x^2+y^2+z^2-2(xx_p+yy_p)+R^2}-l\}^2$．仮定より $x^2+y^2+z^2\ll R$ であるから V を展開して x,y,z の2次の項までとると $V=(kn/2)\{(R-l)^2+(1-l/2R)(x^2+y^2)+(1-l/R)z^2\}$．ここで $\sum_{p=1}^{n}x_p=\sum_{p=1}^{n}y_p=0\,(n>1)$，および $\sum_{p=1}^{n}x_py_p=0$，$\sum_{p=1}^{n}x_p{}^2=\sum_{p=1}^{n}y_p{}^2=nR^2/2\,(n>2)$ を用いた．ゆえに $A_j\,(j=1,2,3)$ を微小定数として，$x=A_1\cos(\sqrt{nk(2R-l)/(2Rm)}\,t+\beta_1)$，$y=A_2\cos(\sqrt{nk(2R-l)/(2Rm)}\,t+\beta_2)$，$z=A_3\cos(\sqrt{nk(R-l)/(Rm)}\,t+\beta_3)$（軌道の x-y 平面への射影は楕円）．

6.4 系のラグランジアンは，$L=(4ma^2/3)\{\dot{\theta}^2(1+3\sin^2\theta)+\dot{\phi}^2\sin^2\theta\}+4mag\cos\theta$．$\phi$ は循環座標で角運動量 $\partial L/\partial\dot{\phi}=(8ma^2/3)\dot{\phi}\sin^2\theta=l$ は定数．ゆえに(5.7)によって ϕ を消去した修正ラグランジアンは $\hat{L}=L-l\dot{\phi}=(4ma^2/3)\dot{\theta}^2(1+3\sin^2\theta)-\tilde{V}(\theta)$，ただし $\tilde{V}(\theta)=3l^2/(16ma^2\sin^2\theta)-4mag\cos\theta$．このとき $\bar{\theta}$ は $d\tilde{V}(\theta)/d\theta=0$ の解．よって $\cos\bar{\theta}=(32m^2a^3g/3l^2)\sin^4\bar{\theta}$ …(1)．図7にみるように $0<\bar{\theta}<\pi/2$ である．$d^2\tilde{V}/d\theta^2|_{\theta=\bar{\theta}}=(3l^2/8ma^2)(1+2\cos^2\bar{\theta})/\sin^4\bar{\theta}+4mag\cos\bar{\theta}=4mag(3\cos\bar{\theta}+1/\cos\bar{\theta})>0$（ここで(1)を用いた）．ゆえに $\theta=\bar{\theta}$ は安定平衡の平衡の場所を与える．よって $\theta=\bar{\theta}+\eta$（η 微小）とすれば $\hat{L}=(4ma^2/3)(1+3\sin^2\bar{\theta})\dot{\eta}^2-2mag(3\cos\bar{\theta}+1/\cos\bar{\theta})\eta^2-\tilde{V}(\bar{\theta})$．したがって微小振動の周期は $2\pi\sqrt{(2a/3g)\cos\bar{\theta}(1+3\sin^2\bar{\theta})/(1+3\cos^2\bar{\theta})}$．

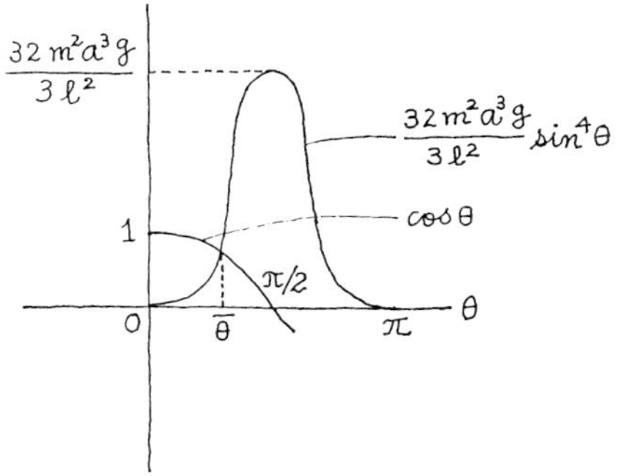

図 7

6.5 φ を消去した修正ラグランジアンは(5.11)により $\hat{L}=(m/2)\dot{r}^2-\tilde{V}(r)$, ただし $\tilde{V}(r)=(l^2/2m)r^{-2}+kr^{\alpha}$. 円軌道の半径 $\bar{r}$ は $d\tilde{V}(r)/dr=-(l^2/m)r^{-3}+k\alpha r^{\alpha-1}=0$ の解, よって $\bar{r}=(l^2/\alpha km)^{1/(\alpha+2)}$. また軌道1周の周期は(5.10)より $T_1=2\pi m\bar{r}^2/|l|$. さらに $d^2\tilde{V}(r)/dr^2|_{r=\bar{r}}=(\alpha+2)l^2/m\bar{r}^4>0$ で $r=\bar{r}$ は安定平衡. ゆえに $r=\bar{r}+\eta$ (η 微小)とすれば $\hat{L}=(m/2)\dot{\eta}^2-(\alpha+2)l^2\eta^2/2m\bar{r}^4-\tilde{V}(\bar{r})$, よって $\bar{r}$ の近傍での微小振動の周期は $T_2=2\pi m\bar{r}^2/\sqrt{\alpha+2}\,|l|$. $\therefore\ T_2/T_1=1/\sqrt{\alpha+2}$.

第7章

7.1 運動方程式はともに $\ddot{x}=a(\dot{x}^2+b^2)$. また(5.34)より $E_1=\dot{x}\cdot\partial L_1/\partial\dot{x}-L_1=(\dot{x}^2+b^2)\exp(-2ax)$, $E_2=\dot{x}\cdot\partial L_2/\partial\dot{x}-L_2=-b^3(\dot{x}^2+b^2)^{-1/2}\exp ax$. $\therefore\ E_1E_2{}^2=b^6$.

7.2 この場合(7.44)の計算結果は(7.45)と同一の $\sum_{r,s}a_{rs}(dq_r/d\tau)(dq_s/d\tau)/2(dq_0/d\tau)^2+V=E\cdots(1)$ (b_r を含まぬ). また(7.46)は $\bar{L}-(-E)(dq_0/d\tau)=(dq_0/d\tau)\{\sum_{r,s}a_{rs}(dq_r/d\tau)(dq_s/d\tau)/2(dq_0/d\tau)^2+\sum_r b_r(dq_r/d\tau)/(dq_0/d\tau)+(E-V)\}=(dq_0/d\tau)\{\sum_{r,s}a_{rs}(dq_r/d\tau)(dq_s/d\tau)/2(dq_0/d\tau)^2+(E-V)\}+\sum_r b_r(dq_r/d\tau)$. (1)を用いて上式第1項の $dq_0/d\tau$ の消去は, 本文の(7.45)~(7.47)の議論がそのまま使え, $\hat{\bar{L}}=\sqrt{2(E-V)\sum_{r,s}a_{rs}(dq_r/d\tau)(dq_s/d\tau)}+\sum_r b_r(dq_r/d\tau)$. よって変分原理は $\delta\int_{\tau_1}^{\tau_2}d\tau\{\sqrt{2(E-V)\sum_{r,s}a_{rs}(dq_r/d\tau)(dq_s/d\tau)}+\sum_r b_r(dq_r/d\tau)\}=0$.

7.3 (7.50)の ds は, $V=0$ であるから $ds\propto\sqrt{dx^2+dy^2+dz^2}=$(通常の意

味での微小距離)となる．それゆえ母線に切れ目を入れて円錐を平面に開いたとき，軌道は面上の直線となる．

7.4 一方の系のエネルギーをE，これと同じ軌道を与える他方の系のエネルギーを$\mathcal{E}$とし，$ds^2=2(E-U)\sum_{r,s}a_{rs}dq_rdq_s$，$d\bar{s}^2=2(\mathcal{E}-V)\sum_{r,s}b_{rs}dq_rdq_s$とかく．$E$と$\mathcal{E}$は1対1に対応し，かつ軌道が同じであるから$\lambda(E)ds^2=d\bar{s}^2$となるような$\lambda(E)(\neq 0)$が存在せねばならぬ．$\mathcal{E}$を$E$の関数$\mathcal{E}(E)$とかくと，$\lambda(E)\{E-U(q)\}a_{rs}(q)=\{\mathcal{E}(E)-V(q)\}b_{rs}(q)$．ゆえに$f(q)=\lambda(E)\{E-U(q)\}\{\mathcal{E}(E)-V(q)\}^{-1}$は$E$に無関係な$q$のみの関数．したがって$\lambda(E)\{E-U(q)\}=\{\mathcal{E}(E)-V(q)\}f(q)\cdots(1)$は$E, q$に対する恒等式．これを$E$微分，次いで$q$微分すると，$-\lambda'(E)U'(q)=\mathcal{E}'(E)f'(q)$，$\to -\lambda'(E)/\mathcal{E}'(E)=f'(q)/U'(q)=\gamma$(定数)．$\therefore$ $f(q)=\gamma U(q)+\delta\cdots(2)$，$\lambda(E)=-\gamma\mathcal{E}(E)+\alpha\cdots(3)$ (δ, α: 定数)．(2), (3)を(1)に代入して$\{\gamma U(q)+\delta\}V(q)-\alpha U(q)=(\gamma E+\delta)\mathcal{E}(E)-\alpha E$．左辺は$q$のみ，右辺は$E$のみの関数，よって$\{\gamma U(q)+\delta\}V(q)-\alpha U(q)=\beta$(定数)，$\to V(q)=\{\alpha U(q)+\beta\}/\{\gamma U(q)+\delta\}$．また$f(q)=b_{rs}(q)/a_{rs}(q)$であるから(2)より$b_{rs}(q)=\{\gamma U(q)+\delta\}a_{rs}(q)$．ちなみに$\mathcal{E}(E)=(\alpha E+\beta)/(\gamma E+\delta)$．

7.5 ひもの線密度をρとすると長さ$\sqrt{dx^2+dy^2}$のひもの微小部分のポテンシャル・エネルギーは$\Delta V=\rho\sqrt{dx^2+dy^2}U(y)$，よってひもの両端の座標を$(x_1, y_1)$, (x_2, y_2)(ただし$x_1<x_2$)とするとき，全ポテンシャル・エネルギーは$V=\int_{x_1}^{x_2}dx\rho\sqrt{1+(dy/dx)^2}U(y)$，それゆえこれが最小になるためには$\delta\int_{x_1}^{x_2}dx\rho\sqrt{1+(dy/dx)^2}U(y)=0$ $(\delta y(x_1)=\delta y(x_2)=0)$，ただしひもの長さを$l$とすれば，条件$\int_{x_1}^{x_2}dx\sqrt{1+(dy/dx)^2}-l=0\cdots(1)$より$\delta y$は$\delta\int_{x_1}^{x_2}dx\sqrt{1+(dy/dx)^2}=0$に従う．ゆえにラグランジュの未定乗数法により変分原理は$\delta\int_{x_1}^{x_2}dx\rho\sqrt{1+(dy/dx)^2}U(y)+\lambda\delta\int_{x_1}^{x_2}dx\sqrt{1+(dy/dx)^2}=\delta\int_{x_1}^{x_2}dx\{\rho U(y)+\lambda\}\sqrt{1+(dy/dx)^2}=0$の形をとる．被積分関数は$x$を陽に含まないので，(5.34)を応用すれば$\{\rho U(y)+\lambda\}(dy/dx)^2/\sqrt{1+(dy/dx)^2}-\{\rho U(y)+\lambda\}\sqrt{1+(dy/dx)^2}=-\{\rho U(y)+\lambda\}/\sqrt{1+(dy/dx)^2}=-1/\alpha$(定数)．ゆえに$1+(dy/dx)^2=\{\alpha\rho U(y)+\alpha\lambda\}^2$．$A=\alpha\lambda$，$B=\alpha\rho$とすれば$(dy/dx)^2=\{A+BU(y)\}^2-1$．$A, B$およびこれを積分したときの積分定数は，(1)と$y_1=y(x_1)$，$y_2=y(x_2)$によって決められる．次に$U(y)=gy$とおくと$dy/dx=\pm\sqrt{(A+Bgy)^2-1}$．$\therefore$ $y=\pm\{\alpha\cosh[(x-x_0)/\alpha]+y_0\}$(ただし$\alpha=1/|Bg|$，$y_0=-A/Bg$)を得る．上式＋符号がポテンシャル・エネルギーの最小値

(− 符号は最大値)，従ってひもの曲線は $y=\alpha\cosh[(x-x_0)/\alpha]+y_0\,(\alpha>0)$.

7.6 初速0，$V(0)=0$ で全エネルギーは0であるから，$m(\dot{x}^2+\dot{y}^2)/2+V(y)=m\dot{x}^2\{1+(dy/dx)^2\}/2+V(y)=0$. $\therefore\ \dot{x}^2=-2m^{-1}V(y)/\{1+(dy/dx)^2\}$. 従って定点Pの座標を $(\bar{x},\bar{y})$ とすればPに達するまでの時間は $T=\sqrt{m/2}\int_0^{\bar{x}}dx\sqrt{-\{1+(dy/dx)^2\}/V(y)}$. よって $\delta\int_0^{\bar{x}}dx\sqrt{-\{1+(dy/dx)^2\}/V(y)}=0$, 被積分関数は x を陽に含まないから(5.34)が応用できて，その結果は $V(y)=-\alpha^2/\{1+(dy/dx)^2\}$ (α：定数). 一方仮定より $y=kx^{3/2}$, 定数 k はこの曲線が $(\bar{x},\bar{y})$ を通るという条件で決められている. $\therefore(dy/dx)^2=4k^3/9y$. ゆえに $V(y)=-\alpha^2y/(y+4k^3/9)\ (y\geqq 0)$.

第8章

8.1 オイラー・ラグランジュの方程式は $m\ddot{q}+\gamma\dot{q}+\omega^2q=0$. 問題の条件のもとでこれを解くと，(i) $\gamma^2\geqq 4m\omega^2$ の場合：$\alpha=(2m)^{-1}\sqrt{\gamma^2-4m\omega^2}$

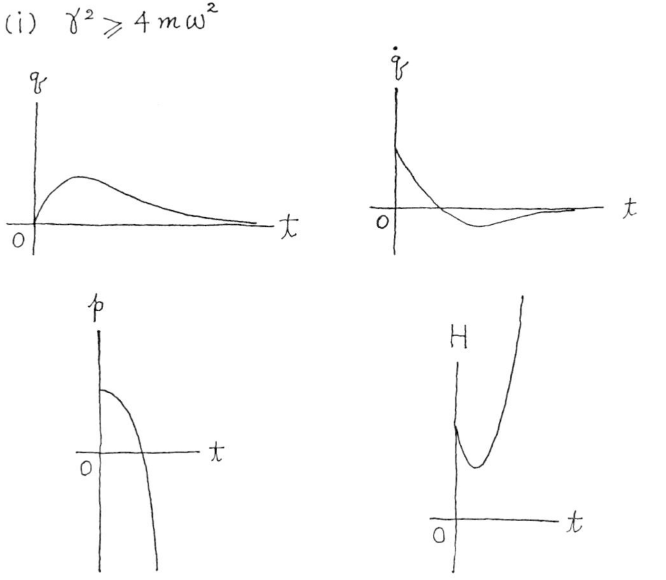

図 8(1)

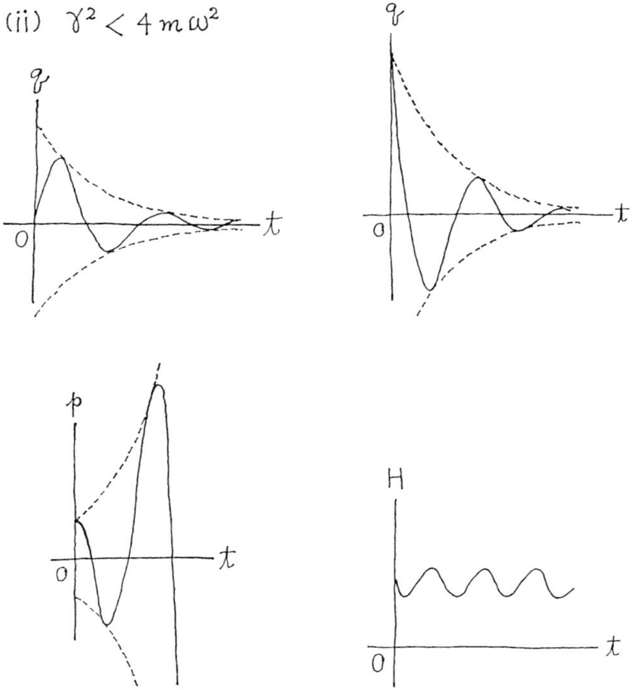

図 8(2)

として $q=v\alpha^{-1}\sinh\alpha t\cdot\exp[-\gamma t/2m]$, (ii) $\gamma^2<4m\omega^2$ の場合：$\beta=(2m)^{-1}\sqrt{4m\omega^2-\gamma^2}$ として $q=v\beta^{-1}\sin\beta t\cdot\exp[-\gamma t/2m]$. また $p=m\dot{q}\exp[\gamma t/m]$, $H=(2m)^{-1}\{p^2\exp[-\gamma t/m]+m\omega^2q^2\exp[\gamma t/m]\}$, それゆえ $\dot{q}, p, H$ を t の関数として表わせば, (i)の場合：$\dot{q}=v\{\cosh\alpha t-\gamma(2m\alpha)^{-1}\sinh\alpha t\}\exp[-\gamma t/2m]$, $p=mv\{\cosh\alpha t-\gamma(2m\alpha)^{-1}\sinh\alpha t\}\exp[\gamma t/2m]$, $H=(mv^2/2)[1+\gamma(m\alpha)^{-1}\sinh\alpha t\{\gamma(2m\alpha)^{-1}\sinh\alpha t-\cosh\alpha t\}]$. (ii)の場合：(i)の場合の $\dot{q}, p, H$ において $\alpha^{-1}\sinh\alpha t\to\beta^{-1}\sin\beta t$, $\cosh\alpha t\to\cos\beta t$ の置換をやればよい. t を横軸としてグラフをかくと, 図8のようになる. 時間の経過とともに q や $\dot{q}$ が減衰しても, p や H はそうならない.

8.2 ハミルトンの方程式は，$\dot{q}=p-aq$，$\dot{p}=ap$．第2式より $p=p_0\exp(at)$（p_0：定数），これを第1式に代入し $q=Q\exp(-at)$ と変数変換すると $\dot{Q}=p_0\exp(2at)$，ゆえに $q=$(定数)$\times\exp(-at)+(p_0/2a)\exp(at)$，$t=0$ で q,p の初期値を q_0,p_0 として定数を決めれば，$q=p_0a^{-1}\sinh at+q_0\exp(-at)$，$p=p_0\exp(at)$．これを逆に解いて $q_0=q\exp(at)-pa^{-1}\sinh at$，$p_0=p\exp(-at)$ を，$q_0{}^2+p_0{}^2=R^2$ に代入すると，時刻 t における q,p の満す曲線 $\exp(2at)\cdot q^2-2a^{-1}\exp(at)\cdot\sinh at\cdot qp+\{\exp(-2at)+a^{-2}\sinh^2 at\}p^2=R^2\cdots(1)$ が得られる．2次曲線 $Aq^2+2Cqp+Bp^2=R^2$ において $AB-C^2>0$ であれば楕円であることが知られているが，いまの場合 $AB-C^2=1$ となり(1)は原点を中心とする楕円となる．時間の経過にともなう楕円の主軸の動きや形の変化は a の値によりさまざまだが，楕円の面積 $S=\pi R^2(AB-C^2)=\pi R^2$ は時間と無関係（リウヴィルの定理）．

8.3 ハミルトンの方程式より $\dot{q}_1=(2A)^{-1}(2p_1+p_2)+B_1$，$\dot{q}_2=(2A)^{-1}(p_1+2p_2)+B_2$．∴ $p_1=(2A/3)(2\dot{q}_1-\dot{q}_2-2B_1+B_2)$，$p_2=(2A/3)(-\dot{q}_1+2\dot{q}_2+B_1-2B_2)$．よって(8.8)から $L=(2A/3)\{\dot{q}_1{}^2-\dot{q}_1\dot{q}_2+\dot{q}_2{}^2-(2B_1-B_2)\dot{q}_1-(-B_1+2B_2)\dot{q}_2+B_1{}^2-B_1B_2+B_2{}^2\}-C$．

8.4 $H=p^2/2+k|q|=E$，ゆえに図9の軌跡を得る．ここで矢印は時間の経過にともなう点 $q(t),p(t)$ の移動の方向を示す．$p=\dot{q}$ であるので，$p>0$ であれば時間がたつと q は増加し，$p<0$ であれば減少するので，矢印の向きは決められる．

8.5 (8.28)より $d[A,B]/dt=[[A,B],H]+\partial[A,B]/\partial t$．第1項はヤコビの恒等式および(8.23)を用いて，$[[A,B],H]=[[A,H],B]+[A,[B,H]]$，第2項はポアソン括弧の定義より $\partial[A,B]/\partial t=[\partial A/\partial t,B]+[A,\partial B/\partial t]$．∴ $d[A,B]/dt=[[A,H]+\partial A/\partial t,B]+[A,[B,H]+\partial B/\partial t]$，右辺に(8.28)を使えば求める式を得る．

8.6 (i) 仮定により $dF/dt=[F,H]+\partial F/\partial t=0$．∴ $\partial F/\partial t=-[F,H]$．これに前問の結果を応用すれば $d(\partial F/\partial t)/dt=-[dF/dt,H]-[F,dH/dt]=0$．
(ii) ハミルトンの方程式から $\dot{q}=p/m$，$\dot{p}=-mg$．ゆえに $\dot{F}=\dot{q}-\dot{p}t/m-p/m-gt=0$．よって F は保存量．他方 $\partial F/\partial t=-p/m-gt$，∴ $d(\partial F/\partial t)/dt=-\dot{p}/m-g=0$．

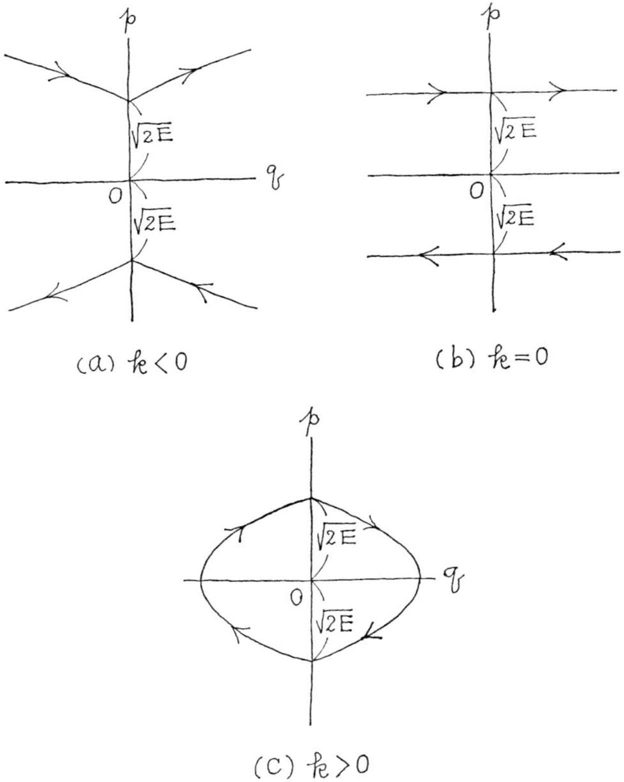

図 9

第 9 章

9.1 正準変換であることは直接の計算により(9.29)が成り立つことを示せばよい．W_2 については，(1) $p=\tan^{-1}(q/P)\cdots(1)_1$, $Q=-\log\sqrt{q^2+P^2}$ $\cdots(1)_2$ となり，$p=\partial W_2/\partial q$ であるから$(1)_1$ を q について積分すれば，$W_2=\int dq\tan^{-1}(q/P)+f(P)=q\tan^{-1}(q/P)-P\log\sqrt{q^2+P^2}+f(P)$．これを P で偏微分すると $\partial W_2/\partial P=-\log\sqrt{q^2+P^2}+f'(P)-1$．$Q=\partial W_2/\partial P$ および

$(1)_2$ との比較から $f(P)=P$ として十分．ゆえに $W_2=q\tan^{-1}(q/P)+P-P\log\sqrt{q^2+P^2}$．同様にして，(2) $Q=a_{11}q+a_{12}p$，$P=a_{21}q+a_{22}p$ とかくとき $a_{11}a_{22}-a_{12}a_{21}=1$ を考慮すれば $W_2=a_{22}^{-1}(a_{12}P^2+2qP-a_{21}q^2)/2$．それゆえ $a_{22}\neq 0$，すなわち $\tan\lambda_1\tanh\lambda_3\neq 1$ のときのみ W_2 は存在する．(3) $W_2=(2\lambda)^{-1}\{q_1\sqrt{P_1-P_2-q_1{}^2}+(P_1-P_2)\sin^{-1}(q_1/\sqrt{P_1-P_2})+q_2\sqrt{P_2-q_2{}^2}+P_2\sin^{-1}(q_2/\sqrt{P_2})\}$．

9.2 $\lambda_1,\lambda_2,\lambda_3$ が無限小であれば前問(2)の式は，$Q=q-\lambda_1p+\lambda_2q+\lambda_3p$，$P=p+\lambda_1q-\lambda_2p+\lambda_3q$．それゆえ $[q,J_1]=-p$，$[p,J_1]=q$，$[q,J_2]=q$，$[p,J_2]=-p$，$[q,J_3]=p$，$[p,J_3]=q$．従って，解として $J_1=-(q^2+p^2)/2$，$J_2=qp$，$J_3=(p^2-q^2)/2$ を採用すると $[J_1,J_2]=2J_3$，$[J_2,J_3]=-2J_1$，$[J_3,J_1]=2J_2$．

9.3 $[Q_1,Q_2]=9\{f_1\cdot(\partial f_2/\partial p_1\cdot q_2+\partial g_2/\partial p_1)-(\partial f_1/\partial p_2\cdot q_1+\partial g_1/\partial p_2)f_2\}(f_1q_1+g_1)^2(f_2q_2+g_2)^2$．これは恒等的に0にならねばならぬから，$\partial f_2/\partial p_1=\partial f_1/\partial p_2=0$，$f_1\cdot\partial g_2/\partial p_1=f_2\cdot\partial g_1/\partial p_2$．第1式より $f_1=f_1(p_1)$，$f_2=f_2(p_2)$．よって第2式は $\partial(g_1/f_1)/\partial p_2=\partial(g_2/f_2)/\partial p_1$．それゆえ $g_k/f_k=\partial A(p_1,p_2)/\partial p_k\,(k=1,2)$ となる $A(p_1,p_2)$ が存在する．すなわち $f_k=f_k(p_k)$，$g_k=f_k(p_k)\cdot\partial A(p_1,p_2)/\partial p_k$ が f_k,g_k に対する条件．次に $\partial B_k(p_k)/\partial p_k=1/f_k(p_k)$ で B_k を定義する．$q_k=(Q_k{}^{1/3}-g_k)/f_k$ の右辺を Q_k,p_k の関数とみなすと，$q_k=-\partial\{A(p_1,p_2)-Q_k{}^{1/3}B_k(p_k)\}/\partial p_k=-\partial W(p,Q)/\partial p_k$．従って正準変換の母関数 $W(p,Q)$ は，$W(p,Q)=A(p_1,p_2)-\sum_{k=1}^{2}Q_k{}^{1/3}B_k(p_k)-C(Q_1,Q_2,t)$（$C$ は Q_1,Q_2,t の任意関数）．$\therefore$ $P_k=-\partial W/\partial Q_k=(1/3)Q_k{}^{-2/3}B_k(p_k)+\partial C/\partial Q_k$．他方 $Q_k=[f_k(p_k)\{q_k+\partial A(p_1,p_2)/\partial p_k\}]^3$ だから，これを上式に代入すれば P_k が q,p の関数として表わせる．特別の場合として $C(Q_1,Q_2,t)=0$ とすれば，$P_k=(1/3)B_k(p_k)[f_k(p_k)\{q_k+\partial A(p_1,p_2)/\partial p_k\}]^{-2}$．

9.4 シンプレクティックな変数 $x_\alpha\,(\alpha=1,2,\cdots,2n)$ を用いれば，$(u,v)=\sum_{\alpha,\beta}(\partial x_\alpha/\partial u)M_{\alpha\beta}(\partial x_\beta/\partial v)$．それゆえ，正準変換 $x_\alpha\to X_\alpha$ に対して，$\sum_{\alpha,\beta}(\partial X_\alpha/\partial u)M_{\alpha\beta}(\partial X_\beta/\partial v)=\sum_{\alpha,\beta}(\partial x_\alpha/\partial u)M_{\alpha\beta}(\partial x_\beta/\partial v)$ が成り立つことを示せばよい．$\partial X_\alpha/\partial u=\sum_\gamma(\partial X_\alpha/\partial x_\gamma)(\partial x_\gamma/\partial u)$，$\partial X_\beta/\partial v=\sum_\delta(\partial X_\beta/\partial x_\delta)(\partial x_\delta/\partial v)$ より，$\sum_{\alpha,\beta}(\partial X_\alpha/\partial u)M_{\alpha\beta}(\partial X_\beta/\partial v)=\sum_{\gamma,\delta}(\partial x_\gamma/\partial u)([\partial X/\partial x]^{\mathrm T}M[\partial X/\partial x])_{\gamma\delta}(\partial x_\delta/\partial v)=\sum_{\gamma,\delta}(\partial x_\gamma/\partial u)M_{\gamma\delta}(\partial x_\delta/\partial v)$．ここで(9.24)を用いた．

9.5 $p_{a,j}=\partial L(\boldsymbol{r},\dot{\boldsymbol{r}})/\partial\dot r_{a,j}=m_a\dot r_{a,j}$，$p'_{a,j}=\partial L(\boldsymbol{r}',\dot{\boldsymbol{r}}')/\partial\dot r'_{a,j}=m_a\dot r'_{a,j}=m_a(\dot r_{a,j}-v_j)\,(j=1,2,3)$．$\therefore$ $\boldsymbol{p}_a\to\boldsymbol{p}_a{}'=\boldsymbol{p}_a-m_a\boldsymbol{v}$．これが $\boldsymbol{r}_a\to\boldsymbol{r}_a{}'=\boldsymbol{r}_a-\boldsymbol{v}t$ とともに正準変換となることは，(9.29)を用いれば直ちに分かる．$p_{a,j}=$

$p'_{a,j}+m_a v_j=\partial W_2(\boldsymbol{r},\boldsymbol{p}',t)/\partial r_{a,j}$ より，まず $W_2=\sum_a(\boldsymbol{p}_a'+m\boldsymbol{v})\cdot\boldsymbol{r}_a+f(\boldsymbol{p}',t)$. これを $r'_{a,j}=r_{a,j}-v_j t=\partial W_2/\partial p'_{a,j}$ に用いれば，$f(\boldsymbol{p},t)=-\sum_a\boldsymbol{p}_a'\cdot\boldsymbol{v}t+g(t)$. $\therefore$ $W_2=\sum_a\{(\boldsymbol{p}_a'+m_a\boldsymbol{v})\cdot\boldsymbol{r}_a-\boldsymbol{p}_a'\cdot\boldsymbol{v}t\}+g(t)$. 他方，変換の前後でのハミルトニアンは，$H=\sum_a(2m_a)^{-1}\boldsymbol{p}_a{}^2+V(\boldsymbol{r})$, $H'=\sum_a(2m_a)^{-1}\boldsymbol{p}_a{}'^2+V(\boldsymbol{r}')$. 仮定から $V(\boldsymbol{r})=V(\boldsymbol{r}')$ であるから，$H'=H-\sum_a\boldsymbol{p}_a\cdot\boldsymbol{v}+\sum_a m_a\boldsymbol{v}^2/2=H-\sum_a\boldsymbol{p}_a'\cdot\boldsymbol{v}-\sum_a m_a\boldsymbol{v}^2/2$. ゆえに $H'=H+\partial W_2/\partial t$ より $g(t)=-\sum_a m_a\boldsymbol{v}^2 t/2$. $\therefore$ $W_2=\sum_a\{(\boldsymbol{r}_a-\boldsymbol{v}t)\cdot\boldsymbol{p}_a'+m_a(\boldsymbol{v}\cdot\boldsymbol{r}_a-\boldsymbol{v}^2t/2)\}$. また $\boldsymbol{v}$ を無限小ベクトルとすると，$W_2=\sum_a\boldsymbol{r}_a\boldsymbol{p}_a'+\boldsymbol{v}\cdot\sum_a(m_a\boldsymbol{r}_a-\boldsymbol{p}_a't)$，それゆえ(9.67)より生成子は $J_j=\sum_a(m_a r_{a,j}-p_{a,j}t)$.

9.6 $[\partial X/\partial x]^{-1}=[\partial x/\partial X]$ を用いれば(9.21)より $[\partial X/\partial x]M=M[\partial x/\partial X]^{\mathrm{T}}$，それゆえ $[\partial X/\partial x]=-M[\partial x/\partial X]^{\mathrm{T}}M$. $r,s=1,2,\cdots,n$ として上式の行列要素は，M の定義から $[\partial X/\partial x]_{r,s}=[\partial x/\partial X]_{s+n,r+n}$, $[\partial X/\partial x]_{r+n,s+n}=[\partial x/\partial X]_{s,r}$, $[\partial X/\partial x]_{r,s+n}=-[\partial x/\partial X]_{s,r+n}$, $[\partial X/\partial x]_{r+n,s}=-[\partial x/\partial X]_{s+n,r}$ となり，問の式は導かれた.

第10章

10.1 ハミルトニアンは $H=(1/2)\{(a+bq_2)p_1{}^2+p_2{}^2/q_2{}^2\}+(c+eq_2)$. q_1 は循環座標，よって $W=\alpha q_1+W_2(q_2)$ (α：定数) とおけば $E=(1/2)\{(a+bq_2)\alpha^2+(q_2{}^{-1}dW_2/dq_2)^2\}+(c+eq_2)$. 従って $W=\alpha q_1+\int dq_2\cdot q_2\{(2E-a\alpha^2-2c)-(b\alpha^2+2e)q_2\}^{1/2}$. ゆえに $t+\beta=\partial W/\partial E=\int dq_2\cdot q_2(A-Bq_2)^{-1/2}=-(2/3B^2)(A-Bq_2)^{1/2}(2A+Bq_2)$，ここで $A=2E-a\alpha^2-2c$, $B=b\alpha^2+2e$ である. それゆえ $t_0=-\beta$, $h=-9B/4$, $k=A/B$ とおけばよい.

10.2 $W=W_1(q_1)+W_2(q_2)$ とおけば $E=(q_1\cdot dW_1/dq_1-aq_1{}^2)-(q_2\cdot dW_2/dq_2-bq_2{}^2)$. ゆえに α を定数として $q_1\cdot dW_1/dq_1-aq_1{}^2=E+\alpha$, $q_2\cdot dW_2/dq_2-bq_2{}^2=\alpha$. $\therefore$ $W=(E+\alpha)\log q_1+(a/2)q_1{}^2+\alpha\log q_2+(b/2)q_2{}^2$. これより $\partial W/\partial\alpha=\log q_1q_2=$定数，$\partial W/\partial E=\log q_1=t+$定数.

10.3 $S(q,t,\alpha)$ の α_r に $\alpha_r(q,\bar{q},t,\bar{t})$ を代入したものを $\langle S(q,t,\alpha)\rangle$ とかけば，定義より $S(q,\bar{q},t,\bar{t})=\langle S(q,t,\alpha)\rangle-\langle S(\bar{q},\bar{t},\alpha)\rangle$. ゆえに $\partial S(q,\bar{q},t,\bar{t})/\partial q_r=\langle\partial S(q,t,\alpha)/\partial q_r\rangle+\sum_s\langle\{\partial S(q,t,\alpha)/\partial\alpha_s-\partial S(\bar{q},\bar{t},\alpha)/\partial\alpha_s\}\rangle\partial\alpha_s/\partial q_r=\langle\partial S(q,t,\alpha)/\partial q_r\rangle$，また $\partial S(q,\bar{q},t,\bar{t})/\partial t=\langle\partial S(q,t,\alpha)/\partial t\rangle-\sum_r\langle\partial S(q,t,\alpha)/\partial\alpha_r-\partial S(\bar{q},\bar{t},\alpha)/\partial\alpha_r\rangle\partial\alpha_r/\partial t=\langle\partial S(q,t,\alpha)/\partial t\rangle$. 仮定により $H(q,\partial S(q,t,\alpha)/\partial q,t)+\partial S(q,t,\alpha)/\partial t=0$，ここで $\alpha_r=\alpha_r(q,\bar{q},t,\bar{t})$ を代入すれば，以上の結果から $S(q,\bar{q},t,\bar{t})$

が，(10.8)の完全解であることがわかる．またp_rを$q_r, \bar{q}_r$の関数にかきかえたものを単にp_rとかけば$\langle\partial S(q,t,\alpha)/\partial q_r\rangle = p_r$，また上と同様にして$\partial S(q,\bar{q},t,\bar{t})/\partial\bar{q}_r = -\langle\partial S(\bar{q},\bar{t},\alpha)/\partial\bar{q}_r\rangle = -\bar{p}_r$となるので，$S(q,\bar{q},t,\bar{t})$は正準変換$q_r, p_r \to \bar{q}_r, \bar{p}_r$の母関数．

10.4 前問の結果を応用しよう．重力加速度の方向をz軸方向にとると，ハミルトニアンは$H=\boldsymbol{p}^2/2m - mgz$．$x, y$は循環座標なので$W(\boldsymbol{r}) = \alpha_1 x + \alpha_2 y + W_3(z)$としてハミルトン・ヤコビの方程式を解くと，$S(\boldsymbol{r}, t, \alpha_1, \alpha_2, E) = \alpha_1 x + \alpha_2 y + (3m^2 g)^{-1}(2m^2 gz + 2mE - \alpha_1{}^2 - \alpha_2{}^2)^{3/2} - Et$．$S \equiv S(\boldsymbol{r}, t, \alpha_1, \alpha_2, E)$，$\bar{S} \equiv S(\bar{\boldsymbol{r}}, \bar{t}, \alpha_1, \alpha_2, E)$とかけば，$\partial S/\partial\alpha_j = \partial\bar{S}/\partial\alpha_j\ (j=1,2)$，$\partial S/\partial E = \partial\bar{S}/\partial E$．これより$\alpha_1 = m(x-\bar{x})/(t-\bar{t})$，$\alpha_2 = m(y-\bar{y})/(t-\bar{t})$，$E = (m/8)g^2(t-\bar{t})^2 + (m/2)(\boldsymbol{r}-\bar{\boldsymbol{r}})^2/(t-\bar{t})^2 - gm(z+\bar{z})/2$，これらを$S-\bar{S}$に代入すると$S(\boldsymbol{r}, \bar{\boldsymbol{r}}, t, \bar{t}) = \langle S\rangle - \langle\bar{S}\rangle = (m/2)(\boldsymbol{r}-\bar{\boldsymbol{r}})^2/(t-\bar{t}) + (mg/2)(z+\bar{z})(t-\bar{t}) - (g^2 m/24)(t-\bar{t})^3$．($p_k = \partial S(\boldsymbol{r}, \bar{\boldsymbol{r}}, t, \bar{t})/\partial r_k$，$\bar{p}_k = -\partial S(\boldsymbol{r}, \bar{\boldsymbol{r}}, t, \bar{t})/\partial\bar{r}_k\ (k=1,2,3)$であるから単に正準変換というだけからは，最後の$(g^2 m/24)(t-\bar{t})^3$の項は不用．ここでの$S(\boldsymbol{r}, \bar{\boldsymbol{r}}, t, \bar{t})$はハミルトン・ヤコビの方程式を満たすようにつくってある．)

10.5 v_x, a_xを定数として$x = v_x t + a_x$，$\bar{x} = v_x\bar{t} + a_x$．ゆえに$v_x = (x-\bar{x})/(t-\bar{t}) = \dot{x}$，同様にして$v_y = (y-\bar{y})/(t-\bar{t}) = \dot{y}$，従って，$(m/2)\int_{\bar{t}}^{t} dt(\dot{x}^2 + \dot{y}^2) = (m/2)(t-\bar{t})(v_x{}^2 + v_y{}^2) = (m/2)\{(x-\bar{x})^2/(t-\bar{t}) + (y-\bar{y})^2/(t-\bar{t})\}$．また$z = gt^2/2 + v_z t + a_z$，$\bar{z} = g\bar{t}^2/2 + v_z\bar{t} + a_z$ (v_z, a_z：定数)．これより$v_z = (z-\bar{z})/(t-\bar{t}) - g(t+\bar{t})/2$，$a_z = z - (z-\bar{z})t/(t-\bar{t}) + gt\bar{t}/2$．$\int_{\bar{t}}^{t} dt\{(m/2)\dot{z}^2 + gmz\} = \int_{\bar{t}}^{t} dt(mg^2t^2 + 2mgtv_z + mv_z{}^2/2 + gma_z) = (mg^2/3)(t^3 - \bar{t}^3) + gmv_z(t^2 - \bar{t}^2) + m(v_z{}^2/2 + ga_z)(t-\bar{t}) = (m/2)(z-\bar{z})^2/(t-\bar{t}) + (gm/2)(z+\bar{z})(t-\bar{t}) - (g^2 m/24)(t-\bar{t})^3$．よって$\int_{\bar{t}}^{t} dt L(\boldsymbol{r}, \dot{\boldsymbol{r}})$は前問の$S(\boldsymbol{r}, \bar{\boldsymbol{r}}, t, \bar{t})$に一致する．

10.6 実際にハミルトン・ヤコビの方程式に代入して計算すればよい．$S_{\rm I}$はx-y座標，$S_{\rm II}$は極座標を用いたときの完全解である．

10.7 $Q_1 = x - P_1 t/m$，$Q_2 = y - P_2 t/m$，$Q_1{}' = -t + (2P_1{}')^{-1}(2mP_1{}'r^2 - P_2{}'^2)^{1/2}$，$Q_2{}' = \varphi - \tan^{-1}(2mP_1{}'r^2/P_2{}'^2 - 1)^{1/2}$．また$\partial S_{\rm I}/\partial x = \partial S_{\rm II}/\partial x\ (= p_x)$，$\partial S_{\rm I}/\partial y = \partial S_{\rm II}/\partial y\ (= p_y)$，ゆえに$P_1 = (x\sqrt{2mP_1{}'r^2 - P_2{}'^2} - P_2{}'y)r^{-2}$，$P_2 = (y\sqrt{2mP_1{}'r^2 - P_2{}'^2} + P_2{}'x)r^{-2}$．これから$x, y$を消去すると，$Q_1{}' = (P_1{}^2 + P_2{}^2)^{-1}(Q_1 P_1 + Q_2 P_2)m$，$Q_2{}' = -\tan^{-1}(P_1/P_2)$，$P_1{}' = (2m)^{-1}(P_1{}^2 + P_2{}^2)$，$P_2{}' = Q_1 P_2 - Q_2 P_1$．これより$[Q_i{}', Q_j{}']_{(Q,P)} = [P_i{}', P_j{}']_{(Q,P)} = 0$，$[Q_i{}', P_j{}']_{(Q,P)} = \delta_{ij}\ (i, j = 1, 2)$となるので，上式は正準変換．

第 11 章

11.1 $p_x=\dot{z}$, $p_y=0$, $p_z=\dot{x}$ となるので第1次束縛条件は $p_y\approx 0$. $H_T=p_xp_z-(1/2)yz^2+up_y$ より, $\dot{p}_y=(1/2)z^2\approx 0$, $\ddot{p}_y=z\dot{z}=p_xz\approx 0$, $\dddot{p}_y=\dot{p}_xz+\dot{z}p_x=p_x{}^2\approx 0$, 4次以上の高階時間微分は(弱等式の意味で)すべて0となる($\because$ $\dot{p}_x=0$). [B]の方法に従って, $\psi_1=p_y\approx 0$, $\psi_2=z\approx 0$, $\psi_3=p_x\approx 0$ を選ぶと, いずれも整合性の条件を満足する. これらはすべて第1種の束縛条件であるが, ディラックのテストにより H_G に含まれるのは ψ_1 だけ(従って $H_G=H_T$), よってディラックの予想は不成立. ψ_1 を生成子とする無限小ゲージ変換は, $\Delta y=\epsilon$, $\Delta x=\Delta z=\Delta p_x=\Delta p_y=\Delta p_z=0$. これは y が勝手にとれることを示す. 他方オイラー・ラグランジュの方程式は $\ddot{z}=0$, $z=0$, $\ddot{x}-yz=0$ で, やはり y は不定.

11.2 例えば, $W_1(q,Q)=c(q_2-Q_1)q_3+(Q_1-q_2)Q_2+q_1Q_3\exp Q_1$ を正準変換の母関数にとると, (9.49)の第1, 第2式より, $Q_1=q_2-p_3/c$, $P_1=p_2-q_1p_1$, $Q_2=cq_3-p_2$, $P_2=p_3/c$, $Q_3=p_1\exp(p_3/c-q_2)$, $P_3=-q_1\exp(q_2-p_3/c)$ なる正準変換を得る. (11.55)と比較すれば束縛条件は $q_1'\equiv Q_1\approx 0$, $p_1'\equiv P_1\approx 0$. また消去後の正準変数は $q_1^*\equiv Q_2$, $p_1^*\equiv P_2$, $q_2^*\equiv Q_3$, $p_2^*=P_3$.

11.3 $\varphi_1=q_1p_1-p_2$, $\varphi_2=p_3-cq_2$ とすれば, $[\varphi_1,\varphi_2]=-c$, $\therefore$ $\Delta^{-1}_{11}=\Delta^{-1}_{22}=0$, $\Delta^{-1}_{12}=-\Delta^{-1}_{21}=1/c$. よって $[q_1,q_3]^*=q_1/c$, $[q_1,p_1]^*=1$, $[q_1,p_2]^*=q_1$, $[q_2,q_3]^*=-1/c$, $[q_3,p_1]^*=p_1/c$, $[q_3,p_3]^*=1$, $[p_1,p_2]^*=-p_1$, これ以外の基本ディラック括弧はすべて0.

11.4 $p_x=\dot{x}$, $p_y=0$, それゆえ第1次束縛条件は $p_y\approx 0$ で, $H_T=\{p_x{}^2-y^2(1+x^2)^{-1}\}/2+y+up_y$. 整合性の条件は, $\dot{p}_y=(1+x^2)^{-1}\{y-(1+x^2)\}\approx 0$ $\Rightarrow y-(1+x^2)\approx 0$, $\ddot{p}_y\approx(1+x^2)^{-1}(d/dt)\{y-(1+x^2)\}=(1+x^2)^{-1}(u-2xp_x)\approx 0$. よって $u=2xp_x$ とすれば, 3次以上の高階時間微分からは新しい束縛条件は現われず, $\varphi_1=p_y\approx 0$, $\varphi_2=y-(1+x^2)\approx 0$, $H_T=\{p_x{}^2-y^2(1+x^2)^{-1}\}/2+y+2xp_xp_y$ として整合性が保証される. φ_1,φ_2 はともに第2種の束縛条件量. ここで $q'=\varphi_2$, $p'=\varphi_1$, $q^*=x$, $p^*=p_x+2p_yx$ とすれば, そのままで y,p_y の消去が可能, 従って消去後のハミルトニアンは $\{p^{*2}+(1+q^{*2})\}/2$ となる. 他方ラグランジュ形式での y の消去は, $\partial L/\partial y=y(1+x^2)^{-1}-1=0$ から得られる $y=(1+x^2)$ を用い, $\langle L\rangle=\{\dot{x}^2-(1+x^2)\}/2$. これから上記のハミルトニアンが導かれ, 両者の結果は一致する.

11.5 $p=\dot{q}/\dot{q}_0$, $p_0=-(1/2)(\dot{q}/\dot{q}_0)^2-V(q)\cdots(1)$, $H=0$. ∴ $H_T=v\phi$. ただし $\phi=p_0+(1/2)p^2+V(q)\approx 0$(第1種の束縛条件). よって無限小ゲージ変換は, $q\to q+\epsilon p$, $q_0\to q_0+\epsilon$, $p\to p-\epsilon V'(q)$, $p_0\to p_0\cdots(2)$, これに応じて v の変換を $v\to v+\dot{\epsilon}$ ととれば, 運動方程式 $\dot{q}-vp=0$, $\dot{p}+vV'(q)=0$, $\dot{q}_0-v=0$, $\dot{p}_0=0$ はゲージ不変となる. 次にラグランジュ形式でのゲージ変換を考えよう. そのために(1)を使って p, p_0 を消去する. 便宜上 ϵ の代りに $\epsilon\dot{q}_0$ を用いると $q\to q+\epsilon\dot{q}$, $q_0\to q_0+\epsilon\dot{q}_0\cdots(3)$, および $\dot{q}/\dot{q}_0\to\dot{q}/\dot{q}_0-\epsilon\dot{q}_0V'(q)\cdots(4)$. これらはある与えられた時刻 t における変換であるが, ラグランジュ形式への移行のために, 有限の時間間隔 t_1, t_2 の間で成立する変換とみなし, (3)をそこでの q, q_0 の変換とする. (その結果, (3)と(4)は独立ではなくなり, オイラー・ラグランジュの方程式を媒介として, (4)は(3)から導かれることはあとに示す.) 無限小ゲージ変換による変化量を Δ をつけて表わすと, 上記の時間間隔において, $\Delta(d/dt)=(d/dt)\Delta$ すなわち $\Delta(\dot{q})=d(\Delta q)/dt$, $\Delta(\dot{q}_0)=d(\Delta q_0)/dt$ が成り立たねばならぬ. 以下これらを $\Delta\dot{q}, \Delta\dot{q}_0$ とかく. オイラー・ラグランジュの方程式$(d/dt)(\dot{q}/\dot{q}_0)+\dot{q}_0V'(q)=0$ のゲージ不変性は次のようにして分かる. $\Delta(\dot{q}/\dot{q}_0)=(\dot{q}_0\Delta\dot{q}-\dot{q}\Delta\dot{q}_0)/\dot{q}_0^2$, また(3)から $\Delta\dot{q}=\dot{\epsilon}\dot{q}+\epsilon\ddot{q}$, $\Delta\dot{q}_0=\dot{\epsilon}\dot{q}_0+\epsilon\ddot{q}_0$ となるので, $\Delta(\dot{q}/\dot{q}_0)=\epsilon(\dot{q}_0\ddot{q}-\dot{q}\ddot{q}_0)/\dot{q}_0^2=\epsilon(d/dt)(\dot{q}/\dot{q}_0)$. よってオイラー・ラグランジュ方程式の左辺の変化量は, $(d/dt)\Delta(\dot{q}/\dot{q}_0)+\Delta\dot{q}_0 V'(q)+\dot{q}_0V''(q)\Delta q=(d/dt)\{\epsilon(d/dt)(\dot{q}/\dot{q}_0)\}+\dot{\epsilon}\dot{q}_0V'(q)+\epsilon\ddot{q}_0V'(q)+\epsilon\dot{q}_0\dot{q}V''(q)=(d/dt)[\epsilon\{(d/dt)(\dot{q}/\dot{q}_0)+\dot{q}_0V'(q)\}]=0$. すなわち, 運動方程式の解にゲージ変換をほどこしたものは, 同じ運動方程式に従う(オイラー・ラグランジュの方程式のゲージ不変性!). オイラー・ラグランジュの方程式を用いれば, $\Delta(\dot{q}/\dot{q}_0)=\epsilon(d/dt)(\dot{q}/\dot{q}_0)=-\epsilon\dot{q}_0V'(q)$ となって(4)が導かれる. なお, ゲージ変換のもとでのラグランジアンの変化は $\Delta L=(d/dt)(\epsilon L)$. また(3)は $q(t)\to q(t+\epsilon)$, $q_0(t)\to q(t+\epsilon)$ となり, ゲージの自由度はパラメータ t のとり方の任意性を示す. そこで $\chi=q_0-t\approx 0$ としてゲージを固定化すると, $\dot{\chi}=\partial\chi/\partial t+[\chi, H_T]=-1+v\approx 0$. ∴ $v=1$. よって運動方程式は, $\dot{q}=p$, $\dot{p}=-V'(q)$, $\dot{q}_0=1$, $\dot{p}_0=0$. 第3式は $\dot{\chi}=0$, 第4式は第1, 第2式と $\dot{\phi}=0$ を用いれば与えられる. ゆえに第1, 第2式のみを考えれば十分. これは $L=\dot{q}^2/2-V(q)$ から得られるハミルトンの方程式に他ならない.

11.6 $p_x=-y(x\dot{y}-y\dot{x})/(x^2+y^2)^2$, $p_y=x(x\dot{y}-y\dot{x})/(x^2+y^2)^2$, $H=(1/2)(xp_y-yp_x)^2$. ∴ $\phi=xp_x+yp_y\approx 0$(第1種の束縛条件). $H_T=(1/2)(xp_y-$

$yp_x)^2+v\phi$．無限小ゲージ変換は，$x\to x+\epsilon x$，$y\to y+\epsilon y$，$p_x\to p_x-\epsilon p_x$，$p_y\to p_y-\epsilon p_y$．ゆえに，これをくり返せば有限のゲージ変換 $x\to x\exp\Lambda$，$y\to y\exp\Lambda$，$p_x\to p_x\exp(-\Lambda)$，$p_y\to p_y\exp(-\Lambda)$を得る．すなわちベクトル $\boldsymbol{r}=(x,y)$の長さにゲージの任意性があり，$\chi=x^2+y^2-1\approx 0$ によってゲージは固定される．$[\chi,\phi]=2(\chi+1)\approx 2$．基本ディラック括弧は，$x_1=x$，$x_2=y$，$p_1=p_x$，$p_2=p_y$ とかけば，$[x_i,x_j]^*=0$，$[x_i,p_j]^*=\delta_{ij}-x_ix_j$，$[p_i,p_j]^*=p_ix_j-x_ip_j\ (i,j=1,2)$．

11.7 $p_x=\dot{x}-zy$，$p_y=\dot{y}+zx$，$p_z=0\cdots(1)$．$H=(p_x{}^2+p_y{}^2)/2-z(xp_y-yp_x)$．$\therefore\ H_{\mathrm{T}}=(p_x{}^2+p_y{}^2)/2-z(xp_y-yp_x)+vp_z$．整合性の条件は，$\dot{p}_z=xp_y-yp_x\approx 0$，$\ddot{p}_z=\dot{x}p_y+x\dot{p}_y-\dot{y}p_x-y\dot{p}_x=(p_x+zy)p_y-xzp_x-(p_y-zx)p_x-yzp_y=0$．ゆえに束縛条件は $\phi_1=p_z\approx 0$，$\phi_2=xp_y-yp_x\approx 0$ でともに第1種．ディラックのテストにより $H_{\mathrm{G}}=(p_x{}^2+p_y{}^2)/2-z(xp_y-yp_x)+v_1\phi_1+v_2\phi_2$．従って，生成子 $\phi_i\ (i=1,2)$による正準変数に対する無限小ゲージ変換は，$\Delta x=\sum_{i=1,2}\epsilon_i[x,\phi_i]=-\epsilon_2 y$，$\Delta y=\epsilon_2 x$，$\Delta z=\epsilon_1\cdots(2)$，および $\Delta p_x=-\epsilon_2 p_y$，$\Delta p_y=\epsilon_2 p_x$，$\Delta p_z=0\cdots(3)$．次にこれらを(1)に用いると，$\Delta(\dot{x})=\Delta p_x+\Delta z\cdot y+z\Delta y=-\epsilon_2 p_y+\epsilon_1 y+\epsilon_2 zx=-\epsilon_2\dot{y}+\epsilon_1 y$，同様にして $\Delta(\dot{y})=\epsilon_2\dot{x}-\epsilon_1 x$．ラグランジュ形式のゲージ変換を求めるため前問略解と同じように有限の時間間隔を考え，(2)の第1，第2式の時間微分をとると，$d(\Delta x)/dt=-\epsilon_2\dot{y}-\dot{\epsilon}_2 y$，$d(\Delta y)/dt=\epsilon_2\dot{x}+\dot{\epsilon}_2 x$．これらはそれぞれ $\Delta(\dot{x})$, $\Delta(\dot{y})$に等しくなければならぬから，$\epsilon_1=-\dot{\epsilon}_2$ となる．ゆえに $\epsilon\equiv\epsilon_2$ とすれば，ラグランジュ形式での無限小ゲージ変換は，$x\to x-\epsilon y$，$y\to y+\epsilon x$，$z\to z-\dot{\epsilon}$．これをくり返して有限の変換をつくると，$x\to x\cos\Lambda-y\sin\Lambda$，$y\to y\cos\Lambda+x\sin\Lambda$，$z\to z-\dot{\Lambda}$ となる．ラグランジアンはこの変換で不変である．

参考書・文献

すでに出版されている力学関係の書物ははなはだ多く，筆者自身もいちいち目を通しているわけではないので，ここでは特に気のついたものの若干を挙げるにとどめる．

解析力学への入門的なものとしては

［1］ 高橋康：『量子力学を学ぶための解析力学入門』，講談社(1978)

［2］ 小出昭一郎：『解析力学』(物理入門コース 2)，岩波書店(1983)

などがある．

本書を読んだ上で，さらに力学全般について学ぶためのものとして，例えば

［3］ H. Goldstein : *Classical Mechanics* (2nd ed.), Addison-Wesley (1980)(瀬川富士・野間進訳：『古典力学(上，下)』，吉岡書店(1983)

［4］ L. D. ランダウ・E. M. リフシッツ(広重徹・水戸巌訳)：『力学(増訂第3版)』(ランダウ・リフシッツ理論物理学教程)，東京図書(1983)

などは国際的にみても代表的な教科書といえよう．わが国では以前から

［5］ 山内恭彦：『一般力学(増訂第3版)』，岩波書店(1981)

がよく読まれている．またスタイルはやや古いが，古典解析力学の決定版としては

［6］ E. T. Whittaker : *A Treatise on the Analytical Dynamics of Particles and Rigid Bodies*, Cambridge Univ. Press(1917)

が有名である．ただし通読に適しているとはいいがたい．

文献[3]～[6]のような体系的な叙述ではないが，力学上の興味ある話題

は

［7］ V.D. バージャー・M.G. オルソン(戸田盛和・田上由紀子訳)：『力学——新しい視点にたって』，培風館(1975)

に多くみられる．

場およびそれに関連する問題の解析力学的な扱いについては

［8］ 高橋康：『量子場を学ぶための場の解析力学入門』，講談社(1982)

［9］ L.D. ランダウ・E.M. リフシッツ(恒藤敏彦・広重徹訳)：『場の古典論(原著第6版)』(ランダウ・リフシッツ理論物理学教程)，東京図書(1983)

などが好著といえる．

その他特徴ある本としては，例えば

［10］ C. Lanczos : *The Variational Principles of Mechanics*(4th ed.), University of Toronto Press(1970)

［11］ E.C.G. Sudarshan and N. Mukunda : *Classical Dynamics; Modern Perspective*, John Wiley & Sons(1972)

［12］ V.I. アーノルド(安藤韶一・蟹江幸博・丹羽敏雄訳)：『古典力学の数学的方法』，岩波書店(1980)

などが挙げられよう．［10］は変分原理を中心としてかかれているが，歴史的な解説もあって興味深い．［11］は記述はやや抽象的だが，対称性の扱いについての詳しい議論がある．［12］は物理というよりも現代的視点から数学的なスタイルでかかれており，この方面に関心のある読者にとっては一読の価値は十分ある．

束縛条件を伴うハミルトン形式については，ディラックの原論文

［13］ P.A.M. Dirac : *Can. J. Math.* **2**, 129(1950), *Proc. R. Soc.* **A246**, 326(1958), *Phys. Rev.* **114**, 924(1959)

に加えて

［14］ P.A.M. Dirac : *Lectures on Quantum Mechanics*, Yeshiva University Press, New York(1964)

は基本的な文献である．この種の理論の解説は［11］にもあるが，実際上の豊富な応用例は

［15］ A.J. Hanson, T. Regge and C. Teitelboim : *Constrained Hamiltonian Systems*, Academia Nazionale dei Lincei, Rome(1974)

[16] Kurt Sundermeyer : *Constrained Dynamics with Applications to Yang-Mills Theory, General Relativity, Classical Spin, Dual String Model—Lecture Notes in Physics* **169,** Springer Verlag(1982)

などにみられる.

索　引

ア　行

カ　行

サ　行

タ　行

ナ　行

ハ　行

マ　行

ヤ, ラ　行

■岩波オンデマンドブックス■

物理テキストシリーズ 2
解析力学

1987年1月29日　第1刷発行
2009年7月3日　第21刷発行
2019年1月10日　オンデマンド版発行

著　者　大貫義郎（おおぬきよしお）

発行者　岡本　厚

発行所　株式会社　岩波書店
〒101-8002　東京都千代田区一ツ橋 2-5-5
電話案内　03-5210-4000
http://www.iwanami.co.jp/

印刷／製本・法令印刷

ISBN 978-4-00-730847-5　　Printed in Japan